U0073663

The Product Manager's Field Guide

一次學會產品經理都在做的事

打造爆品，先要做好產品經理！

兩岸知名專業行銷顧問 **朱成** / 著

兩岸知名專業行銷顧問 **朱成**

臺灣政治大學 MBA。兩岸第一位專門培訓產品經理之專業行銷顧問，培訓超過千人以上的產品經理及行銷高階主管。世界第一大金融企業花旗銀行、台灣 HP、台灣菸酒公司、精益科技、寶來證券；北京神州數碼、北京李寧體育用品、伊利乳業、九陽企業、深圳天音通信、TCL，以及拉芳集團、建設銀行、招商銀行及中信銀行等等都接受過其培訓。

現任：行銷顧問、企業講師、作家、美國哈佛大學商學院數位學習精英講師。

著作有《行銷人必備的最後一本書》、《那些年一直錯用的SWOT分析》、《行銷趨勢——台灣第一國際品牌》、《3小時搞懂行銷 CD 有聲書》、《產品經理聖經》、《行銷知識管理資料庫 VCD》

經歷：

1. 麥斯威爾咖啡 業務專員、產品經理
2. 史谷脫（舒潔）紙業 新事業產品經理
3. 愛力根公司 行銷業務經理
4. 上海亞太食品總經理（比利時商）
5. 中華民國管理科學會與 ING 安泰共同主辦之 2004 ING 安泰管理碩士論文獎行銷類評審委員
6. 東吳大學企管系兼任講師

網站： www.jcpm.com.tw e-mail: jesse.jcpm@msa.hinet.net。

P.S.：本書出版之際，黃老師已然過逝。憶及當年在政大上課的場景，以及蒙老師多次為我做序，在此僅表學生的謝意與懷念。

推薦序1

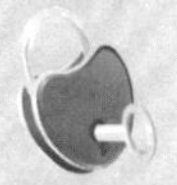

本書作者朱成是本人在政治大學企管所任教時的高材生，當年就看他展現出對行銷領域的熱忱。企管所畢業後他也的確投身行銷實務工作，累積出豐富的行銷實戰經驗。幾年前作者出版了《產品經理聖經》、《產品經理人必備的十大核心技能》等書，理論實務整合的極好，本人也樂為之序。

作者一路走來對行銷的敏感與專業，本人感到很欣慰。今得知他又有新書出版，這本專書內容涵蓋當今行銷工作的各個重要層面，並有許多實例，相信讀者們一定能從本書獲得寶貴的知識與見解。也期望作者能持續保有熱情，不斷有更新、更值得實務界借鏡的觀念讓我們分享。

黃俊英

考試委員

國立中山大學管理學院榮譽講座教授

推薦序2

第一次接觸本書作者是在2008年看到作者所出版的《產品經理人必備的十大核心技能》一書剛上市時，閱後深感作者對行銷領域以及產品經理的運作有豐富且寶貴的經驗，跟我們公司多年來所建立並堅持的行銷運作非常吻合，當下就決定請作者來我們公司指導我們的產品經理並導入書中的行銷操作以求精益求精，既讓大家有更多收穫，並能快速應用在實際工作上以帶來更多、更好的績效。這段過程讓我們公司獲益良多。

今得知作者又有新書出版，且內容更加豐富，在此很樂意推薦給讀者，相信一定跟我們一樣能從中獲取許多有用的觀點。

精益科技股份有限公司

總經理　林錦標

作者序

專業的行銷人都要有產品經理的概念

自從十多年前筆者首創「產品經理」課程至今，兩岸授此類似課程者真如（小）雨後春筍一般，而內容也各有特色。看到後起者爭先出線，也令筆者不敢故步自封，強迫自己多多體會、觀察，到底從事產品經理職務者，或是行銷工作者，該如何自我鍛鍊！

從筆者多年前出版《產品經理聖經》迄今，筆者就主張，行銷絕不是從所謂4P開始，而是要有一總體架構，4P只是執行細節。筆者也主張「通路行銷」不能只單純做通路促銷活動，而是要把「顧客驚喜」作為各行業追求的標竿。

跟二、三十年前做行銷工作的前輩相比，他們真是太幸福了。因為他們只要把廣告跟促銷活動做好，基本上就能勝任其職。而如今，做行銷的人，不只要有傳統行銷的整合方案，還要有網路行銷才算及格。所以筆者常說，做行銷工作的人很難落伍，因為工作本身就會逼你自己趕上時代前進的腳步，這也是本書必須有e-Marketing內容的背景。

之前筆者對實務界有關「價格決策」的操作一直頗有感觸！因為這是極重要但卻極端被忽視且脫離產品經理的掌握！越看越多之後，筆者把價格的重要性與操作模式重新整理放入此書，寄望於行銷人或是企業主要嚴肅看待「定價」這個決策流程。

筆者一直很想寫一本「如何在中國大陸做行銷」這主題的書，然自知工程浩大，不敢輕易動筆。但在2013年春節，大陸的淘寶網竟然已經達到一兆人民幣的營業額，且大陸各地的經濟發展已經大大超過想像而實質進入小康社會，甚至許多城市的發展都把台北比下去了。雖然台灣最美的風景是「人」（大陸遊客的感言），可我們臺灣同胞真是必須放眼兩岸，不要再孤立自己了。（也請年輕朋友們不要再許願只想開家咖啡店或是民宿，大膽走出去吧。）所以筆者暫時把這本未來之書的綱要先整理出一個章節，實心盼望能讓更多讀者勇於去闖闖，故先提供部分心得，也提醒自己還有未竟之工。

筆者先前出版的書，就把多年的壓箱寶——行銷實用表單——提供部分給讀者使用。這幾年下來，筆者不但更加豐富這知識庫也做了全版更新，也不吝惜的在這版中重新整理並出光碟版以感謝讀者們的鼓勵。

是的，這本書的內容更豐富也更精采，而這大半要歸功於多年來大家對本人的鼓勵與期待。不論是讀者來e-mail或是在課堂上就有好多次你們拿我的書請我簽名；而地點不只在台灣，遠到上海、北京、成都，甚至還有內蒙的讀者專程去上海上我的課就只要我幫他簽個名。當下，你們的舉動時時縈繞在筆者心裡，這就是我最佳的動力來源。在此，對你們深深致謝。

好了，讓我開始動手撰寫「如何在中國市場做行銷？」吧，想必讀者跟我一樣有很深的期待喔，給我個讚吧。

C O N T E N T S

目　錄

第三章 管好廣告公司

第四章 要懂市場調研

第五章 推廣總論

第六章 銷售預估

第七章 預算編訂

第八章 通路行銷2.0

第九章 E行銷

第十章 高明定價

第十一章 整合行銷·行銷整合

第十二章 如何在中國市場做行銷

破 題　行銷知識管理

剛揮別二十世紀並跨進新時代。在這新舊交替的時序，「知識經濟」、「知識管理」已經成為這時代的顯學，舉凡企管類的新書，只要套上「數位經濟」、「知識經濟」或「知識管理」，都必然是最熱門的書目；各熱門場地舉辦的研討會也常看到類似主題；甚至政府部門也積極推動臺灣的知識經濟工程。

看到這股風潮，以及環境的呼應，鼓動筆者思考本文。也可以說撰寫本文的動機來自三方面：

動機一：Internet從業人員的年輕化與特立獨行

從事Internet行業的人員其最特殊之處就是普遍年輕化。人們不是常說，超過三十歲就不適合這行業了。但筆者好奇的是，「少不更事」（Young & In-Experience）對企業的經營不會是妥當的吧！再者，Internet業者所做的許多事，不論其經營模式或行銷手法，都會以一句「反正是Internet，誰也沒經驗。」來回應別人的質疑。是嗎？沒Internet經驗就不夠格來指正他們嗎？筆者不以為然。這是動機一。

動機二：經驗之判定

翻開人事廣告，企業在找人時幾乎都要「有本產業的經驗」。但令人好奇的是，像資訊、電子或通訊業，真正做了多年算是有經驗者，人數不算多吧！尤其是行銷領域，臺灣真正有資訊電子產業成功行銷經驗的人會又有多少呢？通訊業不也一樣嗎？真正要有經驗的話，不就是那幾家的人換來換去嗎？

動機三：適用「知識管理」的業別與領域

目前這股顯學似乎只為高科技業，只為研發、網路工作興盛，其他像傳統行業、其他領域，如行銷，就不能談知識管理嗎？筆者的看法是，任何產業、任何領域都可以應用並推動「知識管理」。筆者以多年行銷工作及專業顧問的心得，提出「行銷知識管理模型」，並且認為一家企業的「產品經理制度」就應該根基於此。本模型包括「行銷知識管理」主體架構，及「行銷知識管理之配套措施」，請看下圖：

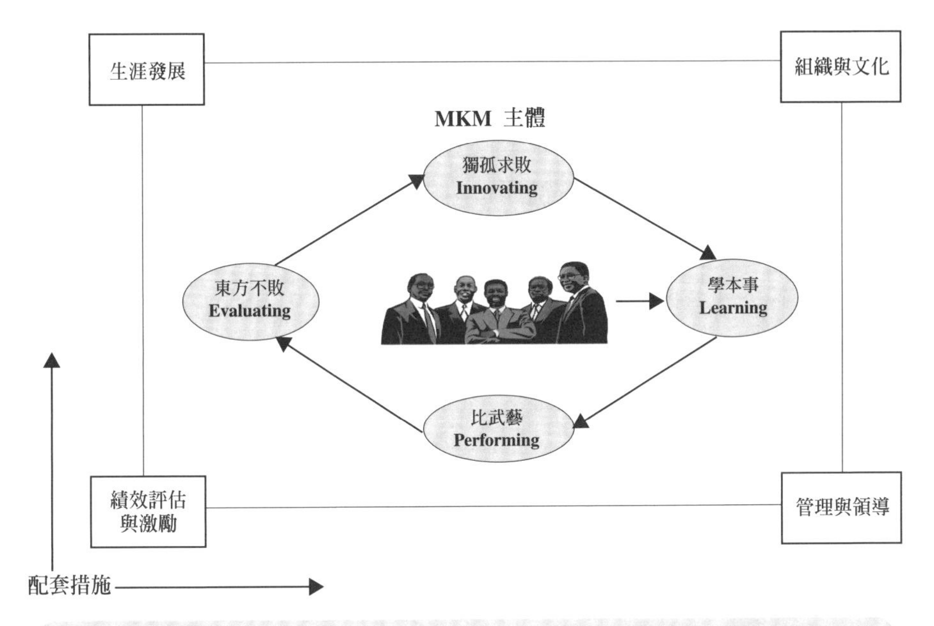

行銷知識管理模型The Model of Marketing Knowledge Management

行銷知識管理主體架構

知識管理建立之始，不在用什麼平臺、什麼設備，而是在人。從事行銷工作者該具備何種條件或具有何種特質，相信很多企業或經營負責人在尋覓時都會預先設定。但不論背景如何，在對產業不熟、對公司歷史及現況不清楚下，仍需學習許多事物。等到當事人終於可以上線，實際負責事業品牌、產品線時，也可說他是將其所學結合公司資源做個人的學習。學習或有心得，面對競爭也或有勝負，但另外會產生的學習障礙，是他很難接受第三者的意見，原因不是個人謙卑與否，而是局外人並不能完全掌握現況，因此提出的意見就很難被當事人認同，除非來自高階的指示，不然是不容易產生良好溝通的。

打破僵局的關鍵還是在當事人身上。他是否能從自身的處境看出自己的不足？是否能從別人的經驗或意見中得出另一種體會？甚至結合這一切，而重新獲得嶄新的觀點——尤其是有價值的觀點。經過這一周期，當事人身處事件的中心，全部的體會、衝擊，或是經驗、教訓，都會完全投注在其自身。將這些心得經過反省、創新、分享，進而使整個企業都感受到學習成果，這不就是知識經濟所追求的最終目標嗎？

經由上述，要建構行銷知識管理的架構，勢必要從四個階段分次逐一建立：學本事（Learning）、比武藝（Performing）、東方不敗（Evaluating）及獨孤求敗（Innovating）。

（1）學本事（Learning）

當企業要求應徵者具備大專、大學或MBA學歷，要有專業經驗及行銷經驗，在在都反映出能勝任行銷工作者一定要具備某些本事。這種本事，要能知曉某種程度的企業運作、行銷運作，要具備層次上的行銷專業與行銷經驗、業務經驗。甚至還期望當事人能舉一反三，現學現賣，完全不需任何磨合期就能幫公司帶來績效。總結一句，企業所寄望的是當事者擁有「行銷知識與經驗」。那麼，到底何種行銷知識方可適用多層面（產業及企業）的要求呢？筆者認為最好的行銷知識內容與訓練歷程就是「產品經理制度」與「行銷表單」。

◆「產品經理制度」（Product Manager System）

完整又豐富的「產品經理」體系，包括孕育及培訓產品經理的制度，產品經理學習的內容以及產品經理所負責的領域。

1 產品經理之養成

想要貫徹產品經理制，公司首先要做的就是開創一個環境，這環境是要造就產品經理人，他對產品從搖籃到墳墓都要全心全力地關注並負最終之責任。

產品經理在公司的階層不論高低，都是產品線的守護者，同時可以預期，他來日必定會對公司的經營承擔更多責任。因此，產品經理的格局及視野也待磨練，並被寄予高度厚望。而在那麼高的期望下，不只是公司制度與環境會影響一位產品經理之養成，負責指導他的前輩（直屬主管或行銷部門負責人）更是要承擔監督與教導之責，可以預料得到，他的前輩必定也是歷經產品經理之各個階段，而今角色易位成為指導新進人員的資深主管。

2 產品經理的學習內容

要訓練稱職的產品經理到底該讓他學習哪些內容？難道在學校讀的書還不夠多？或是只要邊做邊學習工作經驗，再隨時把理論與實務互相印證不就好了嗎？理想上確實如此，但真實世界可不是這樣。以筆者帶過許多後生的經驗得出如下心得。

先說「策略」。在大四或MBA課程中，多數學生感到很「興奮」但又極端「不確知」的課程就屬「企業政策」（或策略管理）。興奮的原因是讓初學者以為只要一就業就可大展身手為公司、品牌或產品來翻新它的整個政策或策略。誰知就業多年，非但沒機會一展身手，反而連所學的本事忽然之間忘得一乾二淨，不知這和工作有何關聯。

再說「產品定位與市場區隔」。沒有一本行銷教科書不是用一、兩章的篇幅來介紹定位，告訴學生有好多好多的定位元素可以區分市場、有許多的市場小塊（區隔）可一一割下讓你好好定位。但為什麼許多行銷人在寫定位陳述時仍然不清不楚，毫無焦點？設定目標消費族群時仍然想要男女老少一一通吃？為什麼在決定產品主訴求點時還是把五個重點全盤托出，而體會不到講越多反而越記不住？很多人可能也同時學過市場調查與行銷研究，那為何在實務工作上從來沒有好好用過一次呢？（反過來說也沒錯，十年前學的東西還是很新，因為公司根本沒人會！）

第三是「廣告」。筆者可以很篤定地說，幾乎每個工作場合，碰到客戶與廣告公司互動的場景，以下劇情會不斷的上演（而且同一公司還會重複上演同樣戲碼）：

——「這個創意不好、不夠突出。」（廣告公司都不知是哪裡不好。）

——「這個腳本實在太爛，可不可以提個有水準的？」（廣告公司總是不知道哪個方向是客戶想要的。）

——「我覺得這支CF不夠強，看不出特色。」（廣告公司和客戶不知該用哪些標準來評估一支CF提案。）

——「這個媒體計畫為什麼只排有線電視不排無線電視臺？」（客戶難道不知預算不夠嗎？廣告公司有事先充分告知嗎？）

——「為什麼排三立？我從來不看的！」（那又怎麼樣？廣告公司媒體人員差點沒說出又不是給你看的！）

——「為什麼上這些八卦雜誌？那麼沒水準！」（媒體人心裡想的是：可是你的顧客會看啊？）

試問，上述事例學校不管有沒有教過，企業在運作時相關人員都會照表操作嗎？如果你的老闆（或主管）沒跟你上過同樣的課程那該怎麼辦？

最後再舉一例：「編年度預算。」公司每年在編列下年度的銷售預估與行銷預算時到底是先編銷售額再決定預算多少百分比（12%好了），然後來做預算？還是要先做好預算，往前推會帶來多少銷售量，然後才做明年的銷售預估？稱職的產品經理會毫不猶豫地選擇後者。當老闆為了省錢時，他會先下手的就是砍行銷預算。稱職的產品經理這時會這麼說：「老闆，你多給我一千萬，我就可以幫你多做一億，淨利多賺兩千萬；如果你要砍預算，到年底若業績做得不合你意，你可不要怪我哦！」

3 產品經理負責的領域

產品經理當然是負責行銷工作，但只有行銷嗎？絕對不夠。「準」產品經理就該也去學學業務工作，跟業務同仁一起跑客戶、拜訪通路，看看訂單怎麼拿、款怎麼收，再去做做陳列、到倉庫了解庫存。同時也該去工廠看看，了解生產線流程包括產品包裝、庫存管理以及物流配送情況。如果有研發單位，他也要與研究人員聊聊，清楚知道產品的研發過程是如何推動，研發單位與生產、業務及行銷單位的互動如何進行。要知道，產品經理絕不是只做行銷，舉凡跟產品所有相關的事項都是他應負責，或是他該參與及關心的領域。

◆「行銷表單」（Marketing Format Management）

做業務、會計、生管、品管以及人事工作的一定看過也用過許多不同的表單。那麼，行銷也有表單嗎？有，而且還很多。

隨便挑出任何公司年度行銷計畫，一定會提到環境分析、競爭者分析、策略、產品定位、市場區隔、媒體計畫、促銷計畫、通路計畫，還有最煩人也最難搞定的銷售預估與預算編訂。所有這些議題及內容，都能也都會用到許多的圖表以及試算表。所以如果公司行銷部門早就有一套包括基本的計畫書寫資料的運用以及結果呈現的格式，並經由表格、圖形、甚或公式都架設好試算表做藍圖，將它們以簡易的方式儲存在資料庫裡（PC即可），屆時不論是年度計畫、新品上市、廣告計畫 、媒體計畫 ，以及業務規劃、通路行銷，再加上成本估算、占有率估測、銷售預估，一直到預算編訂都能隨時到資料庫裡叫出並放上對應資料，那行銷工作將更可能從「見仁見智的觀念判斷」走到可共用的「行銷知識管理資料庫」。

其實有行銷實務工作體驗者，看到筆者如上所陳述的看法時，腦中可能就已經浮現：當年寫第一份上市計畫時被老闆改了N次，自己白做了多少功夫去寫一大堆無關痛癢的文字敘述；明明記得有些簡明的圖表可以套用，但就是畫不出其完整圖像；然後碰到做數字的工作，又被公式、順序邏輯以及該如何判斷的多種環節等……整得不成人樣的淒慘景象。有些人可能已經熬過來而自成一家，而有些人可能尚在煎熬中；最可憐的是那些不論如何苦撐都見不到改善曙光的苦力。（你是哪一種呢？）

（2）比武藝（Performing）

終於等到這一刻可以做些真正的行銷工作。不論哪一類，所規劃的每一件事都是「比武見真章」的。你寫的東西不再是無病呻吟或放言高論，因為小則二、三十萬，多則好幾千萬的預算支出都拜你這位「準產品經理」的運籌帷幄，並且馬上就會放到市場上讓消費者決定命運，這期間，你還要無止境地接受競爭對手的對抗使原先計畫大打折扣，通路的不合作與看法及協調不一而衍生許多令人料想不到的問題，讓你傷透腦筋，而氣人的是業務單位為什麼不會共體時艱，盡力配合，反而常出狀況使行銷單位恨鐵不成鋼！

事情的真相卻可能完全不是這麼回事。行銷人在擬定所謂的「計畫」時有沒有依據「真正的真相」去擬出「合理的目標」，並在公司「能力所及的範圍內」去「徹底無誤地執行」？理論與實務是有差距的，同樣一件事讓不同的人去執行效果會完全不一樣。在實際操作階段，公司有沒有完全記取過去教訓而在這次執行前予以完全改革？再次強調，「歷次教訓」以致「完全改革」能確定到何種精確度？因為同樣的挫折會來自同樣原因，而它也不是偶發，反而會成為公司宿命，但公司明白嗎？有事先解決嗎？有思考下次的避免方法嗎？答案極可能是「因循苟且」、「歷史重演」再加上「悔不當初」！

何以至此？皆因未能吸取教訓又不會利用寶貴的行銷知識資料庫，以致於經常重複在「學習」、「繳學費」的階段。這樣的行銷運作如何會有績效呢？想要突破窘境，要先確定所規劃的事項是可行的，也就是在紙上作業階段就先挑出盲點再找出預防、解決之道，甚至規避。

再來就是回到公司「資料庫」去搜尋可參考的資訊以期勝算可以更高。這資料庫包括公司的資深人員在過去留下的市場信息、前輩的歷史文件以及每個活動的績效評估——成本效益評估，以期能在推出市場前做好充分的模擬動作。

奉勸各位在下一次活動執行前多思考思考筆者所言。

（3）東方不敗（Evaluating）

等做了幾年行銷工作，對產業及公司有一定程度的了解，行銷人的心態會不自覺地浮現出聽不進外人的建言，以及自認本產業中只有我行，你們怎麼會比我更懂呢？

但商場的現實卻是大公司、小公司都獲利不佳甚或虧損連連。這些企業的經營績效不就是這些「業界高手」做的好事嗎？孰令致之？

沒錯，只要不笨，任何人待在一家公司幾年總會對企業經營及產業運作有所了解。怕只怕故步自封，許多事不願去多方評估，一切以自我自身感受做判斷，任何「評估」動作都看不到，甚至「事後評估」也不會主動去做。如此下來，不出三年，只怕自己都無法判定到底做得如何！而殘酷的事實多半是後起之秀異軍突起，而前輩們還在敝帚自珍。

（4）獨孤求敗（Innovating）

的確，能認真做到自我評估再進而研發創新，不知不覺行銷知識及經驗就會內化成自己獨有的行銷知識。將這寶貴的行銷知識再與同仁分享，整體就能套用學習曲線的模式，而共謀其利。在此同時，知識累積的動作就同步以檔案及個案撰寫的方式予以記錄，整理成公司內的「學習歷史」。

結合學習模式，公司內的行銷資料庫就自然形成。久而久之，不斷套用這模式，資料庫也就不斷擴展成為名副其實的「行銷知識管理資料庫」。理想程序應是如下圖所示：

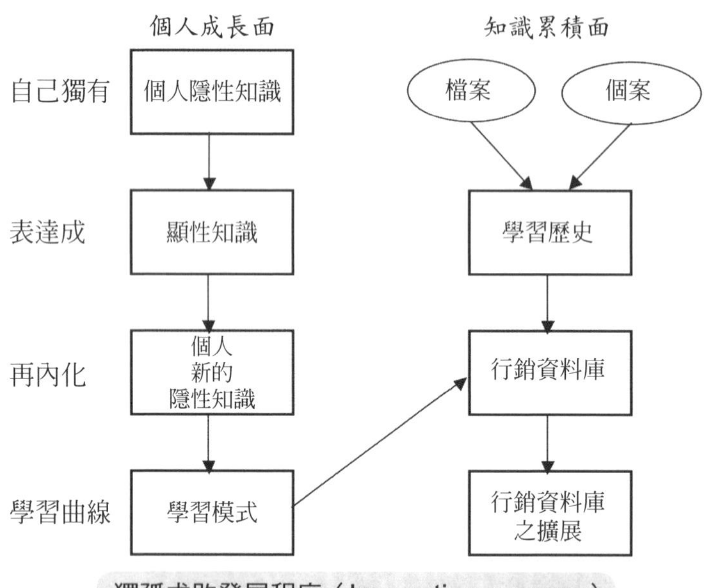

獨孤求敗發展程序（Innovation process）

行銷知識管理配套措施

行銷知識管理要真正發揮效果，除了主體架構要先打好根基，企業內的配套措施也不可或缺。

（1）組織與文化

筆者堅信，最好的組織設計就是「產品經理」制的組織型態。每位產品經理就是一個成果中心（Result Center），各部門都要掃除本位主義、打破藩籬，全體目標一致，共為產品、品牌奉獻心力。在這樣的組織設計下，公司要塑造的文化對外應該是完全的「行銷至上」、「顧客至上」的行銷文化。對內則鼓勵彼此良性競爭、激勵學習、降低自我防衛心態，為共同願景而全力以赴。

（2）管理與領導

帶領一群「產品經理」最適當的管理模式絕不是X理論！Y理論都還欠點，Super-Y才是最好的。反正要求的是結果，完全責任制，因此有必要去「管理」嗎？不如學做一位導師、教練或指揮家，因才器使，發揮每個人的本事及專長，調和鼎鼐方可成為稱職的領導者。

（3）績效評估與獎勵

既然是成果導向，就應該以成果績效為評估標準。但也不妨想想，對外經營可以如此，但內部要同仁貢獻所習得的知識、經驗與同事分享，豐富資料庫，又該如何回饋呢？正確方式是以實質來獎勵願意貢獻並且確實有貢獻者，當事人的動機才會保持在高水準狀態。

（4）生涯規劃

配套措施的最後一項就是行銷人事業發展階梯。行銷做個幾年，其中應時時歷練業務工作，有機會也應該可以做專案的負責人，如帶隊研發新產品並推出上市；做做南區的業務主管或北區的區經理；然後再擔任某事業單位的負責人，甚或公司的經營者。

沒錯，21世紀確是進入「知識經濟」時代，但不是只有高科技或500大企業才能進入這領域。只要有心，中小企業、傳統產業或各功能部門都能也應該邁入知識經濟的領域，而知識管理只是起步。

（本文曾刊載於《突破雜誌》2001年6月號）

導　言　行銷真意

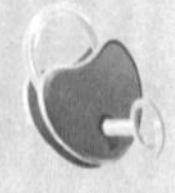

行銷工作做久了，老是被一些名詞或說法所迷惑。最常聽到的就是「廣告就是行銷」，而這反而不是廣告人士所傳述的。再有一個，常聽到說「行銷是業務企劃」，是幫業務部做行銷方案、做促銷方案，讓業務部門好做業績。甚至很多公司還是把所有的企劃工作都歸為一類，也許叫「行銷企劃」，也許就簡稱「企劃」。現在如果上人力網站看看許多公司行號找人，刊登的職缺還有不少是要找「行銷企劃」或是「企劃助理」的。

第二類的困惑是被許多「要求」所困惑。既要求叫好又要叫座，所以讀者一定常被要求做到「小兵立大功」；至於要立下哪些大功呢？有人說是「知名度」，有人說是「美譽度」；有些要求達到「業績」，有些要求做到一定的「市場占有率」。

第三類困惑則來自於商管書籍的推波助瀾，各大家、名師紛紛撰文鼓吹要各企業做好「品牌」。自從2003年美國的《Business Week》週刊與Interbrand顧問公司合做一項「世界百大品牌」調查活動後，「品牌」終於轉變成企業界都能接受的語言，各企業也都認知到品牌這件事的重要性。台灣還由國貿局發起，邀請Interbrand公司幫台灣企業也同樣做個品牌調查。那「品牌」與「行銷」之間的關連性又是孰先孰後？是做好行銷於是品牌有名？還是說「做行銷」就等於是「做品牌」？會有這些困惑，其實是對行銷的本質仍然莫衷一是。要真正體會行銷是什麼，就有必要來看看企業到底在做什麼。

許多企業都是由小開始，先有一項產品然後又多一項、又再多一項，產品開始越來越多。這些產品有的隸屬於某個名字，有些則無；有種情況是大家都隸屬於同一個名稱之下，也有種情況是分別把相類似的產品群歸到同一個名稱下，於是就有好幾個對內或對外代表的名稱，這個名稱一般就俗稱做我們所認知的「品牌」。等到產品項目、產品線、甚至於品牌越來越多，企業就開始出現事業部門，通常也稱為策略事業單位（SBU, Strategic Business Unit）或是稱為利潤中心（Profit Center）。到了這個階段，我們也就把這樣的公司行號轉個名詞稱為企業或集團(Corporate)，如右圖的圖0.1，暫且稱為企業層次圖：

如果從權責的角度或是公司治理的角度看，不同層次的管理者所管的事或領域是不同的。以台灣的統一企業為例，統一是做食品飲料的大企業，在海外也都有事業版圖，近期在中國大陸的耕耘更是成為企業的重心。統一集團旗下又有幾個次集團，如食品製造、流通、商流貿易與投資[1]，在食品製造次集團下又有食糧群、速食群、乳飲群等等，然後這些事業群下面又是由許多知名品牌所構成，譬如瑞穗鮮乳、茶裏王、滿漢大餐速食麵等等。既然企業層次不同，可以想見處於其內的經營者所關心以及所負責的事務自有差異。統一企業的董事長跟總經理所關注的當然是企業最高層有關各次集團的重大決策與投資業務；飲料事業群負責人則要照看旗下的麥香紅茶、茶裏王或是左岸咖啡的業務，這就是SBU層次；至於茶裏王跟左岸咖啡該做哪些行銷活動，那就是產品負責人的事了。

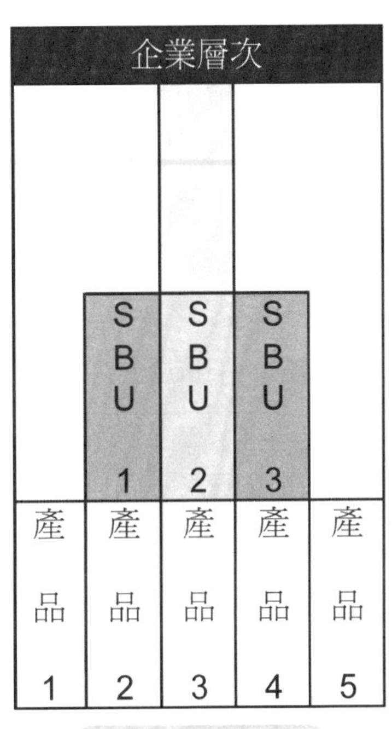

圖0.1　企業層次

和企業層次相關聯的經營事務，可稱之為高、中、低階管理，他們的思考

註
1.請參閱統一企業網站www.uni-president.com.tw。

重點和企業的優勝劣敗息息相關，於是又把企業經營的核心美其名曰「策略經營」或是「策略管理」。只因為「策略」這個名詞給人一種高高在上、唯我獨尊的印象，於是沒有一件事不能冠上「策略」之名。有高階策略、有經營策略、有財務策略、資訊策略，當然就有人力資源策略跟行銷策略；既有行銷策略，又怎會沒有廣告策略與媒體策略呢？不然廣告公司豈不予人一種低層次的感覺？相信這就是為何廣告公司每次提案都一定用廣告策略、媒體策略和文案策略做標題。如果讀者以為策略到此該夠了吧！還沒完，廣告公司還有「包裝策略」你聽過嗎？

策略的剖析會在本書第一章詳加說明，這裡所要指出的是企業層次不同，對應的策略層次自然也不同。這種對應關係，如圖0.2所描述。

策略層次	企業層次				
高階管理 總體策略 根本策略			企業、集團		
中階管理 事業策略 品牌策略		SBU 1	SBU 2	SBU 3	
	產品1	產品2	產品3	產品4	產品5

圖0.2　企業與策略對應

本書的觀點是，企業最高階層所牽涉的策略性議題或策略思考，是企業高階管理層次，所謂的「總體策略」或是「根本策略」。而事業部所牽涉的只是中階管理層次，謂之「事業策略」或「品牌策略」。再往下到了管理一個或幾個產品，所做的事無非都是執行的議題，只能說是計畫方案（Program）或是行動計畫（Action Plan）。

所謂的產品經理或品牌經理，在企業裡只是中階的職位，他們所最優先關心的應該是為他們的產品或服務找到適合的顧客，稱之為「市場區隔」與「區隔評選」；一旦找好市場，接著要做的是讓這群所選定的顧客能牢牢記住我們，記得我們的特色，記得我們代表什麼；一聽到我們的名字（品牌）就能聯想到我們這品牌過去所塑造的、所想傳達的，讓企業來引導顧客，這就是「產品定位」或「品牌定位」。這些議題既然是一個品牌或產品最優先該做的，因此——市場區隔、區隔評選與產品定位——就是產品經理最該關心的策略性議題，所以這三點也就是所謂的「行銷策略」。

有工作經驗的行銷人讀到此可能又有困惑。行銷的4P，譬如做個有創意的廣告不是應該更重要嗎？通路的鋪建，與大客戶經營好關係難到位階不夠？在第二章談到區隔與定位時筆者會解釋得更清楚，那就是一旦定位做好，廣告跟通路或是其他讀者所熟知的4P議題將會迎刃而解。

既然事業部所負責的是行銷策略，產品負責人負責行銷戰術的操作層面，做出差異化，那企業高層跟行銷又有何關聯？

行銷就是創造價值

對製造CPU的業者而言，行銷就是不斷推陳出新，以更快的CPU來取代上一代的CPU，再告訴消費者，選擇PC 跟NB的購買決策就是看它採用的是哪家的CPU。

賣手機的廠商把手機的功能視做行銷利器，所以手機要有照像功能、要能上網、要能聽MP3。等到大家都有這些，就比誰的照相畫素高。

速食業眼中的行銷呢？他們認為明亮、乾淨的用餐環境是非常重要的，於是把店內整理得窗明几淨，每30分鐘打掃洗手間並保持清潔變成他們的工作規範。

賣咖啡的人又怎麼做行銷？他們認為顧客一直沒有找到好咖啡，也對咖啡店裡的環境不滿意，於是業者把咖啡烘培當作競爭武器，更大手筆投資店內裝潢，就是要顧客對他們的咖啡店流連忘返。

這些業者對行銷的看法都對。雖然他們的行業不同，但經營上卻有一個共通點，就是：他們的企業都可以創造價值。

價值是什麼？是投入與產出比？是成本與價格比？還是有形與無形之分？

價值其實是由顧客決定的。

吃生日蛋糕都要點蠟燭。你可以用一盒火柴點，你也可以用檳榔攤買的10元打火機點；更有人是用8,000元的都彭打火機點蠟燭，一按還有聲音。用10元打火機點的火會比用火柴點得更亮？8,000元出來的火花會比10元的亮800倍？當然不是。差別在別人會對都彭的主人另眼相看。他買的時候不就是預期要等這一刻嗎？

讓我們稍微往回退個幾年，回到拍照還是用底片的時代。你好不容易規劃好要去九寨溝一遊，早就盼望親眼目睹人間仙境，為此，特地準備五捲底片，心想總夠用吧。誰知到了九寨溝第一天就把底片殺光，心想完了，其他美景怎辦？在這時，你看到有兩個攤販有賣底片。一個是賣『達柯』牌，說是本地工廠產製的，好用得很，只要人民幣10元一捲。另一家則是賣正統柯達牌，宣稱是原裝進口，上了關稅的，連外包裝都沒拆，但是他叫價人民幣90元！若是你，你會買哪一家？

這時候你的決定不是光看一捲底片的價錢。你會想，達柯牌雖然便宜，但風險太大，萬一沖洗出來的照片都不能看，豈不是終生遺憾？開價90元的雖然狠，但你信任這個品牌，一定能拍出好景色。只因為你的判斷裡，整個旅遊安排、全程旅遊費用以及你心中的期盼都納入購買決策，才會賦予它不同的價值。

產業不同，價值點自然不同。就算產業相同，產業內不同的業者也會產生出不同的價值。那價值可以來自於何處呢？

如果有獨特的技術能推出最棒的產品，我們會說這家企業的研究發展能力特別強，他們的價值就在於其研發活動。英特爾就是其中的佼佼者。

研發如果不是一流，但生產能力高超，整個製程管理傑出，就能把產品的成本不斷壓低，而良率還能維持高水準，這就是台灣資訊科技業的核心能力。

行銷手法一流，打造品牌能力極佳，只要品牌出其門下，總有本事把她做到市場第一或第二，行銷就成為其關鍵之價值活動，P&G公司就是代表。

把通路做好，運用現代化技術深入瞭解消費者、提升效率、提高規模，也能成為傑出企業，譬如7-11。

價格也能成為價值。只要看看大小賣場賣的玩具，背後製造出處幾乎全部來自中國大陸就可知其一二。只要產品落到大陸企業手上，價格會立即砍一半，無力支撐的企業只好把市場拱手讓給大陸企業，價格就成了他們的價值活動。

企業要是沒有一樣行的那該怎麼辦？別擔心，永遠有機會。機會就在提供顧客最好的服務。服務永無止境，只要能從顧客角度出發，任何企業永遠有機會闖出一片天。

價值的來源那麼多，企業該如何選擇？誰做這樣的決策？誰來分配企業資源來完成？這樣的決策要考慮企業多少層面？會牽涉多少部門？

所有這些議題，早已超越產品經理的層次；可是這決策的結果，一定會替未來的行銷策略與行銷戰術做根基。筆者把這視為「行銷價值」，而這應屬於高階管理策略思考的結果，也形成整個企業未來經營的核心，因為所有這一切，都是為打造企業的品牌而努力。於是，行銷價值、行銷策略與行銷戰術就是企業高、中、低階相對應的層次，請看圖0.3。

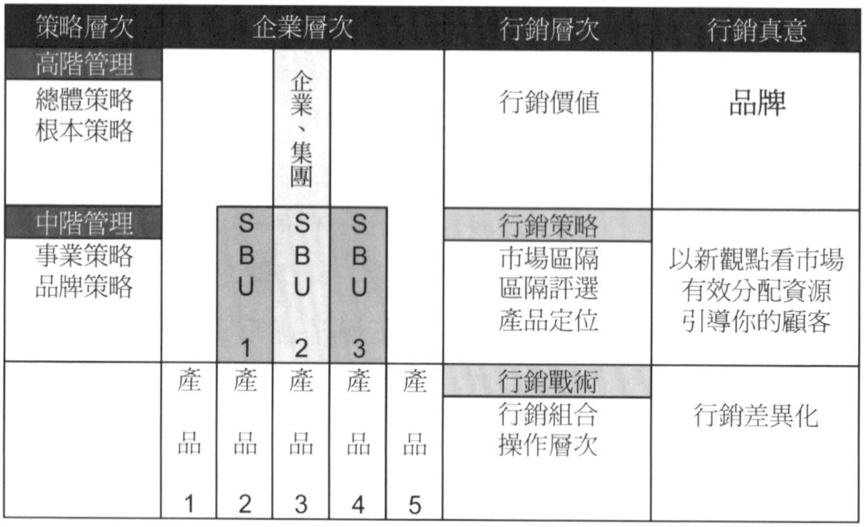

策略層次	企業層次	行銷層次	行銷真意
高階管理 總體策略 根本策略	企業、集團	行銷價值	品牌
中階管理 事業策略 品牌策略	SBU 1 SBU 2 SBU 3	行銷策略 市場區隔 區隔評選 產品定位	以新觀點看市場 有效分配資源 引導你的顧客
	產品1 產品2 產品3 產品4 產品5	行銷戰術 行銷組合 操作層次	行銷差異化

圖0.3　企業、策略與行銷層次

本文一開頭就說行銷會受到目標的困惑。筆者並非說行銷不需要設定目標，恰恰相反，筆者反而非常鼓吹行銷要重視目標，而且一定要緊盯目標去行事。但行銷的目標應該怎麼定？又該如何評估？這就要從行銷的層次做起點。

既然行銷策略是產品經理的優先事項，如何看待所處的市場以及如何引導顧客是那麼重要，所以行銷第一個在短期內就能評估出的目標就是「心智占有率」（Mind Share）。簡單說，當問到消費者「最安全的汽車品牌是哪一家？」這問題時，消費者在未提示下能明確說出的品牌就表示這品牌在消費者的腦海裡已經占有一片天地，這就是所謂的心智占有率，這也是評估定位做得好不好的最佳檢測標準。

行銷的產品決策、價格的訂定、通路的安排與管理、廣告與促銷活動等皆是執行動作，結合區隔與定位，成績出來的結果就是銷售量與市占率，所以行銷第二個目標就總歸到一個「市場占有率」（Market Share）。市場占有率的高低就反映出品牌的實力，這是最沒有爭議也最實際的評估指標。

行銷的真意在於創造品牌價值，身處企業各階層的人也都為品牌付出心力，長期下來，品牌價值到底體現出多少？這時評估的指標應該是「心靈占有率」（Heart Share）。同樣問汽車這領域，當問到消費者心中最嚮往的品牌，最想擁有的品牌時，這就是問消費者心中的歸屬。心靈占有率與心智占有率或是市場占有率的答案不一致是很正常的。全球市占率最高的汽車品牌已經是TOYOTA了；消費者心中認為最安全的車可能是VOLVO；然而全球消費者心目中最想擁有的汽車，筆者猜絕對不是TOYOTA，也不會是VOLVO。

從企業各層次導到行銷不同層次的目標，本書認為這才是行銷的真意。如下頁圖0.4，讀者應該仔細思考它的內涵，在做行銷工作時相信一定能對理念與實務工作有所啟發。

策略層次	企業層次					行銷層次	行銷真意	*目標*
高階管理 總體策略 根本策略			企業、集團			行銷價值	品牌	3. 贏得心靈占有率 (Heart Share)
中階管理 事業策略 品牌策略		SBU 1	SBU 2	SBU 3		行銷策略 市場區隔 區隔評選 產品定位	以新觀點看市場 有效分配資源 引導你的顧客	1. 贏得心智占有率 (Mind Share)
	產品1	產品2	產品3	產品4	產品5	行銷戰術 行銷組合 操作層次	行銷差異化	2. 贏得市場占有率 (Market Share)

圖0.4　行銷真意

產品經理的工作領域

行銷既然要追求三大目標，那產品經理該做哪些事才能達到這些要求？產品經理的工作範圍要涵蓋多廣他才能勝任這份工作？要回答這問題，就必須從頭看任何一家企業他是如何經營的。

做小生意的，剛開始總是有個謀生、想賺錢的念頭，然後不知不覺就將想法落實。背後的思考，可能根本沒經過分析與評估，去做就對了嘛。

（1）策略想法

對個體創業者而言，他只有個想法，一個謀生的想法。但他也一定會想到機會何在、顧客何在、從哪裡進貨、如何訂價、如何管理等，也就是企業所說的策略。不論是否有學過策略理論，或是否是個天生的策略家，策略想法不是賺錢就是省錢，沒啥大學問。

（2）賺錢與省錢

要想賺錢，就要想如何做出銷售額、如何得到利潤或高利潤。

要想省錢，不外節省成本、降低費用。

要有營業額、高利潤，總會想要賣什麼東西才會得到？要嘛是賣現有產品，要嘛就賣新產品。

想節省成本，想降低費用，就只有往提高生產力一途邁進。

（3）市場區隔、產品定位

現有產品要賣得好，一定有其特色，能投消費者之所好；而投得對與投得好，即所謂市場區隔與產品定位。新產品要想賣得好，一樣要問，選定什麼區隔才會有機會？該如何定位才會成功？

（4）廣告與推廣促銷

但是區隔與定位只是企業內部的文件，外面的人並不知道企業是如何做出來的。但外界卻可以從產品的廣告表現來看出企業定位的抉擇，可以從產品舉辦的各種活動來推測產品的目標受眾。而最血淋淋的決戰場則是在通路上一較高下。

（5）通路行銷

不論定位定得好與不好，廣告做得是否吸引人，活動是否辦得有聲有色，企業是否能夠賺錢，還要看通路上是否看得到產品，是否有比對手多兩個陳列面、是否有做額外陳列，還有就是POP貼得多不多。如果通路上看不到這些，以上所說全屬白搭。

（6）提升生產力

生產力高，表示不該花的不會花，該花的還花得很值得。提到生產力，多數人腦筋馬上一轉就想到生產部門，想到投入與產出。但很多人卻忽略了，其實白領工作者更該注重生產力的提升。生產部門的生產力很容易衡量，也知道改進之道，但卻很快就碰到瓶頸，再省下去，就有可能受其反噬。

但坐辦公桌的人呢？行銷的人呢？如何提升產品經理的生產力？當產品經理在做策略沉思時，建議桌上擺塊牌子，上面寫「THINK」，不然同事或老闆一定認為你在摸魚。

什麼是行銷部門的生產力？簡單說就是做的決策中安打數越來越多，犯的錯誤越來越少，而且代價越來越低。但是，這要如何做到呢？

（7）市場調查、銷售預估、預算編訂

沒經驗的人做事，多以所受的教育與直覺來做決定。有經驗的人做事，多依照（從市場上）累積出來的經驗做為依據。直覺當然不是不可，但請在以直覺做事前，先累積你的經驗，先累積消費者告訴你的事實，你再蹦出直覺。經驗法則不是不能用，但那是在累積許多成功及失敗的經驗後才可以大膽拿來一試。兩者是相輔相成的。如此互相輔助，直覺才會更貼近市場，經驗才會更有價值，做事才會越來越有生產力。

做好行銷研究就是在提升行銷判斷的生產力；做好銷售預估與編訂預算等更是提升企業其他部門的生產力。因為既然行銷是企業的龍頭，一切動作皆由行銷發動，那就請產品經理好好做出預算與預測銷售，不要讓採購的人自行下單，不要讓生產的人自行生產，結果倉庫堆了一堆貨在等訂單。

以上所說，繪圖於圖0.5。從圖0.5看來，不論什麼行業、不論哪家企業，除了生產與研發沒有繪出外，企業的經營不正好是產品經理的工作內容嗎？產品經理如果能勝任這個工作，不正是在培養企業的經營者嗎？

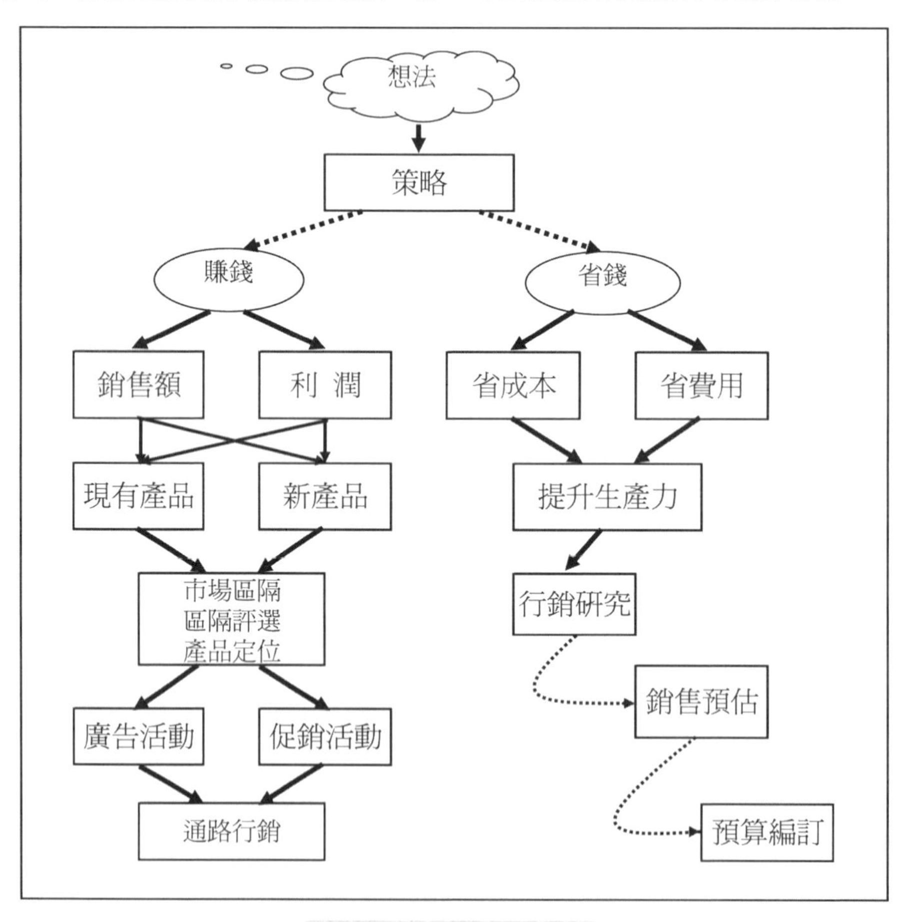

圖0.5　企業經營與行銷

（8）行銷企劃架構

圖0.5所描繪的，正是企業的經營架構，也應該是行銷企劃架構。本書就按此架構，將產品經理、行銷經理人該涉獵、精通的12勝算做一完整介紹：

第一章，策略優於一切

第二章，行銷以定位為先

第三章，管好廣告公司

第四章，要懂市場調研

第五章，推廣總論

第六章，銷售預估

第七章，預算編訂

第八章，通路行銷2.0

第九章，E行銷

第十章，高明定價

第十一章，整合行銷、行銷整合

第十二章，如何在中國市場做行銷

行銷，不只是4P或4C。

如果再有人問你，行銷是什麼？

答案：以上所說的，都是。

那，產品經理該學些什麼？

答案：本書所講的，都是產品經理該學的。

第01章

策略優於一切

- 策略是什麼？
- 策略就是簡單的邏輯思考
- 產品經理必修的策略知識
- 產品經理該具備的策略觀
- 競爭短視

在導言裡，筆者已點出行銷策略就只有STP，即市場區隔(Segmenting)、區隔評選（Targeting）與產品定位（Positioning），但第一個章節為何還要講策略議題呢？其實這是有必要的。

策略管理的範疇雖然偏重在企業的總體策略，但許多策略精髓一方面提供企業經營思考的廣度與深度，另一方面它又對競爭議題有許多精采的討論，而行銷在實務上就是要善用企業的資源以配合所處的環境，又要與競爭對手們做出區別，還要提出打動人心的訴求。

除此之外，行銷決策往往也就是企業最重要的決定。首先，一個產品或品牌的未來一定就代表企業的未來，因此產品發展方向與限制不能脫離企業本體。其次，當產品或品牌變多的時候，各品牌的發展一定跟企業內部資源分配有關，所以如果某產品經理負責的是小產品（表示營業額還小），則難免分到的資源少且在企業內得到的關注也不會多，這點必須要清楚認知而且也不必感到委屈。其實這就是企業應該設立產品經理制度的理由，不論營業額大小，每項產品都要有人關注，產品才會有未來。

第三，全球化的趨勢下，如何跟對手抗衡，有時不只是產品對產品或是品牌對品牌的競爭，而是企業對企業的競爭，在這種情況下的企業其經營思考就不會只有STP的思考，而需要更深層與複雜得多的策略分析。

基於此，讓策略分析成為行銷經理人的先修課是有絕對必要的。

一　策略是什麼？

既然策略是先修課，那策略又是什麼呢？在正式探討之前讓我們先溫習一下一段歷史故事，想必能給讀者們一些啟發。

三國，《三國演義》，想必讀者不陌生吧。沒看過文言本的總看過白話版；沒看過白話版總看過漫畫版；就算漫畫也沒看過，吳宇森導的電影「赤壁」看過吧？建議讀者，有空還是翻翻正版文言版的，因為如果只看電影，讀者還真以為曹操是被小喬打敗的呢。

話說《三國演義》前面的三十七回，讀者有沒有邊看邊困惑呢？困惑的是：為何一家有兩位超級業務員的公司竟毫無市占率可言？反而被對手趕來趕去，竟至自己無容身之地！這不會引起讀者的好奇嗎？

劉備的困惑

兩位超級業務員是指有兩位個人能力超強，單打獨鬥無敵手的關羽和張飛。但你看《三國演義》前段，他們兄弟三人到處奔波，若無人收留則恐怕要流離失所。劉備心中也一定納悶，是哪裡出了問題而導致於此？直到劉備碰到諸葛亮，聽完他的一番話後劉備突然大徹大悟，於是他專心做不管事的「董事長」，把「公司」（也不過是一家皮包公司，徒有漢室後裔這塊招牌和兩位業務高手而已）交給「總經理」（諸葛亮）經營。那當時諸葛孔明跟劉備說了些什麼而讓劉董省悟呢？

時間再拉回西元一九九五年春，當時筆者到成都，幫成都分公司以及互惠超市、紅旗商場的主管做培訓。上完一天課，講了一大堆經營策略的東西，像是環境分析、競爭者分析、優劣勢分析、機會與威脅等等，我心想肯定講太深了，看他們的表情就知道。但當學生的總是很客氣，嘴上說朱老師講的好，實際行動就表現在第二天他們請我到市區做一日遊。這一遊就遊到武侯祠。裡面莊嚴建築加上古物古蹟，不禁想起諸葛孔明一生鞠躬盡瘁，死而後已的典故；出師表的剴切陳詞實令人感佩！走著看著，不覺走到一大殿外，我從旁進入，看到右側有塊好大的木刻書，每個字都有十幾公分大，我唸著唸著才發覺好熟啊，但字實在太大，我要倒退好幾步才把這木刻文章從頭看完。難怪面熟，原來它刻的是劉備三顧草蘆，孔明對劉備所說的「隆中對」：

「自董卓造逆以來，天下豪傑並起。曹操勢不及袁紹，而竟能克紹者，非唯天時，抑亦人謀也。今操已擁百萬之眾，挾天子以令諸侯，此誠不可與爭鋒 。孫權據有江東，已歷三世，國險而民附，此可用為援而不可圖也。荊州北據漢沔，利盡南海，東連吳會，西通巴蜀，此用武之地，非其主不能守。是殆天所以資將軍，將軍豈有意乎？益州險塞，沃野千里，天府之國，高祖因之以成帝業；今劉璋闇弱，民殷國富，而不知存恤，智能之士，思得明君。將軍既帝室之胄，信義著於四海，總攬英雄，思賢如渴，若跨有荊益，保其巖阻，西和諸戎，南撫彝越，外結孫權，內修政理；待天下有變，則命一上將將荊州之兵以向宛洛，將軍身率益州之眾以出秦川，百姓有不簞食壺漿以迎將軍者乎？誠如是，則大業可成，漢室可興矣。」……

「欲成霸業，北讓曹操占天時，南讓孫權占地利，將軍可占人和。先取荊州為家，後即取西川建基業，以成鼎足之勢，然後可圖中原也。」

重新把高中讀過的這篇文章看過，筆者當下就悟出，「隆中對」之所以讓劉備只見了孔明一面就能讓劉備心悅誠服，就在於這番話點出劉備心中所有的困惑，並指出未來該如何做才能達到匡復漢室的目標。

劉備當時最大的疏失是沒有策略（雖想匡復漢室但既無中心思想又無行動計畫）。產品經理雖說是做行銷，但行銷動作一定要符合公司的經營策略，才不會錯放資源（有兩位業務高手但只知道去比武）。所以產品經理首先要學透的，正是「策略議題」。

二 策略就是簡單的邏輯思考

1. 策略不玄

策略學派眾多，有設計學派、有規劃學派、有定位學派、有創新學派。有的強調學習，有的強調權力[1]。雖說派別各家爭鳴，但各學派所講的重點，不外有環境分析（總體環境、個體環境）以及競爭者分析；找出市場機會，做好區隔定位；重新設計組織結構，決定功能政策計畫；定目標，追蹤考核，再回來檢視策略成果。「隆中對」不正是說給劉備聽：

◆自董卓造逆以來，天下豪傑並起（環境分析）

◆曹操如何、孫權如何……（競爭者分析）

◆荊州怎樣、益州怎樣……（市場機會）

◆將軍帝室之胄，信義著於四海……（競爭優勢）

甚至於該怎麼經營（執行），「隆中對」都明確指出：

◆企業願景——圖中原也

◆企業階段目標——成鼎足之勢

◆企業區隔定位——佔人和

◆行動優先計畫——先取荊州為家，後取西川

如何？不玄吧？這就是作者所說，策略應該是行銷經理人、產品經理的先修課，因為不論是新產品上市計畫、年度行銷計畫或是廣告推廣計畫，唯有先釐清方向（或目標），隨後鋪陳開來才會井然有序。

許多人都會誤以為策略很玄，或說策略都在打高空；也難怪，現在沒有什

註

1.Henry Mintzberg, 明茲伯格策略管理，二版（台北：商周出版, 2006）。

麼事不能冠上「策略」二字了。但策略實在就是簡單的邏輯思考，請看圖1.1。

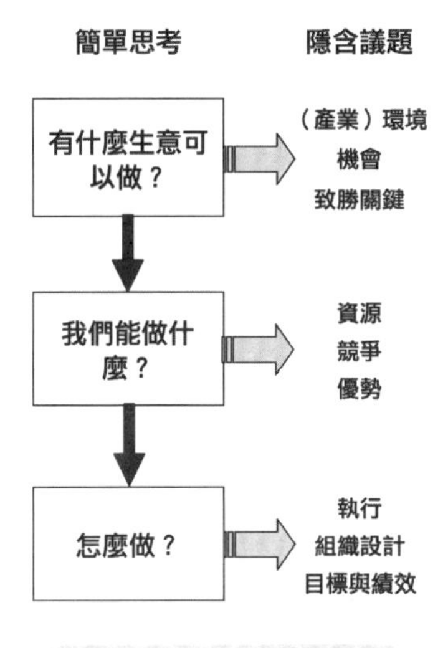

圖1.1 策略思考邏輯

我們常會聽到生意人這樣的話：「有什麼生意可以做？」這不就是問策略領域的環境、機會與威脅？想了想後答案可能是地產、IT、手機或金融，甚至是開家便利商店。但你不會立刻就蹦出某特定行業或生意，而是接著問：「我（我們）能做什麼？」因為擁有的資源不同，適合別人的不見得適合自己，反之亦然，這個階段一定要仔細評估資源與優勢，然後找出最合適的途徑。如果真認為適合，馬上就會問：「怎麼做？」獨資還是合夥？自行生產或外包？重研發或重通路？自創品牌還是做OEM？這也就是問執行的問題。有什麼（事業）可以做，能做什麼，怎麼做，這就是策略規劃。

不論給策略下何定義，或是如何操作，總會得出幾個重點[2]：

2. 策略重點

（1）策略代表重點之選擇

在決定要「如何做好一件事」之前，必須先決定「哪一件事才是真正值得投入的重點」。因為不論任何企業，資源總是有限，而某些工作即使不說也必須做好。我們常可看到一些企業簡介或年報，其中董事長的一番話大概都是如下版本：

「本公司承蒙消費者支持，讓我們有豐收的一年。但我們絕不自滿，仍將

註 2.司徒達賢，策略管理新論（台北：智勝文化，2001年10月）P.5–11。

秉持一貫以來的精神，提供消費者最好的產品、最好的服務，並且以最經濟的價格做保證。同時在新的一年，我們將更努力延伸我們的領域，包括服務更多的消費者，開發更多更好的產品，以讓消費者能更方便購買到。與此同時，我們還會履行社會責任，照顧我們的員工，服務我們所在的社區，做一位負責任的企業公民……」

像這樣的陳述，或說企業在其策略規劃書或年度行銷計畫中囊括如此廣泛的領域，即顯示此計畫之產生並未經過真正的評估與選擇，也完全誤解策略之含意。

（2）策略指揮功能部門

功能部門指的是行銷、生產、人力資源、財務會計、研究發展等企業各部門或各功能。這些部門有政策性決策，如制訂價格、設計通路、產品自製或外包、訓練人員並評估其績效、財務槓桿操作、新品研發方向等。這些決策的主要特性在於「就決策本身而言，無法判定其正確性」，換言之，做這些決策時，必須考慮與其他決策的配合。為了使大家步調一致，互相呼應，所以需要一個明確的「策略」做為所有功能政策看齊的對象。所以策略扮演著指導功能性政策的角色，也經由這程序，使策略構想得以落實到企業的每一部門，每一階層的決策上。

（3）策略代表資源分配

企業的資源有限，如何在有限的資源下做最大之發揮，代表企業在不同的發展階段應找出營運重心，然後分配並投入資源以便獲得成果。至於分配的準則無疑來自企業的策略。

（4）策略是建立在競爭優勢上，其用意亦在建立長期之競爭優勢

經營策略不等於競爭優勢，但與競爭優勢息息相關。企業所展現出來的策略，必須包含其獨有的競爭優勢在內，策略運用重點之一也在於能夠

充分發揮其既有的競爭優勢，不然拿什麼和別人競爭？或是辛苦經營但又不去塑造強勢之處，那豈非經營得更加辛苦？

（5）策略是對資源與行動的長期承諾

策略主要作用不在解決當前問題，而是引領企業走向更好的未來，或藉著某些獨特的能力創造更有利的經營環境。所以策略會有重點指揮各部門，分配資源，並一步步建立並強化其競爭優勢。這些作為一旦呈現，代表公司全體都意識到並朝向一個共同追求的目標，而這也必定是組織的長期承諾。

（6）策略雄心與落實執行是必要條件

經營企業，不論身處順境、逆境，若沒有遠大的策略雄心，處順境者必日趨平庸而失去光芒；處逆境者則更加速走向滅亡之路。金百利克拉克公司當年就是看出自己的未來應在家庭用紙領域，於是公司毅然決然地把其他事業賣掉而全力與P&G、史谷脫公司競爭。大陸的海爾集團也是在瀕臨倒閉邊緣仍能堅守其冰箱核心事業。其未來演變就是我們現在所看到的，金百利購併了史谷脫，海爾集團也成為中國第一家電品牌。

徒有宏偉的策略願景但卻無法落實執行，終究只是紙上談兵。即使再簡單不過的策略，但執行的人就是做不到策略要求，績效也注定落空。

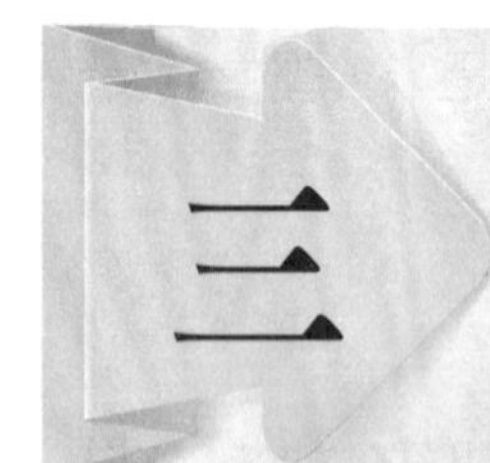

三 產品經理必修的策略知識

在圖1.1的思考邏輯中，策略管理領域就有許多相關知識與工具可以讓產品經理隨手捻來應用到所寫的各式計畫裡，甚至這些知識也已經成為企業界所熟知的名詞，冷不防在讀者左右就會聽到幾個。在此幫大家做一個簡單彙整，也順便溫故知新一番。

1. 環境分析

環境分析，有所謂的總體環境，如經濟、政治、社會、文化等一般的大趨勢；還有個體環境，看所從事的行業，其行業的興衰、競爭強弱、消費者偏好等。個人認為，在做環境分析時，主要在尋找事業機會或趁早避開環境潛在的風險或威脅。至於是機會或威脅，所關注的應是「市場」，也就是由地理區域和當地的消費人口所做的結合，來得出「可以做什麼生意？」請看圖1.2。

環境類別	變動趨勢	策略涵意
一. 總體環境		
1. 經濟情勢		
2. 政治情勢		
3. 社會變化		
4. 文化演變		
5. 其他 (法規等)		
二. 個體環境		
1. 產業局勢		
2. 競爭狀況		
3. 消費者變化		
4. 通路變化		
5. 其他 (佔有率、產品等)		

圖1.2 環境分析

以台商西進為例。早期的台商之所以選擇投資大陸，或許多專業經理人前往大陸工作，基本上是看好兩個最簡單的原因：十三億人口所隱含的廣大市場機會，以及語言相通的管理經營便利。九〇年代初期，許多人去大陸走一圈，不論他懂不懂這個市場，大概都會得出一個結論：大陸的食品市場一定可以做。對這個結論，幾乎不必做任何調查都可得出，因為在各省市地區，往任何商場一逛，所看到的就是二三十年前的台灣翻版。食品種類不少，但品質就是不行！再加上包裝檔次差，衛生規範不完善，廣告也不怎樣，所以根本不必費神，把台灣的產品，像速食麵（方便麵）或零食產品（膨化食品）拿到大陸生產、銷售，肯定有市場。康師傅，統一食品與旺旺企業就是典型的例子。

2. 產業吸引力

產業有沒有吸引力？就是問進入這個產業有無利潤？是超額利潤或平平而已？現有競爭對手多不多？力量強不強？是壟斷還是完全競爭？這產業所生產出的產品有沒有很多的替代品？替代品多表示消費者的選擇機會越多，廠商很難有超額利潤。別人要進入這個產業難易如何？譬如說中國石油公司，如果把經營範圍鎖定在石化產業的上中游，很容易就能找出哪幾家企業會是潛在競爭對象。可是如果把範圍限定在加油站，那潛在對手可能是有塊地的業主，而這塊地又很適合做加油站，如此一來，對手的數量無疑增加許多，對現有加油站業者來說，高獲利的時光一定不會維持很久。

另外影響產業獲利的兩個重要因素是企業的上下游，也就是供應商和顧客（買方）。廠商和供應商或廠商和顧客，雙方的業者數量多寡，或雙方擁有的議價力量強弱，會直接影響到成本及售價，自然就影響到獲利。

關於產業吸引力，策略管理大師麥可・波特教授（Michael E. Porter）在其所著《競爭策略》一書有很精闢的見解，有興趣的讀者可從其中得到啟發。

3. 產業根本策略

隨便問一群人，任何產品（或行業）最有名的前三名是誰，所得到的答案都很接近事實。譬如手機、啤酒、飲料、日用品等。而這些產業的前三名，通常其利潤也很不錯。至於排名到五名以後，那就不怎麼樣了。再細看這些排名先後的業者，或是看利潤高低的廠商，活得好的業者，其經營模式要不是具有獨特的產品（或服務）特色，不然就是靠低成本取勝。讓我們來看以下這個簡單的算式：

利潤＝收入－成本

＝（價格×銷售量）－（單位成本×銷售量）

＝銷售量（價格－單位成本）

所以，要想獲得滿意的利潤，企業可以有兩條基本思路：要麼走高價格，也就是所提供的產品或服務有獨特之處，是謂「差異化策略」；要麼走低成本，產品雖然不是頂尖，但低成本所帶來的低價格（通常）卻能快速搶占市場，也有不錯的利潤，這就是所謂的「成本領導策略」。看看歐洲高級精品、汽車業、台灣代工著稱的資訊電子業、中國大陸出口的紡織及玩具等最能說明此項觀點。讀者一樣可在波特所著的《競爭策略》一書中獲得更詳細解說。

然而，雖說差異化與成本領導是兩條基本路線，但畢竟不會就只是簡單地一分為二，讓企業隨便選一個就能成功。它的基本前提必須先考量以下四點：

（1）顧客是否真能感受到差異？

所謂差異化，表示產品性能更好、功能更多、更強、品質更穩定或更優。廠商要能做到這點，在研發上會投入更多經費，生產上會添置更精密設備（也表示固定成本更高），在人員的培訓與銷售上也勢必會加大力度學習，才能做好銷售與服務，這一切都意味者高成本，也形成很高的進入障礙，對手無法模仿或無力跟進。成本，也因為沒有競爭對手推出可比較的產品，故採取高價格，而享有高利潤。而顧客會因為廠商做了這些以滿足他工作的需要或想得到更多的利益，也可能是別無選擇，而願意或必須付出比較高的價錢。這就是為何差異化一定連帶出高價格的原因。在IBM稱霸的年代，IBM的產品雖然市占率有60%，卻囊括90% 的產業利潤。如果採購人員買IBM買貴了，也不會有人責怪他，因為他買的IBM！

等到個人電腦推出，產品性能的差異不是來自成品，而是來自微處理器與作業系統，這時不論是IBM或HP，顧客所能感受到的差異越來越小，雖然還是有顧客需要高階產品（IBM、HP的顧客層），但市場風向已完全轉向，願意付高價的顧客已越來越少。主要原因乃是產品的一般性能越來越好，差異化已顯現不出太大差異。

（2）顧客是否相信？

因為差異化與成本領導即意味著高價與低價，採行哪個策略，除了廠商的選擇外，也要問問消費者，看他們接不接受。一個名不見經傳的新品牌一進入市場就採高價位，消費者腦海裡對此完全沒有印象，勢必要花許多時間慢慢溝通。原先走低價位的品牌，突然改走高價路線，消費者會更難以接受。這是品牌認知的問題，也是定位的議題。在本書第二章會就此討論到品牌、產品線的延伸該如何操作。

（3）低成本廠商是否存在？

如果廠商採行低成本，那一定有個前提：產業裡有高成本的對手，而他的差異化程度也不怎麼樣。唯有如此，在大家的品質與性能都差不多的情況下，你的低成本才能吸引低階的顧客，或是以前買不起的顧客。等到大家都是低成本時，也就無所謂低成本策略。

（4）產業發展是朝向何種軌跡？

各個產業過去發展的軌跡都朝著一共同趨勢，那就是東西越來越好，價錢越來越便宜。之所以還會有高價出現，有些是說不出道理的，如精品的品牌魔力；有些則是產品提升到另一個層次，性能超乎消費者預期，如液晶電視、電漿電視；另外一種可能情況，則是因為供給越來越稀有，價格永遠往上升而不會往下掉，如房地產，縱使來個泡沫化，也只是短期現象，長期還是往上升的。價格的高低也會受所得影響而有不同的心理感受。二十年前機車價格要五萬元，但現在的機車也只不過五萬元，可是對顧客來說，支付能力已大為不同，所以可以鎖定青少年。在郊區市鎮也可以成為家裡的必需品，甚至每戶至少都有一部。

產業軌跡標示出，差異化與成本領導還是可用的觀念，只是比較的基準要看當時的市場情況，可能投下巨資生產，但差異化的差距會越來越不顯著，因為大家已普遍提升產品性能，十年前的差異特色如今已成為基本配備。若是處在這種產業，所做差異化的投資就必須仔細衡量能否還有高利潤來支持差異策略。

4. 競爭分析——SWOT分析

企業在其所處的產業靠其擁有的資源與同業或替代品或供應商、買方等互相競爭以取得經營績效，同時也參照當時所處的環境，採趨吉避凶的手段做積極或守成的動作。一般常看到的所謂SWOT分析（優勢、劣勢、機會、威脅）就常被許多人拿來做策略分析的應用。然而據作者多年的觀察，許多人其實是誤用這套方法，錯誤分析導致錯誤結果，績效自然不佳。讓我們先看以下這段陳述：

「中國在2002年底進入WTO，對許多境外的外商銀行而言，不啻是另一塊廣大的金融市場對其招手。於是許多外商銀行，包括台灣的銀行業，也摩拳擦掌趕去設立據點，深怕自己在這未來最重要的市場一起步就落後，畢竟錯過這次機會恐怕就錯過了企業的未來。」

這段陳述不能說錯，但如果採用嚴格標準來檢驗，就會發現有許多破綻。

一、即使中國大陸真的對所有外商銀行一視同仁開放進入，表示這個「機會」是一律均等的，而不表示是某些特定銀行，或特定國家或地區的銀行所獨有。某某銀行可以據以聲稱是其「機會」嗎？如果再以中國大陸對外關係做基點來看，很可能與其關係良好的國家其銀行業較有可能取得有利發展的先機；至於關係普通以下的，還會認為這是機會嗎？

二、這類陳述，基本上忽略「現有競爭者」存在的事實。外銀在考慮進入中國市場時，有無對中國傳統的四大銀行（中國農民銀行、中國建設銀行、中國交通銀行及中國工商銀行）以及新起來的如中國招商銀行做優劣勢的比較？四大銀行擁有的據點（網點）少則五千，多則兩萬，這樣可怕的通路結構可以視而不見嗎？

上述陳述，其實就是一般人在用SWOT來做策略分析時，埋頭苦思自己擁有哪些優勢，哪些劣勢；可以掌握哪些機會又該避開那些威脅時完全忽略「競爭者」存在的事實。正確的分析步驟應該是：

◆把自己的S、W、O、T，放在橫座標上。

◆找出與自己勢均力敵的對手（但要比自己強，如自己居產業第二名，就找第一名的），將其S、W、O、T倒過來排列在縱座標上，如此形成一矩陣方格。

◆看左上到右下的對角線，所交叉的四格才是本身企業真正的S、W、O、T。請看圖1.3。

對手的：＼我們的：	Strength 優勢	Weakness 劣勢	Opportunity 機會	Threat 威脅
Threat 威脅	優勢			
Opportunity 機會		劣勢		
Weakness 劣勢			機會	
Strength 優勢				威脅

圖1.3　SWOT正解

（1）優勢的正確定義

企業可能有許多優點或眾多資源，但如對對手起不了任何威嚇作用，就不能算是優勢。請自問，如果企業認為有許多的優勢點，但對手也擁有或跟你有相同水準，試問有何優勢可言？

（2）劣勢的正確定義

企業要隨時提防，自己的弱點常會給對手可乘之機。所以你的劣勢常會是對手攻擊你的最優先點。兩家擁有相同資源與優勢的企業，如果老是在這相同點互相攻擊、互為競逐，結果一定是耗費資源又很難顯現成果。正確做法當然是攻擊對手弱點，這才是好機會啊。

（3）機會應該嚴格看待

這有兩層含意。產業的機會如果存在（如中國大陸改革開放造成的市場機會，或某地區人口增加或所得提高對某些產業都是利多），對所有業者必定都是好事，怎能說是本企業所獨有的機會呢？如果從競爭角度來看，某企業的市場機會通常都來自於對手的弱點或不足之處，如當年統一企業投資7-11，造成現在的統一產品有個絕佳的通路機會，而這恰又是對手的弱勢，像康師傅在台灣銷售，進不了7-11是多大損失！

（4）威脅有時是自己嚇自己

產業如果衰退，對大家都是威脅，那你何必強加於自身說這是我的威脅？反正也抗拒不了，既然大家都一樣，何必杞人憂天？像是油價超過歷史新高，一般企業當然無能為力，憂慮也無濟於事，還是把心力放在打造優勢、降低弱勢方為正途。至於直接且迫切的威脅則一定來自對手強烈的進攻並且瞄準自身的要害處。如何避開與如何改善才是企業首要課題。

台灣的即飲咖啡市場（罐裝咖啡）寶座，既非世界知名咖啡品牌（雀巢、麥斯威爾）也非本土即溶咖啡品牌（摩卡），而是本業與咖啡無關的「金車伯朗」。其實雀巢及麥斯威爾也都試過推出罐裝咖啡，可惜都沒成功。假設當年雀巢準備進軍罐裝咖啡市場，在正式上市前內部研判可能擁有的SWOT如下：

S	1. 品牌優勢 2. 具全球（含台灣）知名度 3. 行銷能力強 4. 研發能力強 5. 生產成本低（設備好、效率高導致） 6. 產品成本低（自行生產即溶咖啡粉及奶精） 7. 通路關係好 8. 媒體集中購買（整個雀巢家族） 9. 業務體系健全且專業 10. 配送系統強

W	1. 無罐裝咖啡在台成功經驗（指剛進入新市場） 2. 不熟悉飲料市場 3. 第一年廣告預算台幣三千萬（筆者假設）
O	1. 台灣飲料市場相當大，罐裝咖啡一年就有五、六十億台幣的規模（筆者粗略概算） 2. 可引進在日本銷售的雀巢罐裝咖啡上市 3. 能發揮企業整體綜效
T	1. 對手（伯朗咖啡）猛攻

表1.1　雀巢咖啡可能的SWOT（筆者揣摩）

以上所假設的，從雀巢自己的角度來看當然成立，而這就是筆者所說的盲點。雀巢如想成功占有些許市場，必須先看看當時市場的競爭者各有何特色，尤其是領導品牌。

伯朗咖啡	領導品牌 口味廣被接受 形象獨特 廣告投放量最多 早已形成品牌／口味家族
統一咖啡廣場	歷時多年了 主力在年輕族群（二十歲以下） 以低價（包裝）取勝 為統一旗下產品（超商系統會支持）
其它	有主打口味、有打異國風情、有打包裝的等等。

表1.2　罐裝咖啡品牌分析（筆者分析）

讓我們再回頭看雀巢的SWOT幾個大項。

先說品牌優勢。在即溶咖啡市場成立，對成年人成立，但在罐裝咖啡市場則未必。想和伯朗競爭？難度很高。想打統一咖啡廣場？又不具備年輕、朝氣的屬性。其所擁有的全球知名度在這塊市場是佔不了多少優勢的。

再說行銷能力。不外乎行銷策略高段、行銷手法可能有突破、廣告及媒體運用純熟等。但是，說聲對不起，市場區隔已然成形，想另創新局並非易事。比價格，比不過統一咖啡廣場。比包裝，走冷藏包裝？但有冷藏配送系統嗎？伯朗也可以、也會採用冷藏包啊，想以新包裝為賣點恐怕不能寄予厚望。想比通路？更難！去過合歡山上賞雪的人都知道，松雪樓賣的飲料只賣伯朗（和伯朗藍山）就可知道誰的通路強。比口味？對不起，伯朗口味已把台灣人給定型了，改不過來的。最後一比，拿出廣告與媒體？算了吧，伯朗一樣用外商廣告公司還加上本土阿沙力的購買作風，雀巢是佔不了便宜的。

5. 價值活動、價值鏈

此觀念也是由波特教授所提出。他說，企業之營運是由一連串「活動」所組成，活動也可看做是企業各功能部門合力協作所構成的一連串動作，不同企業都可藉由其擁有的特殊資源或能力在某項活動上產生價值，甚至整個價值活動的組合因為企業管理效能的傑出都能比同業創造出更輝煌的績效，這些活動的組合亦可稱為「價值鏈」。

6. 策略形態

策略形態是政治大學司徒達賢教授所提出。藉由六個構面的組成可以檢視企業所展現的策略形貌是否首尾一致，互相呼應。這六個構面：產品線之廣度深度與特色、目標市場之區隔與選擇、一貫作業或垂直整合之程度、經濟規模或規模經濟、地理涵蓋範圍、競爭優勢等稱之為策略形態。

試舉2000年一月時國際上一件大事：美國線上（AOL）與時代華納宣佈合併之例，來應用策略形態分析這兩家企業為何合併，且合併會帶來何種效益。請見表1.3美國線上與時代華納合併案策略形態分析。

策略形態構面	美國線上	時代華納						
產品線之廣度、深度與特色	ISP	雜誌		電影	音樂	頻道		有線電視網
		Time	Fortune	各類電影	各種音樂	HBO	CNN	美國本土
	會員最多 2,500 萬	世界一流 綜合類雜誌	世界一流 財經類雜誌	累積大量經典片還有新片不斷	累積大量音樂新曲持續推出	無廣告高收視之電影專門頻道	全球有線 新聞網	有線電視業者
目標市場：通路終端顧客	（可視為無所謂的通路）	訂購及零售通路	訂購及零售通路	電影院	訂購及零售通路	要裝有線電視	要裝有線電視	
	2500萬會員：美國國防部、研究機構、學校、社會人士	白領、高教育程度之知識份子	白領、偏企業界菁英	不同片子吸引不同消費層	不同音樂有各自擁護者	能接收有線頻道的家庭或個人	家庭或個人，但英語程度一定要好	
垂直整合之程度	能上網就行接通	傳統之經銷網絡	傳統之經銷網絡	傳統之經銷網絡	傳統之經銷網絡	有線電視普及度	有線電視普及度	
	垂直整合程度一步到位	沒有前向整合	沒有前向整合	沒有前向整合	沒有前向整合	垂直整合一步到位	垂直整合一步到位	
經濟規模 規模經濟	估計已有	估計已有	估計已有	賣座就有	暢銷就有	估計已有	估計已有	
	多增會員，成本越行降低					收視戶越多越有	收視戶越多越有	
地理涵蓋範圍	廣	廣	廣	廣	廣	廣	廣	美國本土
	幾無地理限制	有限制	有限制	有限制	有限制	有線電視普及度	有線電視普及度	
競爭優勢	規模	內容	內容	內容	內容	內容	內容	
	快速方便、服務							

表1.3　美國線上與時代華納合併案策略形態分析

 7. BCG矩陣

BCG矩陣又名「成長／占有率」矩陣，它是由美國知名顧問公司Boston Consulting Group所提出的。用兩個構面，市場成長率及相對市場占有率，分出四個象限，分別為金牛、明日之星、問題兒童與老狗，詳細定義及說明請讀者上網，輸入「BCG矩陣」就可看到非常多的項目讓讀者點閱。

暫且不論當初提出這模型的背景，產品負責人可借用這四個代表符號的屬性來投射到他所負責（或是企業所擁有）的品牌或產品，因為這四個符號的描述非常傳神，尤其對品項（sku）過多的企業就更有參考價值，產品經理務必要培養出金牛；是要投資在明日之星還是燒錢在問題兒童身上？如果有救不起來的老狗那該怎麼辦？

四 產品經理該具備的策略觀

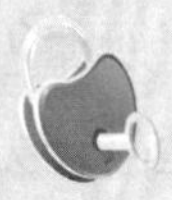

介紹完這些策略背景知識，產品經理該在何時、用哪幾個、怎麼運用這些知識來幫助自己做好行銷工作？這就和行銷人所該具備的策略思慮深度與他所處部門內的位階亦即他所管轄的產品廣度相關。先說思慮深度。

1. 品牌之產業地位與競爭分析

不論負責品牌多寡，產品或品牌負責人在做行銷思考時最好的起點應該從「產業地位與競爭分析」做起，如下頁圖1.4。

圖1.4的邏輯說明如下。一個品牌的未來很難說與產業的未來無關，多數情況反而是密切相關。回想呼叫器與行動電話的發展歷史，當行動電話出來的時候，呼叫器即便做得多精巧美觀、費用多便宜，也抗拒不了這個產業注定要被取代的趨勢。五力分析[3]該在這裡拿出來用。

在成熟產業或新創產業總會有經營績效好與不好的，所以一定會有領導者與追隨者等等。知道自己的處境後對於該做哪些事才會有所依循。領導者的目標就是要確保市占率，就是應該做教育市場的工作，所以鼓勵大家飯後刷牙、一天至少刷三次這件事一定是領導者（黑人牙膏）做的，後起之秀不論多有實力也輪不到你來教育市場。挑戰者既然位居第二，當然要盡全力猛攻把領導者趕下寶座，所以做不同訴求或是用攻擊手法，目的當然明確得很；身居第二、第三的挑戰者也有足夠的實力發起進攻，所以領導者說每天刷三次，挑戰者（高露潔牙膏）就說防止蛀牙。挑戰者既然鎖定蛀牙這些消費目標群，市場新進品牌不妨再深入，做抗酸訴求（舒酸定牙膏）。

註
3.請同步參考Michael E. Porter所著「競爭策略」一書。

知道自家產品處在市場何種地位後，再就要檢視自己旗下各品牌在企業內扮演何種角色。這就可以拿BCG模型做產品線分析，看看哪些是屬於貢獻現金的金牛、哪些又該痛下決心讓它下市。

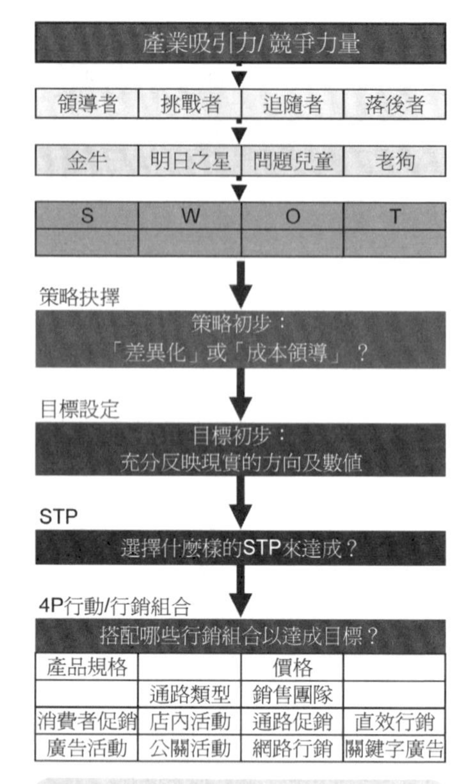

圖1.4　品牌產業地位與競爭分析（筆者整理）

算完命，品牌的未來還是躲不開競爭。競爭分析的最佳方法就請參照本書作者的SWOT創見，相信經過仔細體會，讀者會發覺到真正的機會再避開迫切之威脅；善用優勢以及閃躲並改善劣勢。

分析流程到此，各個品牌的基本方向產品經理應該心中已有定論。是走「差異化」還是「成本領導」？（別忘了用根本策略做分析）因為這項決定牽涉頗為廣泛，企業內的資源與各部門都會依照這項分析決策而同步行動。

在進入STP之前，也許還可以做一件事：設定一個目標願景。願景學派不該沒有根據而大筆一揮地說我們要做產業領導者。能說或能做這樣有氣魄的宣言，它必須是有條件的，條件就來自於前面一連串的地位與競爭分析。經常看到或聽到很多企業老是把「成為產業領導品牌」放在營運計畫或是行銷計畫中就感到一股無奈，因為領導者只有一個，絕大多數是永遠不會成功的，設定這樣的願景、目標，意義不知何在！

目標初步設下後每人都知道不可能百分之百達到，而目標要推敲的細緻就需要做仔細的行銷規劃了。這時候，行銷策略的詳細擬定（STP）與更細部、真正要拿到市場去採取行動的行銷組合各元素，即4P的內容，才要真正上場。這就是為什麼本書第一章開宗明義會先說策略的緣故。

策略分析的深度如圖1.4的流程。至於策略分析的廣度或是複雜度則跟行銷人員在行銷部門的位階有關。

2. 產品經理位階與品牌管轄

企業規模不等，行銷部門的人數也同步增減。如果產品線或品牌變多了，常見到的情況會是行銷部門由一位副總或總監帶領，他自然對全部的品牌負最多責任；他下面也許有一位行銷經理或是幾位產品群經理，然後各自負責一兩個品牌或是幾條產品線，而各產品線則由產品群經理帶領幾位產品經理來管理，運作情形如表1.4所示。

行銷位階	管轄品牌
行銷副總 行銷總監	多品牌
行銷經理 產品群經理	一個以上品牌 多產品線
產品經理	單品牌 數個品項

表1.4　行銷位階對應品牌管轄

（1）單品牌之策略思考

如果產品經理只負責一個品牌，則思路會較直線，一路往下思考即可，不必擔心品牌混淆。唯一麻煩的是雖然是單品牌卻橫跨不同品類甚至不同價位區間，這時所要擔心的是屬於「品牌延伸」問題，相關論述留到第二章再加以說明。

（2）多品牌之策略思考

產品經理的職位往上提升後，很可能負責多品牌、多條產品線，這時最該關心的議題是如何將這些屬性不同的產品能各自找出特色讓目標消費群不會混淆且又能發揮各項資源的協作互補產生規模經濟，最後又都能創造各自的競爭優勢奪得市占率。

負責的品牌多寡，當然跟負責人本身的資歷相關。負責品項增多，有時難免會被太多的資訊所淹沒；又有時在做年度計畫時，手邊一堆產品，真不知該從何處先分析起、從何處著手好。筆者在此推薦產品經理以及更高層的行銷主管，多多利用以下的分類法，可以讓你在做行銷規劃時有個方向而不會手忙腳亂。

3. 品牌產品策略工具矩陣

負責過任何產品的行銷人都有過這樣的經驗：不論產品營業額高低、不論產品是新或舊，每次在做年度規劃時總有那麼多事項要關注，又有那麼多資訊要蒐集、分析，想偷懶也偷不了。而如果負責的品項一多，這樣的文牘工作可真會把產品經理累死。讓筆者拯救各位吧。

首先，請多用現成表單來書寫你的行銷計畫，不要再長篇大論。關於此，請再回頭看看「行銷知識管理」的論述，看讀者的體會有無精進。

再來，請將貴公司的行銷人員按其負責品牌多寡與新舊產品做一區分，如圖1.5的分類。筆者的看法是，不同的品牌複雜度做各自不同廣度與深度之行銷與策略分析即可。如果是單純之新企業，只有單一品牌之新產品上市，則建議只要做STP與4P計畫。如果已上市一段時間，只有單一品牌，則有了一些市場實際經驗，這時只要多加SWOT分析就夠了。如果有多品牌、新舊產品都有，那建議要先以策略形態分析為先，再用地位分析、SWOT分析，然後才寫STP與4P的內容。試舉一多品項，新舊產品都有的實例作示範，看如何先從策略形態做切入。

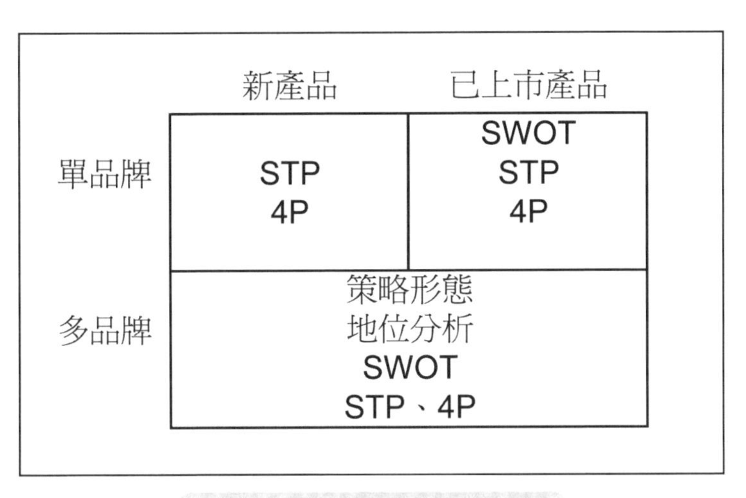

圖1.5　品牌產品策略工具矩陣

4. 精益科技公司實例[4]

精益科技公司發跡於台灣，創業十多年來都以掃描器（scanner）為產品開發方向。到2008年為止，已開發出一般用途（如辦公室及個人用）及特殊用途（如專為教科書掃描用；掃過後可讀出來專給盲人使用；專為膠捲掃描成為數位可永久保存），銷售地區遍及全球。每項產品都設有專門的產品經理負責，但觀看整個產品群就可用「策略形態」加以初步分析，看是否「前後呼應、首尾一致」。精益科技2008年的策略形態如表1.5。

註

4.精益科技公司網站：www.plustek.com。

	精益科技 2008 之策略形態內容				
產品線之廣度	影像掃描器 (Scanner)				
深度	辦公室達人	學識達人	行動達人	書籍閱讀器	數位暗房
特色	高品質 高速掃描 光學閱讀 OCR	能消除裝訂處陰影、文字扭曲變形 「可搜式 PDF」意謂掃描出的文件（存成 PDF 格式）	「最輕巧」及「最袖珍」的「可攜式文件掃描器」 Searchable-PDF 光學閱讀 OCR	文字轉語音的最佳設備。擁有書角掃描的最佳設計，讓有聲書的製作不再困難重重。 光學閱讀 OCR	專為掃描幻燈片及負片的「專家級數位化工具」，能用於套用印刷品、放大相片、手冊、網頁、以及在網際網路上與友人分享影像。
目標市場					
通路市場	e-tailer, 網路購物	e-tailer, 網路購物	e-tailer, 網路購物	e-tailer, 網路購物	e-tailer, 網路購物
終端用戶	醫院、律師事務所、CPA 公司、銀行及其它金融機構	政府單位、圖書館、大型組織	醫療單位、銀行、保險公司	盲人	專業攝影師、圖像設計師、影像供應者、多媒體設計者、或是個人使用者
垂直整合	低	低	低	低	低
經濟規模	已達到	已達到	已達到	已達到	已達到
地理範圍	北美、歐洲、俄羅斯、台灣、中國、土耳其、印度				
競爭武器	雙面掃描	消除陰影	凸字易掃	自然發音	簡易好操作
	單鍵操作	單鍵操作	快速掃描		市占率高

表1.5　精益科技2008年策略形態

基本上，精益科技都是在原有核心技術的基礎上發展不同用途的掃描器，就垂直整合、規模經濟、地理範圍與競爭武器這四點來看，很能表現出「綜效」效果。所要關切的只是目標市場，包括通路與使用者的開發與訴求，而這就交給各產品負責人去規劃與執行即可。

到了2009年，精益科技開發三項新產品，分別是監控系列、網路視訊與網路通訊，雖然都是IT產品，但這三項除了都以企業名（精益）做品牌名外（這種作法幾乎是IT產業的共通性，稍後談到「品牌延伸」時可再回過頭來對照）其他策略形態元素與原先的掃描系列截然不同，這在企業經營上可說是全新領域甚至可說是全新的利潤中心，幾乎無法利用現有通路、現有客層，反而最困難的就是要重新找通路、重新談如何配合，連原先的競爭優勢也無用武之地。

不論是產品經理或是企業高層，都必須花極多心力來重新開發市場，所以以策略形態構面來檢視，就能體會這是完全不一樣的新戰場。2009年起的新策略形態請看表1.6。

	精益科技 2008 之策略形態內容					2009 產品線擴張之策略形態		
產品線之廣度	影像掃描器 (Scanner)					通訊及安全(Communication/Security Center)		
深度	辦公室達人	學識達人	行動達人	書籍閱讀器	數位暗房	監控系統	網路視訊系統	網路通訊系統
特色	高品質 高速掃描 光學閱讀 OCR	能消除裝訂處陰影、文字扭曲變形 「可搜式 PDF」意謂掃描出的文件（存成 PDF 格式）	「最輕巧」及「最袖珍」的「可攜式文件掃描器」 Searchable-PDF 光學閱讀 OCR	文字轉語音的最佳設備。擁有書角掃描的最佳設計，讓有聲書的製作不再困難重重。 光學閱讀 OCR	專為掃描幻燈片及負片的「專家級數位化工具」，能用於套用印刷品、放大相片、手冊、網頁、以及在網際網路上與友人分享影像。	透過區域網路或網際網路輕易地即時監控、提供錄影存證，真正做到「安防如影隨行，影像盡收眼底」！	「單觸控」桌面通訊工具。讓公司內／外的企業成員彼此相連，例如即時傳訊、視訊會議、電話轉接、聊天、資料分享及更多。	輕鬆地為公司建置網站、郵件系統、防火牆、檔案分享、列印、購物車、安全監控、企業簡訊等多元化的e化設備，從眾多競爭對手中脫穎而出！
目標市場								
通路市場	e-tailer, 網路購物	e-tailer, 網路購物	e-tailer, 網路購物	e-tailer, 網路購物	e-tailer, 網路購物	系統整合商 SI	系統整合商 SI	SI、OA通路商
終端用戶	醫院、律師事務所、CPA 公司、銀行及其它金融機構	政府單位、圖書館、大型組織	醫療單位、銀行、保險公司	盲人	專業攝影師、圖像設計師、影像供應者、多媒體設計者、或是個人使用者	B2B、B2C 住宅居家或是辦公室店面	中型企業；公司內／外的企業成員彼此相連。	中小型企業 SOHO
垂直整合	低	低	低	低	低	低	低	低
經濟規模	已達到	已達到	已達到	已達到	已達到	無	無	無
地理範圍	北美、歐洲、俄羅斯、台灣、中國、土耳其、印度					(先找到合作 SI業者為優先、市場測試)		台灣
競爭武器	雙面掃描 單鍵操作	消除陰影 單鍵操作	凸字易掃 快速掃描	自然發音	簡易好操作 市占率高	解決方案	解決方案	便宜、功能多

表1.6 精益科技2009策略形態

五 競爭短視

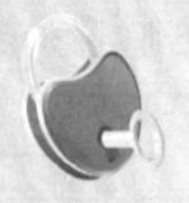

在策略觀念上有一點一定要提醒行銷人，就是千萬不要犯了競爭短視的毛病。

請問，台灣水泥公司從事什麼行業？

台灣鐵路局呢？

企業每到年終，都會做一次年終檢討，包括業績、銷售、財務，以及人員績效評估。企業也不妨趁此做一次策略評估，請中高階經理人自我檢視，問問：我們現在從事什麼行業？我們將來從事什麼行業？我們應該從事什麼行業？

遠在上世紀九〇年代，常與一起賣咖啡的同事閒聊，看有沒有機會開家咖啡店（兼賣咖啡與商業午餐），因為當時我們與一些供應商很熟，可以拿到低成本的咖啡豆，而且仔細計算過後，一杯（當時）平均價格台幣90元的咖啡，其成本（包括咖啡豆、糖及一粒奶油球）不到5元。於是我們認真地進行評估。評估結果卻是否定提案。其中最重要的一個理由就是那時的台北市街頭，三五步就有一家咖啡店，走進巷弄，也輕易能看見許多咖啡店招牌。逛了幾趟，就把我們的激情給澆退。

沒幾年光景，35元一杯研磨咖啡的咖啡連鎖店出現，來自美式、日式的連鎖體系一家家開。其中最令人佩服的就是「星巴克」咖啡。她在和平東路與羅斯福路口的那家店，原先是賣魯肉飯的，然後眼看魯肉飯小店關門，然後有裝潢工人進駐，不久就開幕，原來是掛上星巴克招牌，從此客座率都不會低於八成，還包括早晨八～九點時段。（真令人不解！）

原先的問題可以改成：上世紀八〇～九〇年代的美國還會缺咖啡店

嗎？肯定不會。那為何還有人敢這樣開店（大手筆投資硬體設備，每杯咖啡都比對手貴上好幾倍）？關鍵應該是，即使在美國這樣典型的咖啡高消費國，對喝咖啡的需求還是有一大部分沒被滿足，它可能是需要更好的咖啡（產品層次），更有可能要的是喝咖啡的環境（需求層次）。誰曾經說過：「漢堡只是填飽我們的肚子，咖啡卻是撫慰我們的靈魂。」

產品經理在思考策略議題時，千萬不要走入「競爭短視」的誤區。雖然是做「產品」或「品牌」的負責人，但產品或品牌所涵蓋的領域決不只是當下所看得到的實體產品，它還會衍伸到消費者尚未被滿足甚至尚未發掘出的需要。唯有從需求出發，才永遠不會有夕陽產業的一天。至於該如何確定你做的是正確的事，請接著看下一章。

第 02 章

行銷以定位為先

- 市場區隔
- 區隔評選
- 產品定位
- 品牌及產品線延伸

早在十年前筆者就曾經看到某金融企業在台北街頭大大地立一個戶外廣告，文案就八個字：「因為最大　所以最好」。十年後，台北又出現極類似的戶外看板，也用八個字：「因為第一　所以最好」。這就是兩個最佳錯誤定位實例。

如果產品經理在上任之先要取得資格認證考試，筆者一定提議就考一題：用一句話來描述產品定位。定位定得好與不好，要看所選定的市場區隔。當年海倫仙度絲（大陸叫海飛絲，Head & Shoulders）洗髮精能同時說「既能消除頭皮屑又能保有烏黑亮麗的秀髮」的成功因素，是因為它當時是此區隔（有頭皮屑困擾的人）的第一人，沒有競爭對手做比較。等到後發品牌出來，權衡諸情勢，只能在「去頭皮屑功效」上做文章，仁山利舒及康力諾就是實例。

至於說是「先定位再找一塊區隔空間」還是「先把市場給區隔開來再找到適合本身發展的定位」，倒不必硬性規定，還是要看當時市場環境。最好的途徑當然是打進一全新的市場，愛怎麼定位就怎麼定位，這時的遊戲規則完全掌握在企業手中。網際網路當年如此大紅就是例證。但像網際網路這樣誕生一全新產業的機會畢竟是越來越稀少，絕大多數還是身處在競爭的環境下努力發掘市場機會——即市場區隔——再想辦法使自己定位獨特（其實真要有獨特的定位也越來越難，不走向Me Too就很難得了）。所以常用的分析途徑還是先談市場區隔再說產品（品牌）定位。

常聽人說行銷是藝術也是科學，STP之間的關係正是最佳實例。

市場區隔是市場演變出的結果，它應該是透過科學化的思路一步步導出來的。

區隔評選，則是業者或產品經理既經過科學化、數量化的評估，又經過主觀上、意志意圖上的企業選擇，決定進軍哪一個或哪幾個區隔。

而定位，就完全是屬於藝術層面，讓產品經理可以好好發揮企業作為，想想要如何把他的產品概念烙印到目標消費群的腦海裡。所以STP之間的關係就如圖2.1所示：

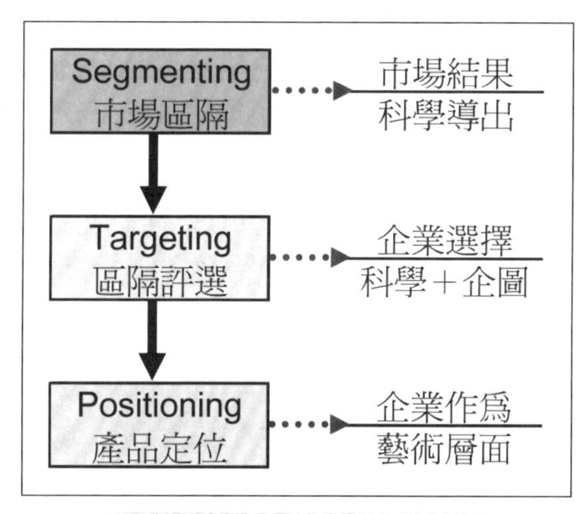

圖2.1　STP之科學與藝術觀

一　市場區隔

以現今這個時點，2013年，來看現在所存在於人類社會的各種產業（行業），大概都不太可能出現一種產品吃遍全市場，反而是各式各樣的產品充斥。你可以說是消費者有多樣化的需求，所以驅使廠商創造這麼多的商品，或說供給本身創造需求。殊途同歸。任何市場幾乎都由或多或少的消費群體（區塊）所組成，每個個別的消費群就是所通稱的市場區隔。要理解市場區隔的概念，不妨來看看汽車產業的演變。

1. 汽車業之區隔演變

在上一世紀汽車剛誕生之初，消費者是如何看「汽車」這「東西」的？由電影「奔騰年代」（Seabiscuit）的劇情可窺一二[1]。它以一九三〇年代美國經濟大蕭條時期真實故事為背景改編，介紹別克汽車的創始人查理斯・霍華的（創業）故事。在二十世紀初期，他在舊金山灣區開始了汽車零售的生意，然後成為汽車大亨。在當時（雖是電影，但想必很真實），美國民眾還是以馬、馬車為代步工具，汽車推出來，一般大眾對它還是嗤之以鼻，嘲笑這個費錢、花俏又不實用的玩意。當時的市場，汽車也許是馬車的一種替代工具，所以必須把汽車視為馬、馬車的替代品（請翻閱上一章有關五力分析的介紹），既然汽車還不算是產業，那就來看代步工具的選項，如圖2.2：

等到汽車越來越被美國大眾接受，汽車業總算可以脫離馬車業而分離出來。這時的汽車業一定有高價車與低價車之分（雖然不確知差距多少，但福

註

1.請參考網路有關這部電影的介紹。

特的T型車一定是代表低價車，才會有機會橫掃市場），所以看汽車市場就出現了一個1×2矩陣的汽車市場圖，請看圖2.3。這時就可把高價格汽車與低價格汽車看成是汽車業的兩塊市場組成，這兩塊市場就稱之為「區隔」（Segment），而「區分」這動作就稱之為「市場區隔」（Segmenting）。

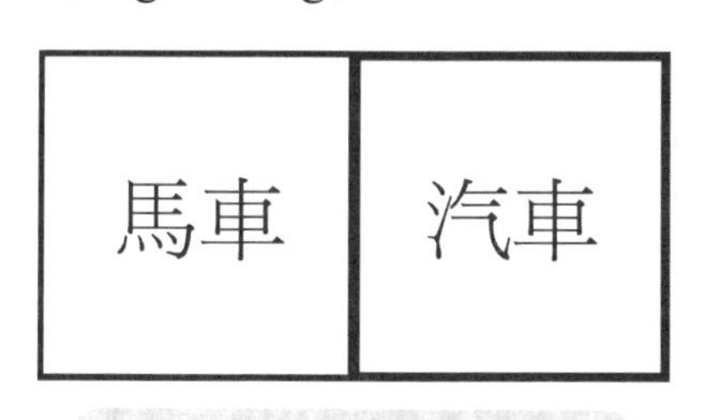

圖2.2 代步工具產業區隔

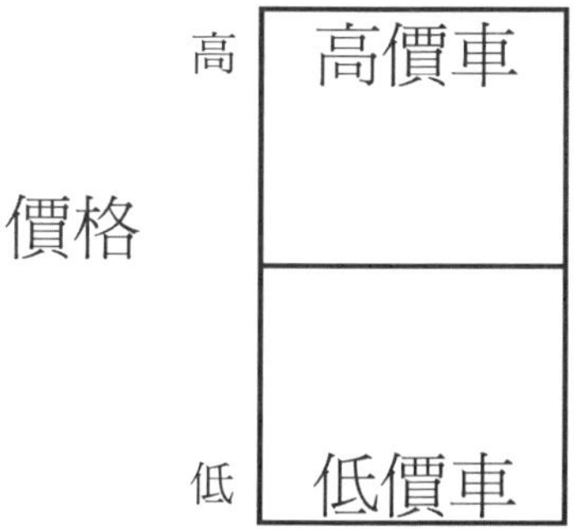

價格
高
高價車
低
低價車

圖2.3 汽車業之1×2市場區隔

等到汽車生產越來越多、消費人口越來越多，也許觀察市場可以發現除了價格外，男女性別的差別或是所得收入的差別也是構成汽車購買決定的一項考慮因素。於是汽車市場就區隔的細緻點，可用性別與價格做區分（如圖2.4）或是所得與價格做區分（圖2.5）。

其實在當時，當福特汽車以流水線生產、單一款式（所謂的T型車）、單一顏色（黑色），所組合的結果，創造出市場最低價的汽車，讓非常多的、有正式工作的美國消費者都買得起時，福特囊括了市場近60%的占有率。可誰知

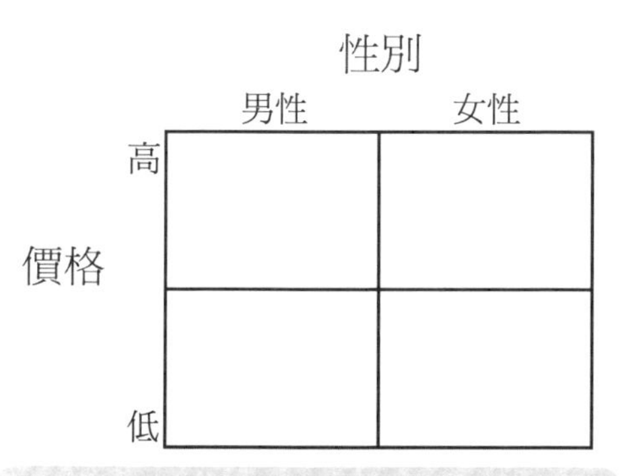

圖2.4 汽車業依性別×價格市場區隔圖

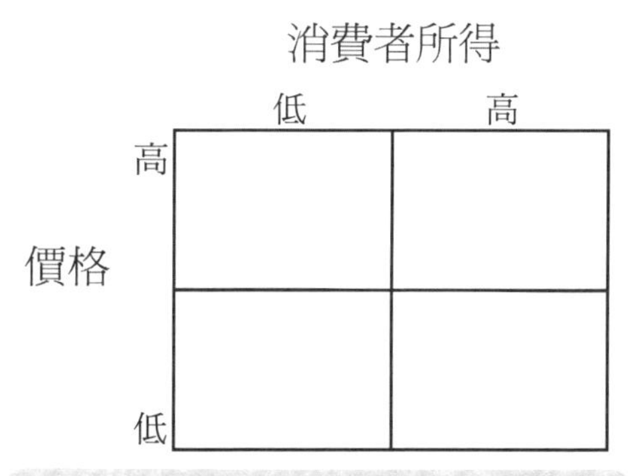

圖2.5 汽車業依所得×價格市場區隔圖

在幾乎是壟斷之情況下，另外一位仁兄卻看到美國消費者對汽車（針對福特而言）竟有許多不滿（足）：雖然汽車買得起，但不想跟別人買一樣的汽車啊！他就以圖2.5的一項重要指標——消費者所得——針對不同收入提供不同價位的汽車給顧客，於是就誕生了例如雪佛蘭與凱迪拉克等汽車品牌，而且每一款車還有多種顏色任君選擇。這麼做的結果，不僅把福特汽車趕下龍頭寶座，還雄霸汽車業幾十年（直到2008年才因金融危機被TOYOTA超越）。這家公司的故事就是通用汽車的肇始。這位提出不同區隔方式的仁兄就是擘劃通用汽車的大功臣——史隆（Sloan）。

回溯歷史，跟史隆同時代也同樣從事汽車產業的業者高達數百家以上，史隆是不是唯一看到消費者有細分的需求而其他人都沒這樣的眼光？或者史隆是感受到有這種需求的人之一，但只有史隆採取行動？不論答案如何，通用汽車的例子確實告訴我們市場在不同的時代是由不同類型的消費者所組成，而在某一時間點的決定因素有可能隨著時間推移而有所轉變；且從不同人的眼光或角度所看到的市場組合可能是不一樣的。譬如看現今的台灣車市，如果不以史隆的標準，有沒有可能有不同的決定因素可以區分出台灣汽車市場的區隔差別？筆者隨便取「汽車價格」與「車子的製造來源」來試圖做一個簡易的台灣汽車市場區隔圖，並且以2009年台灣地區進口與國產各銷售前六名的廠牌按照這兩個屬性做一配置，同時標出這些廠牌在2009年的銷售量，結果如圖2.6[2]：

註

2.銷售資料來源：『http://www.u-car.com.tw』。

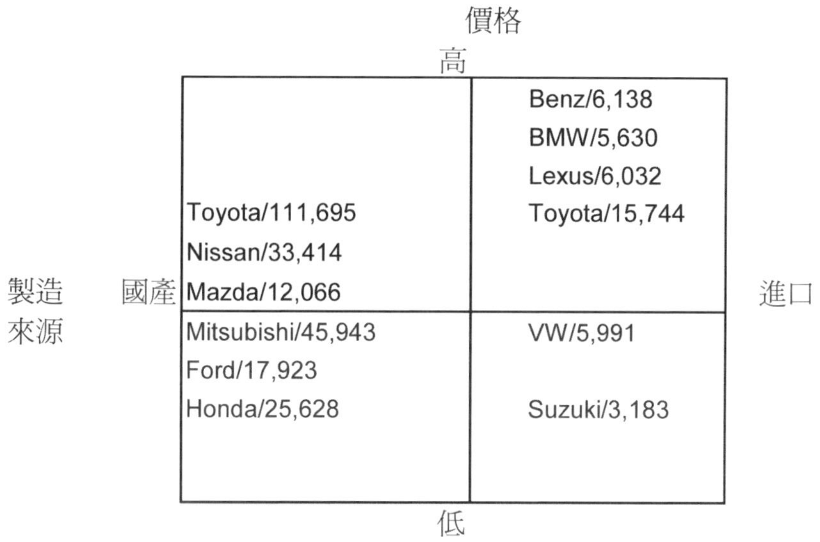

價格

高

製造來源	國產	進口
高	Toyota/111,695 Nissan/33,414 Mazda/12,066	Benz/6,138 BMW/5,630 Lexus/6,032 Toyota/15,744
低	Mitsubishi/45,943 Ford/17,923 Honda/25,628	VW/5,991 Suzuki/3,183

低

圖2.6　台灣2009年汽車業依價格×製造來源市場區隔圖

按照X軸的定義，左右兩端代表一負一正，表示兩個極端，所以「製造來源」這變數放到X軸就可改為兩個對比「國產」與「進口」；至於放在左還是右都沒有關係。

同樣的變數（價格與製造來源）如果要用來描述中國大陸的小轎車市場是否也能描繪出來？請看圖2.7。（Benz，台灣叫賓士，大陸叫奔馳；BMW在大陸叫做寶馬）

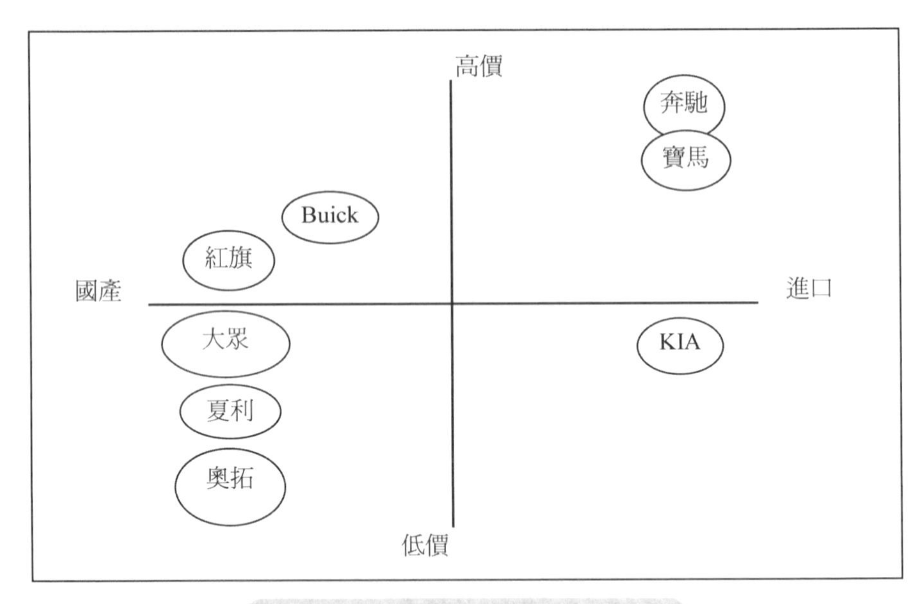

圖2.7　中國大陸小轎車市場區隔圖

雖然沒正式做什麼區隔調查，但初步看來這兩個變數倒還是可以顯現台灣與大陸兩地的汽車市場分布。圖2.6在品牌旁標示的數字是銷售量，在圖2.7中並沒有實際銷售數字而是作者假設用一橢圓形表示各廠牌的銷量或市占率，面積越大表示占有率越高。圖2.6與2.7也可稱為「品牌定位圖」。以Benz為例，Benz屬於進口、高價這塊區隔，Benz「定位」成（給人的印象）是非常高級的高價車。

2. 區隔變數

上述所做市場區隔的闡述會引發三個問題：該用什麼變數來區隔（汽車）市場？不同產業所使用的區隔變數都一樣嗎？以及最重要的，區隔變數是怎麼來的？

圖2.6與2.7的描述，如果不用製造來源這個變數搭配價格，用汽車性能取代製造來源如何？答案是不好。因為性能越佳的汽車一定越貴，表示

性能跟價格不是兩個互不相關的變數，如果採用，會產生混淆。所以得到區隔動作的一個重要結論：區隔變數一定互為獨立，無相關性存在。

那不用性能，用男女性別搭配製造來源可以嗎？讓我們試試看。

我們不但用性別與製造來源做區隔變數，還把年齡與價格一併混入，就可得到四個變數、16塊區隔的圖表，如表2.1。

		男性		女性	
		<= 30歲	> 30 歲	<= 30歲	> 30 歲
進口	高價				
	低價				
國產	高價				
	低價				

表2.1　汽車業4×4的市場區隔

甚至再複雜點，把性別、4個年齡群（以中位數）表示，搭配進口/國產與排氣量，可得到分得更細的市場區隔，請見表2.2。

		男性				女性			
		25	30	40	50	25	30	40	50
進口	>3.0								
	2.5~3.0								
	2.0~2.5								
	2.0								
國產	>=2.0								
	2.0								
	1.8								
	<=1.6								

表2.2　汽車業的8×8市場區隔

讀者可能會問，變數如此延伸道理何在？確實可行嗎？筆者看法是，因為汽車市場品牌眾多也確實細分得非常明顯，許多區隔也都可以做出明確定位，所以區隔以及區隔變數多乃是市場事實。譬如表2.3、2.4。

	性別	男性				女性				產業		產業		性別佔比
	年齡	<30	30~39	40~49	>50	<30	30~39	40~49	>50	銷售量	%	銷售金額	%	男/女
進口	>3.0	M1I1			M4I1					I1				
	2.5~3.0									I2				
	2.0~2.5									I3				
	2.0									I4				
國產	>=2.0									D1				
	2.0		M1D2							D2				
	1.8									D3				
	<=1.6	M1D4				F1D4				D4				
產業	銷售量	M1	M2	M3	M4	F1	F2	F3	F4	Sum Q	100%			
	銷售金額											Sum $	100%	

表2.3　汽車業8×8的市場區隔舉例

	原廠	Toyota	Toyota	Toyota	Toyota	Nissan	Nissan	Mitsubishi	Mitsubishi	Honda	Honda
	副品牌	Altis	Yaris	Vios	Camry	Tiida	Livina	Colt Plus	Lancer	Civic	Fit
國產	>=2.0				6,025						
	2.0	1,809			8,743				1,506	309	
	1.8	24,791				8,503			6,278	6,137	
	<=1.6		18,649	16,141		3,209	8,147	8,621			8,733
小計		26,600	18,649	16,141	14,768	11,712	8,147	8,621	7,784	6,446	8,733

表2.4　2009台灣國產汽車銷售十大品牌依排氣量區分

在表2.3，筆者把市場區隔的討論範圍再加以擴充，同時算出每個年齡群（譬如M1是30歲以下男性購車的總量）及每款排氣量的年銷售量資料（I1是進口車、排氣量在3000cc以上的車種銷量）；如果想算出銷售金額則再往下多算一格即可。甚至想多知道一點資訊，如每款排氣量的男女購車比例，都可自行算出。

表2.3計有64格，表示台灣（其他地區也可用同樣方式試做）的汽車市場可拆成64塊不同的區隔，區隔的解釋舉例如下。

在購買3000cc以上進口車的男性買主中，M4I1和M1I1的買主比例肯定是M4I1大於M1I1，M4I1才是這款車的主力消費群。

同樣道理，購買國產1600cc以下的男性買主中，M1D4應該是這款車的主力。M4I1 和M1D4就代表這兩款車的典型購買者輪廓，這就是兩塊不同的市場區隔。至於車商怎麼跟這兩塊市場的消費者做溝通，那就要看車商如何定位自己、如何突顯自己，方能獲致消費者的認同。

筆者搜集臺灣2009年國產汽車銷售量前十大品牌的資料後[3]做成表2.4。因為資料過多過細，故筆者只以這些資料舉例，讀者完全可以對照表2.4的資料到表2.3中來體會何謂市場區隔。

從表2.3的分析過程中可得到一個小結論。分析汽車產業，用性別、年齡、進口/國產以及排氣量等這些變數做區隔，所得到的結果應該頗能反映出市場現況，即便筆者並沒任何根據。

現在再回頭來看有關區隔的三個問題：「用什麼變數來區隔市場、產業不同則區隔變數是否還是相同、以及區隔變數的由來」。其實問題一和三是屬於同一問題。如果有一套區隔方法，用這方法自然就能導出區隔變數；所謂這套方法就是應用行銷研究（或說市場調查）的技術得出市場區隔的結果，在本書第四章會再詳細介紹。

若問，是否每次研究區隔問題，都要做一次市場調查才能得知？如果產業相當成熟，憑經驗與觀察應該也能找出很貼切的區隔變數，只是誤差難免存在，自己要有心理準備；如果是新產業又如何呢？這時候即使做市場調查也不一定問得出來，業者如果相當有自信，就大膽用自認為有把握的變數來區隔吧。但如果要同時知道各區隔的市場規模等等，恐怕沒有市場資料支持是不會知道的，這點一定要清楚。

再來看第二個問題。筆者在過去不論是在實務界或是在學校裡，每次問同學區隔問題，大家幾乎都先說「用性別、年齡、價格、性能」這四大項做區隔變數，甚至於有人會以為這四項是區隔的永遠變數，不論什麼產業都可以用他們來區隔市場。事實不是如此，這個問題的答案要看情況。如果是很成熟、舉目所見的市場與消費形態，如汽車業，則完全可由業者依消

註

3.如註2。

費者習性做最客觀的觀察後決定區隔變數；有些情況下答案可能用這四大類就可得出，但還有很多其他情況就絕非如此。造成這些不同情況的一大原因，是因為各產業的「區隔線索」不同所致。

所謂「區隔線索」，筆者把它定義成「區隔變數資料容易鑑別與否之線索」，這線索跟「產品（或產業）生命週期」[4]有關，筆者把它們之間的關係繪成圖2.8。

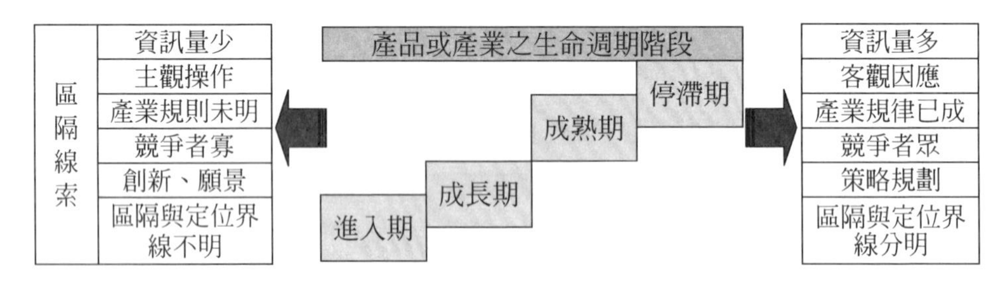

圖2.8　區隔線索與產品生命週期關聯性

當產品或產業屬新創期，因為才剛進入市場，許多產品特性還未被消費者知悉，消費者也不清楚他的真正利益，當然，這也跟產業的推廣與教育有關。不論如何，這階段的區隔線索傾向於資訊少、業者多半憑主觀操作行銷策略甚至根本無策略可言，就是先做試銷而已，一切的一切讓市場決定。也由於產業規則未明、競爭者少，廠商可能藉著創新科技而大膽提出願景，區隔跟定位也不必分得那麼清楚，有時只憑一句廣告詞就能作業。

反觀進入成熟期與停滯期的市場，資訊到處都是，隨便上網查都能找到幾百萬甚至幾千萬筆的資料。這時廠商能做的已經不多，只能客觀因應，主要就是產業規則已經定型，就算想做點創新都會面臨來自企業內外的質疑聲浪。此時的策略就很適合走「規劃學派」，按部就班，該怎麼做區隔與定位就怎麼做，反正這都是市場的現況。

區隔線索會因產業生命週期階段不

註
4.讀者可上網查「產品生命週期」相關概念。在這把「停滯」代替「衰退」，意即延長成長期，減緩邁向衰退之路。

同而給予產品經理明示或暗示的區隔變數。綜合多種產業所實際應用的區隔基礎，有以下九種可供實務參考：

1. 地理區隔

如歐洲的東部、西部；大城市、鄉鎮；氣候是溫暖、多雨或寒冷。

2. 人口區隔

亦稱人口統計變數，可說是最基本之消費者區隔變數。包括：

◆性別：男、女。

◆年齡：譬如12歲以下，16～20歲，21～25歲等。一般是以5歲做分界線。剛進入行銷領域的行銷人，在描述其目標消費群時常說鎖定年輕人。多年輕叫年輕？18歲以下？18～25歲？還是15～30歲？以現今時代潮流來看，15歲和25歲的人就已經有代溝了，更不要說15和30歲的人。10年的差距就已經是一個世代，所以為了精準起見，養成一個習慣，把目標顧客層界定在一段年齡範圍內並最好用5歲為一級距。

◆職業：商業、教師、護士、勞工或通稱白領。

◆所得：指每月或每年平均所得（收入），多以月收入表示。至於是個人所得或家庭所得，要看產品（服務）類型做分類。

◆婚姻：已婚、未婚或是離、喪。

◆教育程度：高中、大專（學）、研究所。

3. 心理區隔

指一個人的需求動機狀態，如馬斯洛的五個需求階層。

4. 生活型態區隔

描述一個人過日子的方式，對許多事的態度、看法或熱衷的程度。

5. 社會文化區隔

包括文化、宗教、種族之間的差異或身處於社會某階層（高、中、低）；家庭生命週期是單身、新婚、滿巢或空巢期。

6. 使用行為區隔

指消費者使用某商品的使用頻率（高度、中度、輕度，一般是香菸及酒類商品最常使用此種區隔方式。）或對品牌的忠誠度（無、一點、高度）。

7. 使用情境區隔

指消費者使用或雇用這項產品是為了達成什麼目的（自用、送禮、娛樂、學習、打發時間等）、使用的時間（白天、晚上、工作時）、使用的地點（家裡或辦公室、早上）及誰使用（自己、家人、朋友、同事）。

8. 利益區隔

指使用的便利性、經濟性（省錢）、有效性及持久性。

9. 混合區隔

如：人口＋心理、地理＋人口或人口＋生活型態。

之前所舉汽車產業的例子，不論是如筆者憑主觀經驗判斷或是真正做了市場調查而得出表2.3計有64個區隔組成之汽車市場樣貌，廠商這時必須做一個判斷：該進入（或選擇）哪一個或哪幾個區隔作為目標市場。

二 區隔評選

廠商去做市場區隔的目的當然是要了解市場、了解市場是由哪些不同的消費者以及不同的需求所組成。接著，廠商就必須選擇哪些區隔做為他的目標顧客。可口可樂暢銷幾十年，她總是認為、也努力去做到，讓全球消費者人手一瓶，這是一種無差異行銷手法，把飲料市場視為只是一種型態的單一市場，她也是大量行銷的始祖。

而另一個極端則是為每一個顧客單獨訂製，因為每位顧客都不一樣，有獨特的需求，譬如訂製西裝的西服店、做旗袍的旗袍店等，每位顧客就是一個區隔，也稱之為個別行銷。在這兩個極端之間自然也有許多可能，而這些各種可能完全是廠商選擇的結果；所以區隔動作做完，接下來就是對區隔進行評估與選擇，謂之「區隔評選」（Targeting）。區隔評選也是一流程，如圖2.9：

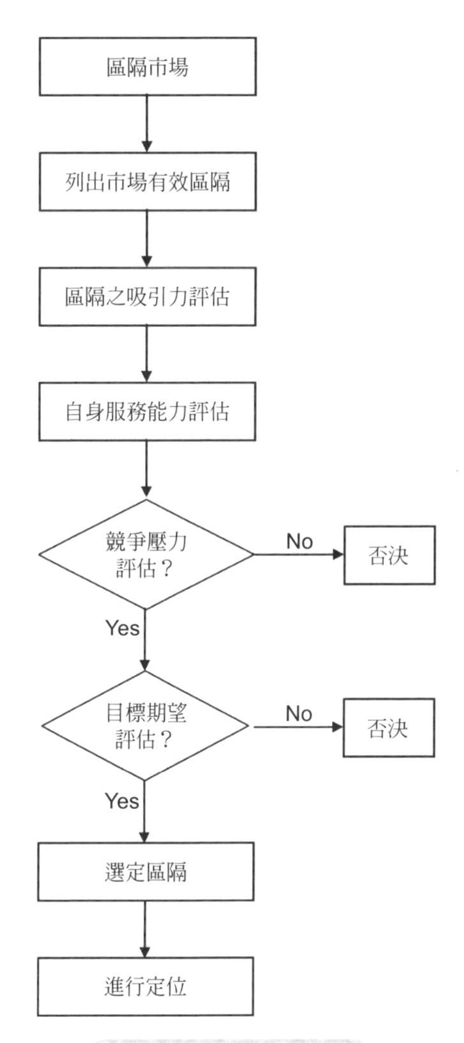

圖2.9 區隔評選流程

1. 區隔之吸引力評估

圖2.9的前兩個動作（區隔市場並列出有效之區隔）是任何產業的剖析，然後廠商要去評估哪些區隔對自己的事業最有吸引力，因為各區隔是由不同的「情況」所構成，各種「情況」給廠商的「體會」一定不同。產業及各區隔之規模現況、目前的消費人口、消費量及消費金額、產品目前的普及率、能否察覺出目前是屬於哪種生命週期階段以及未來之發展前景等等，就構成第一步「區隔之吸引力評估」[5]。

2. 自身服務能力評估

第二道評估關口是廠商必須評估自己有沒充分實力與資源來服務對自己有吸引力之區隔。公司之人員組成是否掌握產業的關鍵成功因素；公司及人員的經驗是否足夠且是經過市場考驗過的經驗；我們的產品、通路以及擁有的行銷資源是否都在在證明我們是有能力可以服務我們想要的區隔市場。

經過這兩道評估，廠商應該清楚還剩下幾個區隔是我們可以服務的。但流程還沒完。廠商接下來還要通過兩道否決題的測試：「競爭壓力」與「目標期望」。

3. 競爭壓力測試

所謂「否決題測試」，筆者是指廠商要虛心評估自己的實力在所中意的區隔中有無成功的機會，起碼也要是能站穩腳跟。如果勝算極低，建議產品經理放棄吧，這就是筆者說否決式的測試。評估競爭對手實力如何，如競爭家數多寡、競爭強度激烈嗎？領導廠商出現與否？他的實力、占有率有主導市場嗎？產業的前三名廠牌又如

註

5.讀者可參考Linda Gorchels著「產品經理的第一本書」修訂版（McGraw Hill出版，2010年 7月）

何？前三大是否已吃掉大部分的市場？如果自己投入後對企業來說會變成怎樣的BCG屬性？這產業有多依靠媒體投放量[6]？自己的媒體量SOV占多少比重？如果經過這些問題的測試，產品經理心中的直覺是：「放棄吧」，那就放棄吧。與其投入在毫無信心的戰場，何不將資源與心力轉到更有信心的市場區隔呢？

4. 目標期望測試

第二道否決式測試要問的是——如果一旦投入到某市場區隔，所預期的回報（目標的期望水準）會有怎樣的成果，包括銷售量、銷售金額、利潤、市占率、投資報酬率（ROI）或是因為會有規模產生而有規模經濟的好處等。如果初步評估發現獲利機會渺茫或是要經過多年虧損才有機會轉虧為盈，事先對此有個預期才知道值不值得投下去。

讀者如果對這兩個否決測試有疑問，應該就是質疑「難道沒做之前就失去信心，這不是太保守、太不進取，也太短視、太沒膽識了嗎？」嗯……，應該這樣看：資源有限，時間也如是。與其去賭經年累月的對抗又不確定回收前景，何不去做更有把握、更適合自家特色的市場呢？

5. 區隔評選檢核表

對整個區隔評選的流程，筆者同時設計了一張檢核表如表2.5。首先，列出總市場以及各個區隔市場之分類，然後加以描述。描述內容可分成消費品產業（或說B2C）及工業品產業（B2B），依照實際產業特色做重點式的描述。（這樣做的目的既可日後做定位時一併延伸考量，更可做整個行銷計畫表格式的撰寫，讀者不妨體會一番）

註
6.關於媒體投放SOV：Share of Voice的說明，請參考本書第三章。

		總市場	區隔A	區隔B	區隔C
區隔描述	消費群B2C描述				
	人口變數描述				
	性別				
	年齡				
	職業				
	所得				
	教育程度				
	婚姻狀態				
	生活型態				
	使用行為				
	消費群B2B描述				
	客戶集中度				
	採購規模				
	客戶專業度				
	採購週期				
	客戶關係				
市場吸引力	消費人口				
	區隔占比				
	總消費量				
	消費量占比				
	總消費金額				
	消費金額占比				
	市場普及率				
	產業生命週期階段				
	市場成長率				
	吸引力評估				
服務能力	團隊組合				
	市場經驗				
	產品測試				
	通路測試				
	行銷資源				
	服務能力評估				

		總市場	區隔 A	區隔 B	區隔 C
競爭壓力	競爭者家數多寡				
	競爭強度				
	領導品牌				
	領導品牌市占率				
	產業前三名				
	前三名總市占率				
	本身市占率 SOM				
	市占率排行				
	本身 BCG 屬性				
	產業／區隔媒體投放量				
	本身媒體投放量				
	媒體投放占比 SOV				
	競爭壓力測試？				
目標期望	銷售量				
	銷售金額				
	利潤				
	市場占有率				
	ROI				
	規模經濟衍生利益				
	滿足目標期望？				

表2.5　區隔評選檢核表

接下來是兩個吸引力階段之評估。不論是市場吸引力或服務能力評估，讀者可藉助管理學的決策理論給予數量化的評點（如每個項目用一分數，或是再取加權計分等等）或是優先次序的排列（僅用優先次序做排列，不用數量分數）做各區隔的獲選順序。

某些區隔經過吸引力評估雀屏中選後，再用否決法排除對自己非常沒有把握或是不能滿足目標期望的區隔。對這整個程序之內容，讀者當然可以按照實際情況做增減，得出最適合自身產業或產品之區隔評選項目來選出最佳區隔。一旦有了理想區隔，下一個任務就是如何做好「定位」。

三 產品定位

本章一開頭就說用「產品定位」來考驗產品經理的功力，實在是因為定位太重要了。

定位是一個品牌未來發展以及行銷計畫的根本藍圖

如果定位不明或根本就定錯了，那麼，即使整個行銷計畫寫得再多再好也白費功夫。記得筆者當年剛從事行銷工作時，自告奮勇要做新產品，於是公司就叫筆者研究研磨咖啡。有一個月的時間，台北幾家五星級飯店的咖啡都被我喝過一遍，有名的咖啡專賣店也光顧過，再加上隨機抽樣的商業午餐咖啡及速食店的熱咖啡，最後光報帳就花了一萬多元。等到資料整理、分析告一段落，就開始拿出研究生的本事——寫報告。草稿一出，不得了，98頁。報告交出，總經理要我跟各部門重要人員做一正式提案報告。這有何難？一開始報告就先說策略分析，心想後面的行銷計畫及銷售預估、預算一定要把他們轟死。約講了五分鐘吧，總經理打斷我，拋來一題：

「你的定位在第幾頁？」

「（讓我翻翻）在第24頁。」

（大家就翻呀翻…）

「你的研磨咖啡要取代誰？」

「（怎麼問這種問題！我毫不思索的回答）取代市面上的研磨咖啡呀！」

「確定？」（總經理馬上追問）

「（猶疑個幾秒鐘）確定。」（我還是很篤定。）

「不對！是取代冷凍乾燥咖啡。」

（取代Freeze Dried？我心想……對嗎？）

「同意嗎？」（總經理一付得理不饒人的語氣）

「（心頭像給重擊似的）同意。（實在不甘心）」

（約再過幾秒鐘，我主動開口：）

「對不起，今天報告到此，改天再提一次。」（說完話我就整理東西走出會議室，也不管在座其他人怎麼想。）

有一位業務經理平常跟我蠻熟的，走進我辦公室問我：

「Jesse，怎麼不報告了，還有很多促銷計畫及預算可以先提啊？」

我謝謝他的好意，回答他說：

「算了！別自找沒趣。定位如果找錯對象，促銷計畫怎麼可能針對對的目標對象？銷售預估及預算不也文不對題！還是知趣點重寫吧。」

相信我們總經理當時也這麼想。很慶幸筆者也這麼想。

定位先行於所有的廣告、文案、媒體、甚至包裝等策略或計畫

順著先前思路，定位如果未成案，根本不必急著構思廣告或媒體計畫。以前常和同事做練習，把許多廣告片（不光是自己產業的）拿來看，測試自己在看過兩遍後能否立即說出它的定位內容（建議行銷人在看電視廣告時不要急著轉台，趁機鍛練自己功力也頗有助益。）不只廣告，包裝也同樣道理。要研究對手的策略思路，觀察其包裝也是方式之一。產品定位只要做得好的一定會反映在包裝紙上。

定位點出品牌生存的根本源由

所謂「品牌」不是自行做個商標登記出來就算品牌，而是指經過市場的考驗與淘汰後能有一個基礎，才能稱之為品牌。在這場市場淘汰賽中，產品（品牌）為何能生存下來？如何能讓消費者買你的而不買別家？為何能長久存活下來而非曇花一現？總要有個理由。理由的起始點，就是從定位出發。

定位一旦建立後，切勿隨意更動

許多行銷主管剛上任，一定會叫各產品負責人員做個簡報，聽聽過去做了哪些事，將來有何計畫。於是就常見到新上任者充滿雄心壯志，堅決要幫這些產品找個更好的出路，往往這第一刀就砍到定位身上，但這也多半是錯誤的開始。產品的定位就如同人的個性，公司要改容易，要市場接受可就難了。除了虛榮心作祟，實在看不出任何要修改的道理。定位一改，包裝可就要重新設計，又要重新打樣、看樣等等，但這還是小事。要想如何讓老客戶接受或是開拓新客層，價格是否也要更動？經銷管道呢？這些通路客戶是否需要發函通知或召開個說明會？要改廣告吧？又要發想創意、又要找預算、又要找拍片公司。推廣促銷活動一定要來新的，於是再來構思一套通路活動。所有這一切的發動，不是來自於市場的壓力，而是人為干擾。這可真是破壞者創新。稱職的產品經理要千萬記住，此時此刻可千萬要有肩膀、要有擔當。要抗拒一切壓力堅守住產品定位，可千萬別容許他人隨興之所致，毫無根據地更改產品定位。

1. 定位就是消費者認知

定位，不是對「產品」做什麼，而是對消費者的「腦袋」做什麼：你希望大家如何看你？你希望大家記得你什麼？定位的目標，就是要爭取消費者的「心智占有率」（Mind Share）。

誰是第一位登陸月球的太空人？阿姆斯壯。那第二位呢？第四位呢？有誰記得？但第二位就很嘔！因為阿姆斯壯能第一個踏上月球，是因為第二位幫他拿他漏掉的東西才落到第二去。（亂編的，真實情況有待考證。）第二位就不甘心，但他很努力的思考之後（看到阿姆斯壯名揚四海受刺激之下）想出這句：「我是第一位從月球回到地球的人」。結果他就以這句話成功選上美國聯邦參議員。

2. 反定位

定位是鼓勵行銷人打破疆界、勇於創新的最大操作空間。以上面登陸月球為例，誰規定一定要以登陸月球的順序作比較？為何不可以從另一個角度來宣傳呢？因為按照制式規則，第一只有一位，而且早在我們出生前就給別人捷足先登了（多數產業就真是如此）。如果比誰是第一上市、誰最大、誰賣最多、誰最有名等等，那後發者豈不永無出頭之日？當一位專業行銷經理人頭腦要會轉。譬如問讀者，台灣最棒的大學是哪一所？答案一定是台大。那其他大學該怎麼說自己才可能被高中生及家長記住而吸引他們來唸呢？

如果是清大，那就可以號稱自己：「台灣前三大最棒的大學」。

成大呢？——「台灣十大頂尖大學」。

中正大學呢？——「台灣十大最優的國立大學」。

那私立的、不錯的大學又該怎說？——「台灣十大私立大學」。

不是前十大的私立大學呢？——「北台灣十大私立大學」。

也不是北台灣前十大私校又該說什麼？——「外雙溪第一名校」、「陽明山最高學府」。

這種思考，筆者稱之為「反定位」。

定位基本上就是一個認知問題。不要去爭論誰是最好，消費者說誰好誰就是好。那消費者怎麼知道誰最好呢？還是廠商說的。所以關鍵還是廠商怎麼教育消費者、怎麼引導消費者對你的認知。那該怎麼做、怎麼引導？答案是，先找一句你產品的「定位陳述」。

3. 定位陳述

所謂「定位陳述」，就是用一句話讓消費者深深地記住你（的產品或服務）。每次上課講到定位，都會問學生以下幾個問題，讓大家隨便猜：

◆市場上啤酒銷售量前三名？

◆市場上速食麵銷售量前三名？

◆手機銷售量前三名？

問出的結果，跟實際排名還真的很吻合。但再繼續問：第五名是誰？第七名呢？就答不出來了。（讀者不妨現在就做這練習，來測試你的市場敏銳度。）

做這練習的目的，是要得出定位鐵律——凡是能被消費者輕易說出的產品（品牌）大概都是市場的前三名，其經營績效也必定很好。凡是消費者記不太清楚的，例如五六七名，其績效一定不怎麼樣，吃不飽也餓不死。

定位要能印象深刻到讓消費者牢牢記住，說的方式和說的時間同等重要。講得好不必說，但講得早卻更重要。讓消費者先記住（你的產品）是現在知名品牌能屹立不搖的根本原因，如可口可樂、海倫仙度絲，台灣的台灣啤酒、伯朗咖啡等。第一印象的效果絕對適用在定位身上。但如果搶不到先機怎麼辦？另闢戰場。

定位是可以用公式教的，它就是由三個重點所組成的一句話，稱之為「定位陳述」(Positioning Statement)[7]：

註 7.來自於美國通用食品公司（General Foods.）訓練教材。

針對【目標對象】，××品牌／產品是
【某種產品】，它能帶給您
【某種差異點】

定位陳述是先說「目標對象」或「目標市場」，再說它是「某種產品」，最後說產品能帶來「某種差異點」。但在分析說明這公式時，必須把次序調一下，要先說「產品」，正式名詞稱之為「參考架構」或「競爭領域」。

(1) 競爭領域

明確點出屬於哪一類產品或服務，其實是幫助消費者容易了解，讓消費者把我們的產品歸屬於那些相像的品類中，在這品類裡，就包括消費者認為滿足一特定需求的所有選擇方案。

既然是屬於某類的選擇方案，產品在考慮定位時應該優先回答這個問題：（你的）產品將會「取代」誰（哪一類或哪一個產品）？舉個例子，BMW汽車。如果問BMW汽車的競爭者是誰，直接的答案可能馬上跳出來賓士、奧迪汽車等。會有這個答案，是因為把BMW看成為「汽車」這塊領域。但BMW不只於此。BMW絕對也包含身分、地位及炫耀，而身分、地位、炫耀這塊領域，消費者會認為有哪些相類似的產品呢？答案是鑽石、皮草。

許多新產品上市時，廠商都自認為有高技術含量、科技創新、劃時代的突破等等創舉（當然也是想烘托出自己的與眾不同點），目的就是要拚命想出一創新的產品領域，但這通常不會導致廠商要的結果。要知道，多數消費者不是跟創新廠商一樣對科技技術有如此深的了解，他們看到任何新創產品的第一直覺就是把它類推到現有的市場結構中而不會隨廠商意圖馬上在腦海中開創一新的市場領域。

想像一下手機業者穿越時空到宋朝去賣手機。

如果真有時光機器，一位手機銷售員坐著它回到宋朝，到當時的首都開封。這位銷售員選定那時開封街道上最熱鬧的一家酒店——悅來客棧，人聲鼎沸、車馬雜沓。悅來客棧坐滿了我們當時的老祖宗，銷售員拿出手機，極力推崇這是多麼偉大的發明，有多麼先進的技術，再三做示範演練。但這些聽眾會怎麼想像這支手機？會同樣稱它為「手機」嗎？不會。在他們的腦海裡，這個東西確實好，好到不用再請「信差」送信，不必再用「烽火台」，不必再騎「六百里快馬」，也不必再用「飛鴿傳書」。因為在他們的生活裡，手機這玩意是取代上述這些送「信息」的工具，只不過手機更小巧、更方便、更好用，就是不知要多少銀子。

產品經理要界定產品屬於何種競爭領域時，請不要只是從這產品的功能屬性上去看，而要從消費者的角度，從消費者的使用目的及使用情境去做聯想。問這樣一個問題：多數消費者去麥當勞、肯德基的目的只是純粹吃漢堡、炸雞嗎？絕對不是。有些人是肚子餓去吃，有些人只是去喝杯飲料找個地方坐一下。也有些人如父母，不知該如何打發孩子，就把孩子帶去叫份兒童餐然後讓孩子去玩遊戲設備。父母呢？反而趁此看看報紙、喝杯咖啡。還有些年輕人根本就是在那裡約會或跟同學朋友瞎聊天，其實只是要打發時間。這些情境都是消費者使用速食店的目的。如果純看用餐目的，能提供餐飲解決民生問題的場所固然是同類競爭者，但讓消費者打發時間、讓孩子不要鬧有地方玩、年輕人有個地方可以坐下來聊天，也都是速食店的競爭者。

競爭領域的選擇當然跟定位密不可分。是要把自己定位成方便快速的用餐場所（速食店），還是父母可帶孩子去玩的遊樂場（兒童樂園、兒童交通博物館）或是年輕人約會去處（電影院、KTV），都要從消費者的角度來看，所以產品經理一定要了解市場結構。去仔細觀察消費者如何看待及使用這項產品或服務？消費者的重覆購買以及換購行為如何？消費者是以何種認知及使用方式來將產品或服務分類？

不可否認，如果真的能重新建構一個市場，這肯定是非常大的市場機會。個人電腦定位成個人用，顛覆了大型主機市場。隨身聽的出現打破了音響、收音機、錄音機的市場規則。手機（行動電話）的出現當然更是把通訊功能提升到個性化的溝通工具，智慧型手機、平板也幾乎快搶走筆電的市場了。但要記住的重點是：先有電報再出現電話；在007電影裡看到車用電話就會讓人想像電話隨身帶的便利。第一代行動電話的大箱子（多笨重啊！）總會讓人以為把家用電話（座機、固網）帶著走！直到「行動電話」出現，消費者經過一連串的聯想就可體會它無線通訊、方便、好用及個性化的特點。大陸的電影「手機」，所表現的是現代都市男女使用手機的情境，但它也代表聊天、隱私及私密。

（2）差異點

一般人在形容產品時常說產品賣點，而就定位來看，產品最大的賣點是指消費者可以獲得的利益點，它要嘛是帶給消費者利益，要嘛就是解決最困擾的問題。至於是利益或是（解決）問題，多半和產品屬性有關，譬如感冒藥及胃藥。感冒藥充其量就是把感冒治好，它可以說不打瞌睡、不傷胃，總不能還說健胃整腸助消化吧。

差異點（Point of Difference）的選擇和競爭領域互為相關。因為是感冒藥，可以說專治流鼻水、鼻塞，也可以說不會打瞌睡。因為是衛生紙、面紙，最常看到的差異點就是舒服、柔軟。只要你拿紙擦臉或手，舒不舒服、柔不柔軟你一定感受得到。至於是要說醫治流鼻水還是說不會打瞌睡，在於它對多數消費者來說是最有說服力且最具意義的一點，並且在產品上又能完全呈現。

當一產品連結到最重要的消費者利益或解決最困擾的問題時，往往就能獲致最大的市場占有率，這也往往就是先發品牌的優勢。不只如此，先發品牌還多了一個絕佳的選擇機會——既能解決問題又帶給消費者利益。為何說絕佳機會？因為它表示能夠跨兩個領域，通知兩個市場。舉去頭皮屑洗髮精（水）這市場為例。

先發品牌海倫仙度絲在考慮其差異點時可能就這樣想過：去頭皮屑是解決問題，但解決問題後還是要回到洗髮精最重要的屬性上——烏黑、亮麗的秀髮。去頭皮屑其實就像胃藥及感冒藥，今天能解決它，但頭皮屑會再回來。而就「功效」這點來看，誰也沒法保證沒有別的產品在去頭皮屑的效果上會更好，因為我們的生活周遭就不斷上演產品推陳出新的戲碼。所以解決問題是不錯，但要長久屹立不搖，還是得回到消費者利益這一部分上，這樣就能建立品牌長期資產。但要兩者兼顧，消費者能否接受？還好，目前（指海倫仙度絲剛上市時）市場上沒有去頭皮屑的洗髮精，而強調利益點的洗髮精品牌也沒幾個，且還不具真正領導的地位（在此推測），所以海倫仙度絲的定位可以一舉兩得。

隨著時光演進，海倫仙度絲的地位已牢牢坐穩，整個洗髮精市場卻也百家爭鳴，各有其利益訴求點。這時有另外一家大廠也要推出去頭皮屑的洗髮精——仁山利舒。仁山利舒推出時所看到的市場樣貌和當年海倫仙度絲所見到的可說完全不同：市場上品牌眾多，各種訴求都有人（產品）講，也就是此刻的洗髮精市場早已進入區隔時代，且還區隔得極為細膩。不論仁山利舒是先定位再區隔或反其道而行，總歸它也是主攻去頭皮屑功能，那它怎麼打？

後發品牌（如仁山利舒）往往不宜仗著有身好本事（各種功效都強）而想來個華山論劍與眾武林高手（市場領導品牌群）一分高下！因為消費者已經認定某某品牌是某某領域的佼佼者，各領域都已有武林盟主，要顛覆既有認知，可說是賭注極大、勝率甚小。仁山利舒只能就現有市場之各區隔找出一塊自認還有空間（機會）的做為定位。因為自認有不錯的去頭皮屑功能，仁山利舒就只有鎖定去頭皮屑市場（但也可能仁山利舒早就看準這塊市場，專門研製更好的產品來主攻現有品牌），但它現在也有個機會來取勝。當品牌越來越多以後，消費者也被教育成產品通識論者，亦即消費者已開始接受各領域應該各有其擅長品牌，謂之獨家市場，要說某一品牌能一魚兩吃，消費者還會懷疑其是否可信！仁山利舒就只講去頭皮屑（獨門解決問題的獨家）而不再說「美麗動聽」的那一面。那既然講功效，如何證明其效果比對手（主要就是海倫仙度絲）好？如何讓消費者相信呢？仁山利舒做了以下動作：

◆廣告訴求：只描述去頭皮屑效果，不多說別的，做到訊息獨一。廣告上會用字幕打出「藥房專賣」，突顯仁山利舒其實是種「藥用洗髮精」。

◆通路設計：因為是藥用洗髮精，仁山利舒就只進入連鎖藥局及藥房，藉著通路差異來突顯自己的特點。

◆價格水準：仁山利舒一瓶售價可買兩瓶市面上的洗髮精。高價的理由先不論成本若干，只因為既然定位在專業藥品上，不訂高價的話，可能消費者還不會信服。

看到仁山利舒持續在藥房仍有不錯的陳列表現，應可推論其差異化、差異點的訴求是幫它打下不錯的根基。

先有海倫仙度絲，後有仁山利舒，如果還有產品想強調去頭皮屑又該如何做呢？康力諾是個好例子。

推演邏輯如同仁山利舒。康力諾的機會因為仁山利舒的出現就更小了，但康力諾找出另一突破口，它從目標消費群下手。海倫仙度絲很明顯是針對女性，而仁山利舒就把男性也扯進來（由其廣告片推斷），這其實點出了男性或女性對產品的差異點可能是有不同的認知，此其一。其二來自於仁山利舒的定位給的啟示。誰需要用藥用產品？一定是頭皮屑問題比較嚴重的人，其症狀嚴重到需要藥物治療。頭皮屑如果真到了這地步需要用藥，肯定嚇死人。結合這兩點，康力諾選擇了只針對男性（也是避開海倫仙度絲及仁山利舒）但對某特定層（認命的）男性做訴求——中年男性。男人年過四十，頭髮開始掉了，禿頭的症兆顯現；啤酒肚出來了，褲子越換越大；但多數男性怎麼面對這種情況？大家都一樣，有那麼嚴重嗎？康力諾以大而化之並用幽默的手法來表現中年男人這種既無奈又認命的情景，而頭皮屑也是大家都有，沒啥好大驚小怪的，用康力諾就搞定啦。康力諾巧妙地把差異點淡化掉，既選擇了別人沒重視的族群（男性）又倒打了仁山利舒一把（很嚴重的頭屑病症）。

寫到這，讀者不知是否會好奇地想知道這三個產品其去頭皮屑的功效到底如何？筆者就曾拿這三個產品的包裝成分說明就教於一位皮膚科醫生，他的答案令筆者啞然失笑。請恕筆者留一手，不能公佈答案。但他的看法更加驗證我們對定位的一貫主張：（先發品牌）先說先贏，（後發品牌）後來者認命。

既然先說先贏，而且說利益點比解決問題還來得好，那是不是說發掘一個絕佳的且別人都沒說的利益點，就像是天上掉下的禮物般要趕緊占為己有？這可要謹慎從事。利益點必須與產品、品牌、企業背景牢牢相扣，名實不符，反而幫了對手。

有的時候，廠商心中可能認為很不錯的利益點，一旦究其實，只不過如此而已，那就是犯了把「基本水準」（Point of Parity）當成是「差異點」來突顯自己。以經營旅行社為例，只要冠上旅行社的招牌，消費者一定知道並相信他們從事並且提供訂機票、訂旅館的服務（沒提供這些才奇怪呢），這點是沒什麼好宣揚的，這叫做「基本水準」。基本水準表示在這產業裡大家都有、都能提供，因此若強調能幫旅客訂機位是不能吸引到顧客的！除非有某家旅行社能提供「8小時前訂都保證有機位」，那就是差異點了。

如想確認差異點的機會是不是真的是一個「市場機會」，可分別從利

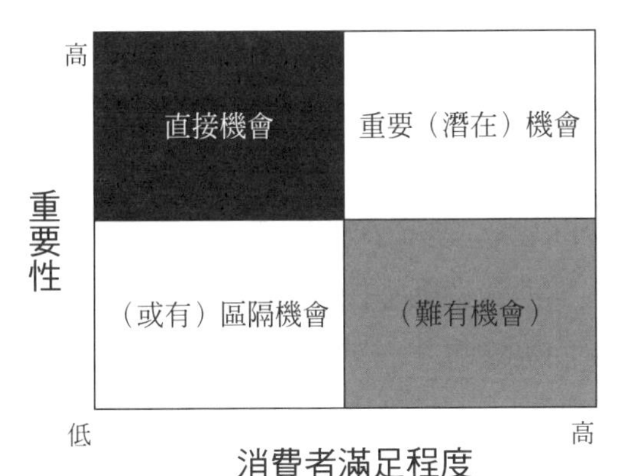

圖2.10　差異點之判別一：從消費者滿足現況判別

益點與問題點這兩類來做判別。圖2.10[8]是從消費者對某件事（利益點）的滿足程度與對消費者的重要性來看。如果某件事消費者認為滿足程度很低，沒有業者能做到理想程度，但又對整體或部分消費者來說非常重要，那這一定是極佳且直接可從事的市場機會。反過來說，如果大家對現階段的產品都很滿意而這件事對消費者而言又不是很重要，則深耕這點的市場機會是不太有意義的。

如果是目前的一個消費者問題，要想知道它是否是一個市場機會，則可從這問題困擾消費者的程度以及它發生的頻率來判定。這問題如果很困擾消費者，表示目前市場上沒有好的解決方案；如果它又經常出現，三不五時就來這麼一次，那這個問題點應該是有不錯市場機會的，請看圖2.11。

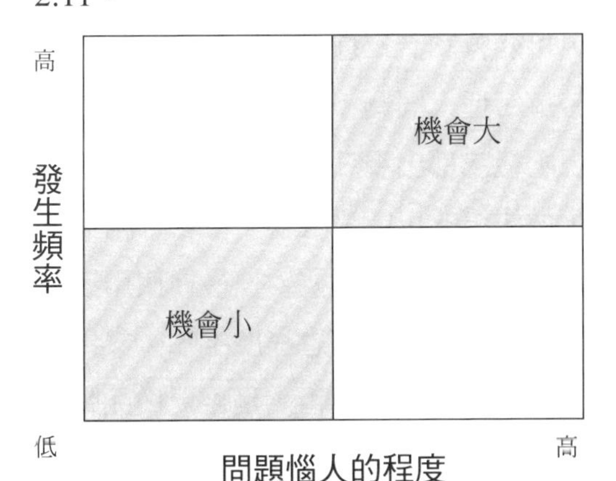

圖2.11　差異點之判別二：從消費者問題現況判別

筆者寫到此，不禁在想，有沒有哪件事很困擾筆者，但多年來一直找不到解決方案？有一個：蚊子叮咬。筆者經常會碰到被蚊子叮咬，而且氣人的是筆者身邊的人都沒事。試過殺蟲劑跟蚊香，時效甚短且味道難聞，不甚滿意。也試過防蚊液，或有效

註
8.朱成：「行銷知識管理資料庫」，傑希行銷顧問公司出版（2000年）。

果但噴上後感覺黏膩膩不舒服。相信這問題也困擾很多人，不然不會有防蚊液出現，只不過這產品還是不怎麼高明。冀望哪家業者試試再開發新產品，市場機會還是很大的。

如果產品經理自認為差異點有好幾個，那在溝通時應該全部說出來嗎？這又是取捨的問題了。講太多，怕消費者記不住，尤其在做電子媒體時最明顯，因為時間有限。那換到平面媒體呢？一樣，講太多差異點就表示文字太多了，一定會讓看的人看不下去。所以筆者是堅決擁護「單一訊息」溝通方式的（Single Minded Message）：一次就只講一個重點，千萬不要貪多。

（3）目標對象

目標對象亦即目標市場，指產品的最終消費群。在前述市場區隔時曾提到用人口統計變數來描繪目標消費群，但這只是初步，還要加上生活型態的描述，甚至對產品使用的態度及認知等。總歸一句，就是要活靈活現地把目標消費群給具像化，讓任何人一看這描述，腦中就浮現他的實際模樣。

一項產品或服務的目標消費群，可能會涵蓋三種人：決策者、購買者及使用者。多數產品的消費群是屬於這三種人同為一體，在做各種溝通動作時不必太費心思。若這三種人出現兩種或都出現，就要謹慎抓準對象做溝通。譬如嬰兒紙尿褲及嬰兒奶粉，做決策的可能是父親、母親、祖父母甚至外祖父母；購買產品的人可能是其一甚至親戚朋友；但最終使用者就一定是小寶寶。可是小嬰兒不會說話，對紙尿褲的滿意程度不知，父母可能以寶寶是否哭鬧或是否有尿布疹來判斷產品好用與否，是否更換品牌。嬰兒奶粉也同理可證。這就是多數這兩種產品的廣告片都常見到父母親與小寶寶同時出現，或是出現在賣場一起推車購物、或是以幫小寶寶換尿布、泡牛奶的情景呈現。

禮品類產品也是同樣情況。健康或保健品多半是給老年人吃（使用），但很多此類產品都以禮品型態出現，用意是推動晚輩關心長輩，逢年過節給長輩送份孝敬禮。

解酒類產品則除了對準飲酒男性做訴求外，也會見到從太太的立場關心先生的身體而去買解酒產品給先生。這些做法都是考量產品的真正購買過程，企圖打動各方面的決策人士。

先前講到差異點。產品因本身屬性不同而各具差異點，這些差異點往往也是區別消費群的基本分類準則。啤酒是酒，雖然酒精度3～5%，但還是酒。只要是賣啤酒，就多半會提到釀造法、好喝、或男性目標群。食品是給人吃的，所以好吃、特別味道、特殊口味就常成為這類產品的基本訴求。但有時也會看到某些產品根本不講其最基本的產品屬性，大膽地以目標市場對象做切入。此招雖險，但不無道理，在此就舉兩個經典案例：百事可樂與美樂啤酒。

百事可樂在上市之初，為證明它比可口可樂好喝（好喝與否當時被認為是飲料的根本賣點），就在（美國本土）各大超市、人潮聚集處做口味測試。做法很平常，就是把包裝拿掉，請消費者試飲兩瓶飲料，然後問消費者覺得哪一個好喝。結果多數人所選擇好喝的，竟是百事可樂！不好喝的（相比之下）卻是可口可樂。這結果一出爐，百事的人當然很興奮，於是他們趁勢問消費者，下次他們買飲料，會買百事或可口？答案竟是多數人還是會想買可口可樂，立即背棄他們剛才的選擇。

對單場口味測試及購買意願測試的矛盾，百事的人原本不以為意，他們還是對自己的產品口味有信心，於是這種「Blind Test」仍繼續在各地做。不幸的，後續多場測試結果命運皆如以往：消費者說他們喜歡百事的口味，但一旦遷涉到購買決策，多數人還是選擇了可口可樂。沒辦法。可口可樂已經變成了美國文化。二次大戰時美國大兵靠它度日，這種情結豈是後發品牌能輕易打破的！

那百事怎麼辦？百事於是改變思路。反正強調口味也沒用，那就換個方式。從此百事就改用另一句話來做定位訴求：『新生代的選擇』（The New Generation）。

為與新生代拉近，百事所有的廣告就開始請（那個時代）當紅的年輕偶像（多為年輕偶像歌手）做形象代言人，如Michael Jackson，Madonna，在亞洲找了郭富城。口味呢？再也不提。

何謂新生代？讓消費者自己決定年輕與否。譬如一位中年男士，去超商想買一罐可口可樂（他是classic 的忠誠擁護者），走到冰箱旁，正要拿取的同時，旁邊走來一位辣妹也要買飲料，於是這位中年人就看他顫抖的手從可口移到百事，只為（向她）證明「我還年輕」！百事的企圖就此達到：我也不管誰好喝，但只要心裡自認年輕，就來喝百事吧！至於可口可樂？對不起，那是給中老年人喝的。如果你真那麼愛喝可口可樂，那就去吧。

再來看美樂啤酒。

美國的啤酒市場原先是百威一家獨大，其餘各家只是陪襯。美樂看此光景，知道再怎麼講是如何釀造的、味道有多好都不會有效果，於是美樂想出另一個法子。讓我們來想像一下這支美樂轉型廣告：

◆畫面開始，一位金髮帥哥走進一家酒吧，往吧台坐定，然後叫杯美樂啤酒喝；

◆（鏡頭一換）一位金髮美女出現，往這位帥哥身旁一坐，也來一杯美樂啤酒；（兩人說說笑笑的模樣。）

◆然後只見美女挽著帥哥的臂膀一起離開這家酒吧。

◆（畫面結束。結尾一行字：）Miller Time，美樂時光。

那何謂美樂時光？自己去想。但美樂從此一路上揚，成為第二品牌。它就暗示觀眾，今晚或下次去酒吧，一定要點美樂啤酒。（別說我沒提醒你。）

故事還沒結束。

美樂已位居第二，恰巧又趕上美國職籃NBA的熱潮而再次挺進。這次要多虧一位三分射手，印地安那溜馬隊已退休的大嘴米勒（Reggie Miller）。這位三分射手，經常在第四節溜馬隊只落後個位數分數時來幾個驚人之舉，尤其在94～95年球季有一場碰上紐約尼克隊，在最後8秒中他一人獨得8分反敗為勝。只要有他在，每每遇到這種場面，播報員都不自覺的叫出Miller Time、Miller Time。若輪到在自己主場，全場觀眾加上播報員在前三節又11分鐘的比賽裡，邊聊天邊打毛衣，只為那最後一分鐘有沒有逆轉勝的劇情出現，全場就開始聽到Miller Time、Miller Time，因為大家知道不到最後終場時間是不知勝負的，而且反敗為勝更是大快人心，球迷要看就看這種比賽。喬登第二次復出時有一年碰巧跟溜馬隊爭東區冠軍，當時勝場比數3：2，公牛贏一場，再勝一場就能去爭總冠軍。最後二秒不到，溜馬還落後兩分，由溜馬隊發球，喬登緊貼米勒就怕他來這一招，當時全場爆滿，觀眾還有播報員，不論講英語或西語，都高喊Miller Time，結果米勒一拿到球，往三分線外運球，喬登還推他一把，只見人起、球落、三分空心球。溜馬贏了。鏡頭就見喬登直找裁判抗議，一直說我犯規呀，我推米勒一把，你怎麼不吹哨呢？……

重點是，自助人助。美樂啤酒找出另外一種說法，直接跳過產品屬性而殺出一塊消費層，但又不明說到底有啥好處可以給消費者，讓想像空間無限寬廣。啤酒＋男性＋運動，正好趕上NBA十年狂潮，靠著同名射手場上揚威，更趁機把美樂啤酒推上一層。

4. 產品、品牌、企業定位之區別

產品的定位，稱做產品定位。品牌或企業依此邏輯自可導出品牌定位與企業定位。

規模小的公司及產品線單一的企業，其產品、品牌與企業定位會合而為一，操作起來也單純。規模大的企業，產品及品牌都很多，甚至於涵蓋不同的產業，故在為產品做定位時，就會考量到這三種定位的分野。

美國的P&G公司是奉行單產品，單品牌的典型企業，涵蓋日用品、食品及咖啡飲料。在洗髮精這塊，就有潘婷、海倫仙度絲及莎宣。各個產品都有一獨自的品牌名及品牌個性，在做定位時，產品的定位就等同於品牌定位，至於各品牌廣告結尾時出現的P&G字幕，則可視為一種企業名告知，讓大家知道這產品品牌來自P&G。P&G也曾做過公益活動，這種動作或表現，應視為企業形象的建立，手法則歸為企業定位。

細數各家企業操作旗下產品、品牌及企業定位的手法，前文所介紹的定位陳述公式可以完全適用。台灣的中華汽車與統一企業都有許多產品與品牌，也都讓顧客知道他們都來自其企業家族。各品牌定位則以產品特色（差異點）及目標群各做文章，也都建立其清晰的品牌形象。但中華汽車與統一企業對其企業形象要求更高，遠超過商品層次。中華汽車過去多年贊助體操運動及原住民活動，也同時拍攝企業形象廣告，其目標對象當然涵蓋更廣的一般大眾，關心的議題也突顯中華汽車與其他汽車同業的差異，目的當然是彰顯優良的企業形象，讓企業定位長長久久深入人心，不論你買不買她的車子，現在買或以後買，一旦消費者進入購買決策過程，中華汽車的名字就同時響起，難保不影響消費決策。

（1）品牌定義

雖然產品定位略等同於品牌定位，但品牌這兩個字畢竟所涵蓋的層次遠高過於產品。舉麥當勞為例。

約三十多年前，麥當勞正式在台北開店，其位在民生東路的首家店第一天的業績就破了麥當勞以往各店的開幕記錄。即使時空換到北京，當初它在長安大街王府井的那家店也是做得轟轟烈烈，日後甚至還扯出牽動北京高層與香港富商間的合作被迫撤離的話題。這裡筆者想請大家思考的問題是：消費者去麥當勞真的是去吃漢堡嗎？應該不（只）是。

從麥當勞門口五十公尺外消費者就已經在「吃麥當勞了」。進門前吃的是圓弧M的標誌、吃的是外面鮮明的店面設計；進門後吃的是窗明几淨、吃正前方櫃台的親切招呼與剛做出來的食物；吃乾淨的地板也吃洗手間永遠有人在那裡拖地。麥當勞的產品是漢堡與飲料，但麥當勞的品牌卻涵蓋麥當勞的各個面向。

隨著時間流逝，產品與服務來來去去，但提供產品與服務的品牌卻將繼續存在。品牌的定義，是消費者體驗企業提供產品與服務整個流程的經驗總合，包括電話總機、貨車司機、業務人員、廣告記憶、公司制度、洗手間、甚至董事長接受採訪的新聞報導，而非僅是產品或服務本身的價值。

（2）品牌定位

依此定義，品牌定位所強調的應該是品牌精神與品牌價值。品牌價值塑造得好能讓消費者感受到品牌價值，其品牌成就將遠遠超過產品或市場占有率。麥斯威爾咖啡與NIKE是兩個經典之作。

台灣的即溶咖啡市場，因為雀巢早早進入的關係，所以一直由雀巢領導市場。等到麥斯威爾咖啡進來，大膽決定請孫越擔任代言人。當時的孫越演藝生涯剛好轉型，給人的印象由壞（角色）轉正（喜劇演員），尤其與陶大偉、夏玲玲主演的電視橋段節目「小人物狂想曲」獲得熱烈迴響，都讓社會大眾對孫越的形象有了180度轉變。孫越本身的努力（與轉型）當然更是值得一書。他幾乎可說是變成另外一個人：熱心公益、身體力行。等到麥斯威爾請出孫越，藉由他的口說出麥斯威爾的品牌精神（定位）——「好東西要跟好朋友分享」——就會讓人覺得麥斯威爾咖啡是個溫暖、與人分享的品牌。多年前，每當一些媒體做品牌（領導地位及忠誠度）調查時，凡是問消費者「你心目中的（即溶咖啡）理想（領導）品牌為誰？」時，麥斯威爾咖啡每每領先雀巢咖啡。即便市場上的真實數據未必如此。

再說NIKE。從曾擔任NIKE廣告負責人所發表的著作中可以看出，當在1989年時，NIKE碰到了其發展瓶頸。原先一直定位成專業運動人員的運動鞋，NIKE正處在下一步該如何走下去的十字路口上，在其給廣告公司的（定位陳述）文件中，他給NIKE定下這樣的方向：

「不論男人、女人、老人、小孩，專業運動員或業餘慢跑者，只要你想動，你都可在NIKE的世界裡找到屬於自己的一片天。」

廣告公司收到這樣的定位訊息，遂發展出日後運動用品王朝的石破天驚一詞：Just Do It。Just Do It不只跟運動鞋有關，它表達的是一種價值、是一種品牌精神。

也拜NBA之賜、也託喬登之福，NIKE藉著這句品牌定位與籃球大帝之力，打敗Adidas，打敗銳跑，成為今天的超強企業。傳達這句威力十足話語的廣告片也拍了不少，但人人都可由這句話去衍伸出自己心中的吶喊：想做就去做吧！

◆（畫面：平面稿，一把吉他。）

◆文案：

－ 你15歲的時候就想學吉他，但爸爸不准。

－ 你20歲時又想學吉他，但忙著交女朋友沒空學。

－ 等你30歲時仍想學，但第一個女兒出生，你實在沒時間。

－ 如今的你40歲了，經過一家樂器店，看到擺出的吉他，你的過往回憶湧上心頭………

－ 還想學吉他嗎？那就去學吧！（別再替自己找藉口了。）

四 品牌及產品線延伸

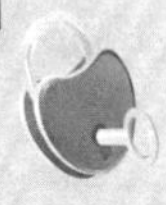

品牌類別

之所以會有產品、品牌及企業定位之思考，當然是因為有產品名、有品牌名，也有企業名。

市場常見的品牌類別或說品牌命名劃分方式有兩個極端。一為家族品牌策略，如世界第一大食品企業雀巢、大陸的海爾、聯想。這些就是企圖以一大家族來繁衍其衍伸的各個產品。

相對家族品牌，單品牌策略則明顯地想以獨自的品牌定位各自發展，而不受家族品牌的約束，P&G就是代表企業。

這兩類的品牌發展模式都是做「廠商」的常見模式。如今不止廠商做品牌，連通路、代工業者都在發展品牌。通路業者如果外尋某類商品貼上通路標籤，視為通路品牌或私品牌。幫別人代工，或說原料加工、原廠委外加工，則稱之為OEM或OBM、ODM。由於通路業者直接掌握銷售終端，一個產品（品牌）能否暢銷，通路扮演的角色越形重要。正因通路業者越來越精，也熟悉消費者購買決策考量因素，對一些民生用品及產品差異化不大的商品，通路就陸續開發自有品牌，結果演變成私品牌銷售比重呈直線上升，美國的Wal-Mart其私品牌的銷售比重就高達全業績的四成。

1. 品牌延伸考量

當企業為同一產品線增加產品項目或增加完全不同的產品線時，仍然冠以同一品牌名稱；或者以家族品牌或企業名做母品牌的宣示名稱或背景來源等說明，一般稱這為「品牌延伸」。面對成長壓力及競爭考量，真正所謂的「創新」，成功機率小得可憐，於是品牌及產品線延伸就變得廣受企業青睞。企業要做品牌延伸的理由也非常容易理解：

(1) 客戶(通路)相同

面對相同客戶，包括通路，不必再多做企業介紹、業務人員拜訪，可以省掉許多開發客戶的動作。在做物流配送時，也可一併下貨給客戶、放在相同倉庫及賣場，所以品牌延伸無疑是有效且經濟的考量。

(2) 消費者考量

考慮產品的使用消費者，因為他們已經是我們的老客戶，如今他們可能長大了、經濟情況更好、也一定有很多其它類型的消費，再加上還對我們的產品、品牌有好印象，那何不讓我們公司也生產一些他們會用得到的東西呢？所以福斯汽車先推出金龜車後推出各種大型汽車，韓國以前各大財團如大宇、現代、三星等企業旗下跨足各種產品領域，以及「維多利亞的秘密」先出內衣後推出香水。

(3) 產能考量

工廠產能還有空檔，所以同一生產線何不順便做個不同口味的產品呢？也不費什麼事。一般的零食（膨化食品），一條生產線大約可變出七種口味的產品，不論是單純的口味延伸或品牌延伸都極易生產出來。

(4) 價格帶延伸

原先的產品做得不錯，久而久之就會想往低價端或高價端延伸以擴張市場，這種考慮也多半和目標消費群成熟、成長有關。

（5）行銷自信

在消費品領域，由於致勝的關鍵大半在行銷，而原先對行銷掌握得好才導致成功。順此發展，有了行銷上的自信，對新產品的推出如果沿用成功的母品牌做背景，也就不足為奇。

（6）綜效因素

整個價值鏈環節的掌握，除了生產、通路外，還有品牌、媒體購買、業務體系及客服體系等，整體綜合效益的發揮可運作在多品項甚或多品牌上，品牌延伸當然言之成理。

（7）競爭者少

如果選定的產業中競爭者甚少或不足為慮，更會誘使廠商做品牌延伸的決策。

2. 品牌延伸模型

看看全球各大小企業旗下品牌之運作，可將品牌名稱與產品搭配做成一矩陣圖，如圖2.12。在圖2.12中，除了象限IV，不同產品配合不同品牌為單純的「單品牌策略」外，其餘三個象限都跟品牌之延伸運用有關，筆者暫且把這矩陣稱之為「品牌延伸模型」。其中又以象限I、II的運作最有爭議。

品牌名稱 ＼ 產品領域	相同	不同
相同	II. 高價 品牌垂直延伸 低價 家族品牌策略	I. SAMSUNG 聯想、海爾 康師傅、皮爾卡登 家族品牌策略
不同	III. TOYOTA NISSAN 家族＋單品牌策略	IV. P&G 養生堂 單品牌策略

圖2.12　品牌延伸模型（筆者整理）

（1）象限IV：單品牌策略

不同的產品就用不同的品牌名稱，以P&G做典型，為各個產品做各自的品牌塑造，為單品牌模式。單品牌最大的優點就是可以完全放手為每個品牌商品塑造其所要的品牌定位，而不必擔心共用品牌發生自我混淆的情形。而其最大的缺點就是需要企業為各品牌投入一定的資源方可收效，這也是為何許多企業寧可選品牌共用的方式來操作的最主要原因。

稍微複雜一點的，是雙品牌運作，如象限III。

（2）象限III：家族品牌＋單品牌 策略

產品領域相同但用不同的品牌名稱。這又可分別兩種操作手法。一種是仍用單品牌模式，即屬同一領域（如洗髮精），仍可發展多個品牌（如前述P&G例子）或採用大家族品牌但兼用副品牌或產品附加說明方式，讓家族品牌與單品牌共同發揮作用。

在汽車產業，明顯可見的品牌操作是以「家族品牌」搭配「個別品牌」做定位主軸。譬如TOYOTA，旗下有多款汽車，在做各種溝通時都先以個別品牌為主，結尾時再聲明一下這車來自TOYOTA。中華汽車與NISSAN汽車近年的發展模式也是採取此種方式。在小轎車領域，NISSAN推出TEANA、BLUEBIRD、TIIDA及LIVINA，一方面代表不同價位（有垂直延伸的味道，稍後解釋），但其對各品牌的資源投入是極大的。

同樣情況在家電業也經常看到。Panasonic有非常多的家電產品，也有電池；Panasonic推出了一款電視取名為VIERA，在對外溝通上，VIERA是主訴求，Panasonic則為附帶說明，表示系出名門。SONY的BRAVIA也如是。

象限III、IV基本上都屬於單品牌運作，而象限I和II則屬於家族品牌操作，不論什麼產品都冠上同一品牌名稱，筆者稱這種操作為「品牌擴張」，如象限I；另一種家族品牌之運作則是在同一產品領域卻有不同價位的品項，筆者稱之為「垂直延伸」。

（3）象限I：品牌擴張式的家族品牌策略

同一品牌名橫跨各不同領域。此種方式最易執行（因為大家都記得打天下的品牌，何苦再另創新名、花大力氣？）但也最可能傷害原本靠它起家的原品牌。如果領域不同的幅度越大，傷害的可能性及程度也越深。皮爾卡登不就是最佳實例？皮爾卡登原本是走高級男裝、襯衫、領帶，可是這品牌不斷授權經營，又拿來賣寢具、賣衛浴產品、窗簾、還賣磁磚，當一名消費者穿皮爾卡登的西裝襯衫時看到窗簾也是這個品牌、地上的磁磚也是皮爾卡登，你想他會怎麼想？他還會再認為皮爾卡登是高級品嗎？

統一食品過去都延用統一這品牌，雖然它是台灣第一大食品企業，可是能取得個別市場領導地位的單品牌卻屈指可數。（當然，從策略形態來說，統一的重點不在個別品牌，而在整個企業的規模經濟層面。）直到左岸咖啡、來一客杯麵打響，方才有點改弦易轍的味道。

大陸的海爾、聯想就不會那麼順利。

海爾從冰箱起家，日後走家電系列，全部冠上海爾品牌。如果說海爾的空調延用此一名稱，倒還安全，因為冰箱及空調都用壓縮機（或製冷設備）做主要功能配件。但如果放在其它家電上，則海爾是否還能發揮品牌效應是很值得商確的。

聯想是個好例子。聯想以家用電腦起家並已成為中國大陸第一品牌。當其把神州數碼分出去的時候，應該是想到聯想與神州數碼是不同領域，所以用兩個企業（品牌）名稱。但為何聯想做手機還要用聯想這品牌呢？實令人不解。聯想手機是不可能成為手機產業前三名的。

（4）象限II：品牌垂直延伸式的家族品牌策略

同一領域，分別有不同的價格級距，都冠以相同品牌名。當一個品牌在某個領域經營有成後，總會想力爭上游擴大銷售。在不做多品牌、多領域等複雜、高成本之考量下，直接訴求低階市場或高階市場往往是企業首選。

如果品牌要向下延伸走低階市場，真正主打的還是原品牌，所以形象往下拉低是主要風險考量。較保險的做法是採用副品牌，讓兩個品牌名稱並存。

如要向上延伸進入高階市場，最關鍵的在於扭轉形象。看消費者信不信這品牌也代表高檔、尊貴感。答案其實很清楚——非常不容易。原先代表的品牌本身就不是高級的代名詞，往上發展可能還會損及母品牌原有的客層，而這才是該品牌的主要資產。

在這舉假設例子做說明。先說香奈兒（Chanel）。香奈兒有香水有皮包，走高級路線。今天為了追求成長，想增加營收，腦筋動到年約二十歲上下的女孩身上，推出了香奈兒少女香水。結果會如何？原先穩固的客人會認為香奈兒層次變低了，不再高貴；而真正想抓住的新目標群又會認為香奈兒離我太遠，自己恐怕也不認為是成熟到那個層次。兩頭落空。

再說李維牛仔褲（Levis）。李維以牛仔褲起家，他幾乎就是牛仔褲的代名詞。如果他這樣想，原先穿牛仔褲的這些年輕人長大成人，進入社會就業了，牛仔褲已不再合宜，他需要穿西裝打領帶，於是李維推出李維西服系列。問題是成人不會進李維的店裡選西服，因為那是賣牛仔褲的店；就算走新店面路線，消費者一看到李維兩個字就迸出長不大的印象，因為那是牛仔褲。一樣兩邊不討好。

3. 延伸或有機會

在一些品類中已有某個品牌成為那領域的代名詞時，這個市場千萬莫進！例如果凍領域（Jello）、無咖啡因咖啡領域（Sanka）、以及含乳酸菌的乳品（養樂多）。

如真要找個機會做延伸，某些領域或有較高機會：

（1）消費品機會小，工業品及金融業機會大

像台灣的中國砂輪公司，不論是傳統砂輪或是半導體業用的鑽石砂輪，中國砂輪公司只有唯一的品牌名（跟企業名），他最高紀錄有多達十萬種品項，但都是採用中國砂輪這唯一品牌，因為在這領域企業歷史背景極為重要，而中國砂輪公司也持續做品質提升，維護其品牌資產。金融業也一樣。不論是消費金融或企業金融業務，品牌的威力還是圍繞著背後銀行這塊招牌，為每項金融商品發展各自品牌名確實沒必要。

（2）科技成分高者機會大

像IT業、軟體業、3C產品，消費者會主觀認定推出這些產品的企業背景與企業實力，只要先前受到市場肯定，企業品牌就深入人心，後續的延伸就順利許多。思科、微軟與蘋果公司都屬於此類。

（3）在同領域，使用情境相同，又無強力對手

台灣的舒潔品牌一直是家用紙品的第一品牌，當她由衛生紙延伸進入面紙及廚房紙巾時，成績也極為傲人。主要原因是消費者對這些不同家用紙都要求相同的差異點——柔軟。舒潔先占有這訴求，日後雖延伸到不同的使用情境但也都要同一個差異點，而競爭者在這點上總是落後舒潔，延伸自然順利得多。

（4）同一產品，訴求不同，但價值可以延伸

像嬌生的嬰兒洗髮精。原本是主打嬰兒使用的洗髮精，但其訊息，如像呵護寶寶肌膚一樣的呵護你的秀髮，對女性而言同樣適用，反而讓年輕女性自動靠過來，很自然地延伸出去。

不論是品牌擴張或品牌垂直延伸都會有不同程度及內容上的困難，處理不好會將原有的品牌資產耗盡，產品經理不可不慎。

第03章

管好廣告公司

- 產品經理與廣告公司
- 廣告計畫
- 網路廣告
- 廣告評估
- 最後提醒

許多人都有這樣的誤解，以為廣告就是行銷。也難怪，行銷的工作在市場上所表現出來的都以廣告為主，促銷活動為副，再加上一般人習於從電視廣告（現在要加上網路）中來獲知商業訊息，誤解自然形成。但任何人都可以誤解，做行銷工作的行銷人可不行。

廣告是行銷4P之一的又之一，但廣告支出在某些產業裡卻是非常龐大的預算，也因此廣告的重要性在這些產業就更為重要。

「廣告」這個產業完全是為了「客戶」而生，這產業所做的一切決定幾乎都要由「客戶」來下指示。於是，討好客戶就似乎變成是廣告人的另一主業。老讀者如果還有印象，記得六〇～七〇年代的電視影集「神仙家庭」（Bewitched）嗎？可憐的男主角就是從事廣告業，在公司裡既要討好客戶還要服從諂媚客戶的老闆。只不過這種討好求生的日子只有短暫的安逸，因為讓客戶滿意，不代表客戶的客戶——真正的客戶：消費者——也會滿意！而如果廣告公司一味地討好他們的客戶，然後客戶自己也被吹捧得飄飄然，等廣告拿到市場上一播放萬一不成功甚至大失敗，下一幕的劇情可想而知——先是客戶炒了廣告公司，然後客戶自己也被炒了。

身為客戶（廣告主），要想保住身家性命，就必須明白，不能被廣告公司的好話矇住，而應該以消費者的偏好作為指導方針，來引導廣告公司朝這個方向走。只不過這有一個問題出現：廣告公司既要聽你客戶的，那身為客戶的你是否了解廣告公司的運作？是否清楚一般的廣告公司能做什麼、以及

不能做什麼？廣告公司畢竟也有許多專業人才，你知道該如何善用他們嗎？還是只會拿出客戶的俗氣跟驕氣來頤指氣使這些人？要知道，好人才到了某些客戶手上只會變成庸才的，你會是這樣的客戶嗎？當然囉，你可能永遠不知道答案。

本章的標題：【管好廣告公司】，就明確地告訴產品經理們，要將廣告公司視為一項資源、一種能力。若是運用得當，不只可以省下不少力氣，還能壯大產品經理自身；用得不好，非但拿不出好作品，光處理人的事就夠心煩的了。

一 產品經理與廣告公司

產品經理與廣告公司之間的主要差別，首要就是扮演的角色不同。產品經理對內要組織企業的資源、協調各部門人員；對外則要一肩挑起所有相關事宜。在產品經理日常最頻繁接觸的4P裡，廣告只是其一，並非產品經理的全部。但廣告工作所牽涉到的專業分工又與許多工作人員密切相關，絕非一人所能完成。廣告公司其實就應該視為產品經理轄下的一個專業部門，幫助產品經理完成對外溝通的工作。它既不該跳到前台喧賓奪主（產品經理本該做的事），唱戲的主角也不許對敲鑼打鼓的指指點點說這樣不對、那樣不對，畢竟那也不是你的專長。

雖說這兩人的工作不同，但使命可是完全一樣——達成產品（品牌）的行銷目標。要達成這樣的目標，雙方合在一起則為一個整體，肩負同樣的任務；分則各司其事，把份內的工作做好。既然都是團隊的一份子，做起事來，如都能保持開放的心胸，那最佳方案就一定能呈現。

1. 廣告公司的組成

能稱得上廣告公司的，起碼具備三項功能，或說擁有三個不同的部門：業務部、創意部、媒體部。

業務部，或說是客戶部，其實絕大多數做的是客戶服務，並不需要去衝業績、拉客戶（這活多半是老闆做的）。客戶服務的核心人物是客戶經理，或是一般俗稱的AE（Account Executive, Account Manager）。他們是客戶與廣告公司之間的窗口，不論大小事項，都先透過AE或客戶經理先溝通，了解工作內容後轉給創意部或媒體部。

再看創意部。廣告公司裡頭的創意人員分兩種，一種是文字概念的，稱做文案人員或文案指導；另一種是視覺具像的，也就是做設計的工作。創意的構成總是概念加上具像，也就是文字加視覺。做客戶的如果可以選擇跟你合作的創意小組要由哪類背景的人領軍，你會選文字出身的還是視覺出身？每次筆者問到這個問題時，大家都選視覺背景的，理由都是：一張相片（圖畫）把所有要說的都給包括進去了。但筆者說，不然。

這問題可以這麼看，當大家在會議中、在構思中、在具體東西沒出來之前，必須先有一個「概念」。概念提出，大家可以就此概念自我發揮、自我聯想，看想到什麼程度，什麼境界。因為此時沒有具體的事物，那要如何表達原始概念？舉個例子，如果要對客戶傳達的是「波濤洶湧」或「大山大水」，是把這幾個字用寫出來有威力還是當場畫出來有威力？不論你怎麼畫，頂多讓你用A3的紙加彩色輸出，但還是眼前的一張紙，不會有多少震撼力的。文字則不同，寫下來後，你曾經看過的大山、大水會立刻在腦中浮現。至於大到何種程度，那就得看你的經歷或想像空間有多大了。所以，建議大家還是選文字背景的比較合適。

媒體部則與創意部門迥然不同。創意部門玩的是點子，媒體部則可說全與數字打交道。媒體人所接觸的、所關心的，全在收視率。媒體計畫或媒體預算所根據的，全在各頻道、各節目、各版面、各時段、各專題甚至各路口、各地點的收視人群、收視率及媒體效果（每千人成本、媒體衝擊等）上。客戶跟媒體人談事，可說完全憑左腦，看數字、重邏輯，這和與AE或創意人溝通，可是截然不同的經歷。

廣告公司除了這三大部門外，原本有些職能也隸屬於廣告公司，但因性質特殊或專業分工，漸漸地廣告公司也不再硬性規定要代客戶完備這些功能，一部分形成另外專業的單位或是由廣告公司自己繁衍出關係企業來替客戶服務。這些職能有公共關係、推廣活動、市場調查及廣告製作。市場調查在第四章有專章介紹，在此僅簡述仍與廣告公司較密切的公共關係，推廣活動與廣告製作。

由於產品（品牌）與社會大眾的接觸既頻繁且密切，當顧客使用產品時偶有不滿意甚至造成危害，即使不是企業的顧客也因企業的作為造成一般大眾權益受到影響，都使得企業與外界的關係日益受到重視，並且這也是另外一項專業領域，「公共關係」遂逐漸演變成廣告外的另一媒體溝通或對外溝通。

多年前許多廣告公司自設有公關部，替客戶籌劃公共及對外非廣告性質的業務活動。發展的結果，許多原本隸屬於廣告公司的公關部多自立門戶成獨立的一家公司，而專業的公關公司更早已出現以專責替客戶統籌對外公共事務為主業。由於公共關係的規劃與執行仍會以媒體作為主要介面，在由廣告公司衍生出的公共關係中，基本上仍是為同一企業客戶做服務，只不過性質歸類到公共關係或說某項活動更適合以公關的角度來切入，這個時候廣告公司就會把他們同一家族的公關公司推出來給客戶來執行方案。公關公司裡面也多半有客戶服務的AE人員、文案及設計的創意人員，再加上特別熟悉媒體生態與運作的媒體人做細膩操盤，這也可看成是另類的廣告公司，也是產品經理會經常接觸到的。

推廣以及促銷活動，原來也是廣告公司必備的職能與服務項目，但由於各式各樣的促銷活動會牽扯到許多細節，如臨時人員的編組與培訓、場地的熟悉與現場管理、一些活動需要的道具與用品等等，都會需要許多人力。而這些原本都是廣告公司理應提供給客戶的服務（不然廣告公司收服務費是服務什麼呢？），由於廣告公司自己運作起來越發不經濟，遂慢慢演變成有專門在設計及執行各式各樣推廣促銷活動業務的公司出現，成為廣告業務外另一重要的工作（及單位）需要產品經理與其往來。

提到專業分工，原本廣告公司就不曾擁有但又一定要由廣告公司扮演重要角色以共同為客戶做出好作品的單位就非「製片公司」（Production

House）莫屬。製片公司就是拍廣告片的。廣告公司的創意部為客戶擬好一支廣告片的大綱後，廣告公司就開始向外徵詢，看哪位導演適合拍這支廣告，然後再選角（演員）、做出拍片腳本，經過再三討論後定案。之後決定預算、拍幾秒鐘的版本（60秒、30秒、15秒各一）、外景或內景（進棚），再由製片經理組織協調其它人員，包括燈光、美術、道具，甚至發電設備等，非常適合比喻成一專案團隊。片子拍定，再剪輯製作、修片、配音等，一個產品的廣告片大功告成，製片公司各人員也重回建制，留下客戶與廣告公司為後續的媒體計畫繼續奮鬥。在這過程中，主角是導演，客戶要把關，廣告公司要扮演專業的諮詢者來共同完成一支片子。

（1）產品經理與廣告AE

產品經理與廣告公司之間的溝通多半經由AE這個窗口傳達。人與人溝通的形式多樣，傳達的形式亦然。傳達絕對也是一種能力，但一方面它不屬於創意方面的能力，另外它也不跟媒體能力有太密切的相關，反倒是它需要具備客戶端的知識與經驗。實務上，在廣告公司做AE的，多半是學校剛畢業的年輕人，他們可能很有行銷或廣告理論的背景，但在工作經驗上（尤其指產業的經驗）卻是一片空白。再加上廣告公司安排人員時，不會只叫AE服務一個客戶，專戶畢竟不多，AE得同時做幾個客戶，以致在專業的累積上實不能與客戶相比。可是任何會議溝通，AE都是頭一個與客戶溝通的，這個過程中，能提供給客戶具體建議的實在不多見，AE就只能撰寫會議記錄了。偏偏記錄這種能力也越發稀有，寫下的東西能充分表達客戶意圖的都益發難得，所以，如果事先不給客戶過目就貿然轉給創意或媒體人員，做白工的情形比比皆是。

（2）產品經理與創意人員

因為創意工作本質上還是賣商品，創意人員就必須圍繞在商品上打轉。身為客戶的產品經理，就有責任盡你所能地提供創意人員所需要的全部訊息。它不只是單純的市場目標、行銷目標。舉凡從策略發想到銷售通路，從銷售預估到廣告促銷預算等等，不要自以為這是公司機密想留一手，根本沒必要！只有毫不保留地將你知道的一切也讓你的工作夥伴知道，這才是正確的第一步。

當產品經理與創意人溝通時，請千萬少用口、多用手。少用口頭命令或口述，而是要將你的意圖或想法以文字表述，並儘量以簡潔明瞭的格式展現。在前章談到定位時為何說定位先行於所有的廣告、創意之先？又為何說考試就先考這題？在此即為一例證。

要和創意人溝通產品特色、目標對象時，如能以定位陳述那三點做一切溝通基礎，產品經理親自把它寫下來，自己認真看過、想過，一切無誤後再拿去和第三者做溝通說明，這才是正確的溝通方式。因為一旦產品經理把想法寫下來並經過內部討論定案後，創意人接收到這訊息後就只需去想用何種方式表達，而不是還要去猜該走哪條路。若是產品經理自己也不清楚，把廣告公司的人叫來口頭陳述一下，然後請他們回去想個好創意，結果一聽提案竟發覺完全文不對題！真正的關鍵就是產品經理（客戶）根本沒做功課。

聽到及看到創意作品後，如果有意見該如何表達才是正確的互動模式呢？產品經理要念茲再茲，評論作品一定要從正面角度給予有意義的評論。正面角度不是去討好創意人，當然更不是怕廣告公司，而是心態要正面：以產品策略及目標作為一切評論基礎。只問這個創意方向是否針對原先設定的目標群？它表達產品利益點時夠不夠有震撼力？不要怕表達你的不同意見，但絕不是不滿（除非廣告公司根本就忘了你給他們的定位陳述，把男換成女，那當然不要輕饒他們），而是要明確說出到底是哪裡不對——目標觀眾不明確？利益點不明確？還是品牌個性不鮮明？就算在看包裝設計時也同樣以這種角度來看作品，千萬不要說出這樣的話來，譬如：「這個顏色不好看，這樣表達我不滿意！」或是「怎麼那麼沒有創意！」。告訴你，只要你說一次「沒有創意」，你以後就看不到有創意的作品了。

（3）產品經理與媒體人員

因為媒體世界多以數字做基礎，產品經理在與媒體人討論媒體計畫時，請根基於品牌策略及目標來討論，而不要質疑個別內容，如說出這樣的話：「為何上這本雜誌（而不上那本雜誌？）」尤其不要再加一句：「我從來不看這本雜誌的！」（因為媒體人心中早就回你一句——你看不看有什麼關係？）

產品經理該做的事是做好預算計畫以及目標對象的定義，並與媒體人員討論該如何分配預算在這些目標對象上。至於在媒體的執行及操作細節上，請交給專業人員——你的媒體夥伴。產品經理絕對可以對決策所應用的假設和公式提出質疑，甚至可以要求，如：可接受的每千人成本為多少、接觸率及收視頻率該是多少、覆蓋型態為何？包括地理上及季節上、不同的目標群是否可有不同的每千人成本等等。

產品經理的工作中會碰到許多非廣告公司的媒體AE（如某電視節目的製作單位、雜誌社、廣播電台以及任何其它型態的媒體）來拉廣告，並且訝異其所報的價格竟如此之低！碰到這種事情，產品經理該怎麼辦？在此給你一些建議。

首先，不要拒絕這些人的拜訪。記住，山不轉路轉！誰會知道或許有一天你還會遇上他們甚至要他們幫忙呢！當然真正的重點是，他們的來訪其實是提供你許多新的媒體資訊，你也可趁此機會打探競爭對手的消息也說不定。

其次是藉此之力以制彼。如果這些單幹戶可以提供好的方案，如配合專訪或做報導版面，只要求你上個兩次，價錢也不錯，那你不妨拿這樣的條件跟你的廣告公司說，給他們點壓力，讓他們知道你也有不錯的管道可以拿到好交易，這樣一來廣告公司會更認真為你（產品）工作，好交易一樣手到擒來。因為有競爭才會有進步。

如果價錢真的是低得可以，產品經理要不要自己直接跳過廣告公司去上媒體呢？這要看情況。如果是電視節目，產品經理要小心被吃掉檔次，廣播節目也一樣。如果要自己上，電視廣告片如果是現成的那還好，但廣播及平面媒體就可能要重新製作，這樣的話，文案或設計誰來做？如果對方（媒體）說有創意人員可以代為製作，你可要小心，因為你又要重來溝通一次定位啦、目標啦等等，尤其是品牌風格甚難把握，不是誰做都一個風格，這種溝通成本也很可觀。比較好的方式是看方案，只要符合效果，再把這個案子拿給原廣告公司去執行，如此一來你又得到好結果又交了新朋友，老朋友也不會怪你，實可謂一舉數得。

二 廣告計畫

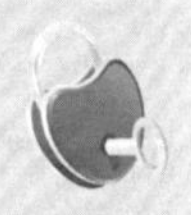

再次重申：廣告計畫不是行銷計畫。廣告計畫更不是銷售計畫。太多人做了那麼多年事，還搞不清廣告不等於行銷，太多人也誤以為拍廣告的最終目的就是要把銷售拉抬起來（不然花錢做廣告為啥呢？）！熟不知一個產品（或品牌）自新進入市場起到累積一群忠誠的消費群為止，這中間的流程絕不是簡單的從廣告到銷售這兩道步驟而已，而是更複雜的品牌忠誠建立流程，請看圖3.1。

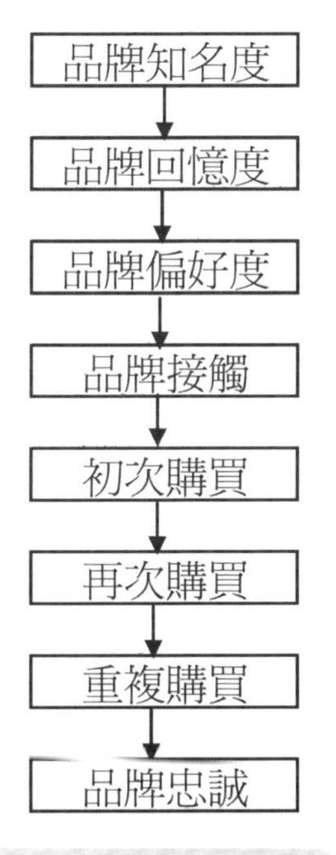

圖3.1 品牌忠誠建立流程

任何人、事、物，從無到有，第一步總是要讓大眾先知道你，所謂「打知名度」就是這個道理。如何讓消費者在浩瀚資訊中留意到你（的產品），絕非易事，這也是為什麼一些廣告經典教科書再三強調要在短短30秒廣告中看到及聽到品牌名及產品包裝三次的理由（可惜這定律已越發得不到從事廣告業人士的重視，反而要我們這些旁觀者來提醒）。

1993年筆者到北京履新，對當時「孔府家酒」的廣告印象特別深刻。它就土得可以，廣告畫面就是把孔府家酒的酒瓶讓鏡頭拉進三次、大叫三聲「孔府家酒、孔府家酒、孔府家酒」，5秒結束。當時看到這支廣告，真讓我樂呆了，心想在這做行銷、做廣告實在太輕鬆了。但不過幾秒鐘，筆者又回過神重新思考，心中反而佩服孔府的廣告，因為它在最短時間讓消費者記住孔府家酒的品牌，認識了它的包裝外盒，這不是最有效的廣告嗎？

廣告的功能就是，而且僅能這樣要求——建立品牌知名度，進而希望消費者能在喜歡廣告後，也連帶喜歡這廣告的商品，如此而已。因為東西能否賣掉，理想情況是消費者來指名購買，或消費者在逛街購物時東看西看，突然發現一個商品似有印象，然後連結到他曾經看過的廣告，引起好奇心，想買來試試看。所以光有廣告偏好並不足以完成銷售，如果東西根本看不到、找不到，因為連上貨架做陳列都沒做到，廣告再好又有啥用？這工作就不是廣告公司的責任啦，而是要去檢視企業自己的銷售組織是否有確實做好份內的事？

一旦品牌商品有機會被消費者接觸後，憑著好奇心與消費需求去買來試試，從此廣告神話開始幻滅，產品實力開始顯現。東西是否真的好？是否真有這個價值？這全是企業整體能力被嚴格驗證的時後。東西好，廣告印象更加深刻，以後越看越喜歡，喜歡就會再次購買、重複購買，品牌忠誠度不就這樣被建立起來了嗎？可是如果東西不怎麼樣，根本不值那個價錢，那就只此一次，再沒機會了。東西剛開始可能賣得不錯，但後續就沒下文，那麼再持續打廣告也沒用，這絕非廣告問題。

依此流程，再回頭來看什麼是廣告計畫就清楚多了。廣告計畫應該是有關這品牌的背景、歷史及過去的廣告記錄——獲得何種廣告效果。有多少人看過？多少人喜歡這支廣告？廣告的內容被記住多少？內容能清楚地連接到品牌嗎？有多少比例反而被錯誤連接到其它品牌甚至競爭對手身上？有了這些記錄說明，廣告的下一步要做什麼？是讓更多人知道商品還是建立更清楚的訊息？是想接觸完全不同的目標對象還是只要更換不同的媒體選擇即可？所以廣告計畫一定是行動計畫，指出該做什麼事，達成何種任務的行動文件。這樣的行動文件當然會指出要達到什麼目標以及該如何達到目標、要花多少預算才能達到這些目標。一個完整的廣告計畫流程可參考圖3.2。

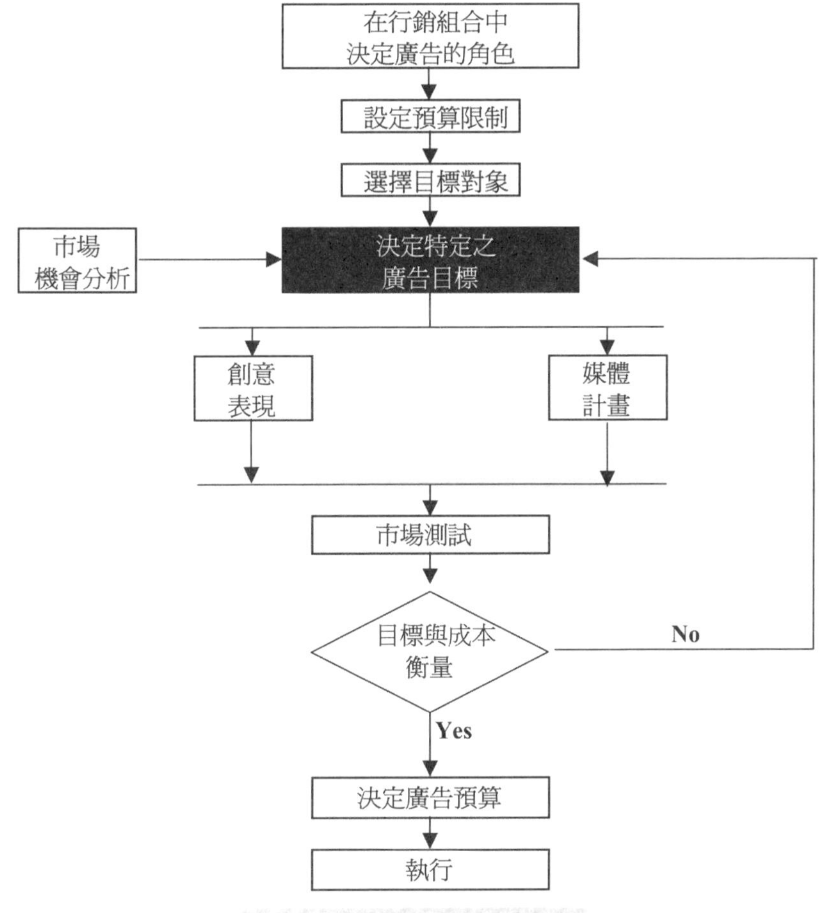

圖3.2　廣告計畫流程與內容

1. 創意表現

廣告公司最重要的價值，應該就是其創意能力。創意表現並非憑空想像，它其實就是產品的關鍵事實。從消費者眼光來看，它是整理出所有的市場資訊後提出——言簡意賅的陳述。它一定是某一行銷議題，可能是認知上的問題，一個市場競爭或是形象上的問題，但它一定要是能從廣告上發揮出效果的。

既然創意表現並不是憑空想像出來的，那它又是從何而來？它其實是來自於所謂的「創意策略」或「文案策略」（廣告公司多半使用Creative Strategy 或 Copy Strategy，但在看過第一章有關策略的內容後，讀者是否也與作者有同感，策略這兩個字實在不宜到處都用。只不過廣告界為突顯其重要地位，創意策略一詞就自然而然被其廣泛採用了。）它的表述方式和定位陳述非常類似，也是由一句話構成，或可稱之為「創意陳述」：

> 針對我們的【核心目標群】，
> 某某品牌（產品）能帶給您【最大承諾利益】，
> 因爲她有【支持理由】。
>
> 同時，某某品牌也具有【品牌調性（個性）】。

（1）核心目標群

廣告當然是對目標市場對象做溝通，但在發想創意時，務必要以這產品的「核心」目標群為主體，如此想出的創意才會聚焦。討論到定位時曾說過，千萬不要隨便說以年輕人、白領階層為目標對象，就是因為這樣的說法涵蓋面太廣。廣告片中所出現的人（主角），不論是偶像明星或普通人，其實就是要讓觀眾一眼看到他（她）就會引起聯想，要讓片中人物引起共鳴，產生認同。所以說儘量要求自己（產品經理）在描述產品的目標消費群時以5歲為一濃縮，先使這群核心消費層認同這產品，之後再順著年齡層往上或往下延伸，讓潛在目標對象慢慢受到感染，進而認同這支廣告也是為我而做，也在對我說話。

核心目標群的描述當然先要以人口統計變數為主，再加上生活型態、平常對各種媒體的收視型態以及可能對這商品的購買及使用型態都做深刻的描述。產品經理只有先在做定位陳述時把行銷目標的核心消費群給界定出來，創意人員再去發掘出他們的生活特徵及媒體收視習慣，然後創意人員才知道如何刻劃出這樣的人物角色，日後不論做平面或電子媒體，大家（包括找模特兒、導演等）才會對廣告中的人物（外型及腔調）有共同概念。

（2）最大承諾利益

如同定位陳述中的差異點，在廣告表現中，自然要將商品所能提供最重要的利益或能解決最困擾的問題予以呈現。只因為廣告的時間（秒數）及空間（版面大小）如此昂貴，故在表現創意時千萬不要貪多，想把一大堆利益點（或解決許多問題、或兩者兼顧）一起說出來，這樣只會落得拚命講了一大堆，但消費者反而一個都記不住。記住，在廣告世界裡，單一訊息絕對是最簡潔有力。

日本的寶礦力飲料一直是長銷型商品，多年來它的最大承諾利益點一直都是「治癒你的渴望」。大陸拉芳集團旗下的「雨潔」洗髮水只用六個字就解釋清楚：「去頭屑，用雨潔。」。

（3）支持理由

支持理由是指產品經理在擬定定位陳述及創意陳述中的最大利益點時所需具備的支持事實。之所以要說支持理由，用意即在讓消費者清楚知道所陳述的特色是有根據的，絕非無的放矢。也惟有具備充分的信心（支持點）才敢將利益點說得理直氣壯。（當然，這種做法也是說給正派經營者聽的，對那些不負責的企業也是莫可奈何！）

支持理由可能只有一個，也可能一個以上，但正如同承諾利益點同樣道理，說得越簡潔，效果越好。譬如，如要說更快完成，就不如直接說2秒鐘完成；具有有效成分，就該說富含維他命C；如要彰顯自己的市場地位，就乾脆說是領導品牌。當然啦，必須有憑有據才行。

（4）品牌調性（個性）

定位陳述與創意陳述最大的不同，就在於要點出品牌具有何種個性。任何商品或品牌應該擬人化，以爭取消費者認同。擬人化的目的，就是要賦予商品有血有肉的實體，透過廣告畫面或文字，讓整個片子及畫面呈現出某種氣勢或風格再連結到商品代言人一貫的風格最後連結到商品上。品牌調性，或說品牌風格、品牌個性於焉成型。

產品經理的要務之一就是要賦予其商品一個鮮明的個性，當然這背後是考量許多因素後決定出的。這個「個性」，產品經理只需以一般的文字描述即可，如溫暖或冷酷，廣告公司依此主軸再綜合目標對象的描述，不論以後是用文字或影音、平面或電子媒體，各種不同的表現手法都要同樣感受到鮮明的品牌個性。

萬寶路香煙原本個性並不明顯，直到改用西部拓荒牛仔的風格才算找到自己的個性。不論在何季節、白天或晚上，整個畫面都以西部拓荒時那種大自然的曠野、狂放不羈、再以佔畫面小比例的牛仔來呈現，這對吸煙者以男性居多的市場，用陽剛個性做訴求可謂投其所好。

品牌個性的塑造需要時間來累積。正如同定位乃長期耕耘一樣，品牌個性一定要與產品長期印象相一致，千萬不能今天以溫馨的個性、明年又改以年輕帥氣的樣貌呈現，這樣只會造成消費者腦中一片混淆，對你印象模糊。

2. 媒體計畫

在說明媒體計畫之前，必須先介紹一些名詞。

（1）SOM vs. SOV

市場占有率，Share of Market，簡稱SOM。廣告界借用這個概念，導出一個用來計算及衡量媒體支出的公式，並以Share of Voice，SOV，來代表媒體（支出）占有率。它的應用請看表3.1。

表3.1的上半部，2010年，A、B、C三個品牌的銷售額及媒體支出數字如表中所列，A牌在2010年的SOM是50%，其媒體支出佔總產業（A+B+C）的比例為55%，也就是A牌的SOV等於55%。B牌和C牌依此類推。

Y-2010	A牌	B牌	C牌		總計
銷售額（億）	10	7	3		20
市場占有率 SOM	50%	35%	15%		100%
媒體支出（億）	1.2	0.8	0.2		2.2
媒體占有率 SOV	55%	36%	9%		100%
Y-2011	A牌	B牌	C牌	**D**牌	總計
銷售額（億）	11	6	3.5	2	22.5
市場占有率 SOM	49%	27%	16%	9%	100%
媒體支出（億）	?	?	?	?	
媒體占有率 SOV	?	?	?	?	

表3.1　SOM與SOV

假設到了2011年，有個新品牌D打入這個市場，並且來勢洶洶，想在第一年就攻佔9%的SOM，並預估各廠牌的銷售額及SOM在表3.1的下半部。各廠牌面對如此態勢，其媒體支出佔總比例應為若干才可能出現此種結果呢？

先說D。由於D是新產品，並無市場基礎，所以D的SOV絕對不只以相同的9% SOM 就夠了，適當的支出約為其SOM的100%～150%之間。

再看A。如果A繼續維持其領導地位，且SOM仍高達49%，面對市場新對手的出現，A雖有較好的市場基礎，其SOV仍應維持約整體的50%水準較妥。

SOM的數字是絕對代表市場實力的，但SOV則不一定。SOV可以表示誰的媒體預算夠多，但SOV無法直接換算成SOM的結果，畢竟還有許多因素決定SOM，不然只要花錢打廣告就好了。並且，每個品牌的每一塊錢媒體支出，其效果也不相同，這也是要全盤考量進去的。但SOV「跟隨」SOM的走勢這點，倒是無庸置疑。

（2）Reach，Frequency，GRP[1]

Reach，一般稱為接觸率或觸及率，指在一定期間內（通常為4週），至少接觸一次廣告的某個人口比率。

Frequency，接觸頻次，指在一定期間內（4週），某特定比率人口所接觸廣告的次數。

GRP，總收視率，即為Reach與Frequency（平均）相乘而得，一般寫為GRP＝R×F。

R、F、與GRP的原始演算公式請看下例表3.2。表3.2為10個家庭（A到J）在過去4週內看到過某節目（＃表示）的收視記錄表。

週	家庭 A	B	C	D	E	F	G	H	I	J	總收視次數
1	#							#			2
2		#		#	#			#			4
3	#						#	#			3
4					#			#		#	3
總收視次數	2	1	0	1	2	0	1	4	0	1	12

表3.2　家庭收視表

在這10個家庭中，有7個家庭在此4週內至少看到1次節目，也就是說接觸率為70（7÷10＝70%，R的計算一般取數

註
1.Arnold M. Barban，Essentials of Media Planning，2nd edition（NTC Business Books, 1988）pp.55-56，58-59。

字70，省掉百分率）

至於收看到的次數分配表如下：

4　週內 收視次數統計	收視 家庭數
0	3　（C，F，I）
1	4　（B，D，G，J）
2	2　（A，E）
3	0
4	1　（H）

這次數分配表的平均次數為：

$$\frac{(1 \times 4) + (2 \times 2) + (4 \times 1)}{7} = \frac{12}{7} = 1.71$$

於是得到這10戶家庭平均收視次數為1.71次。

至於GRP，就等於：

GRP＝R×（平均）F＝70×1.71＝119.7＝120

這個數字下的媒體預算怎麼定？去問當地電視台，1個GRP要花多少錢，乘上120，就得出媒體預算金額。

（3）R與F之互為取捨

在實際執行媒體預算時，R與F的關係互為反比，表示在既定的預算額度內，R如果大，F肯定就小；如果要較多的F，那勢必得犧牲R。這代表什麼？如果要得到最多的人看到這支廣告（節目），表示R最大，那F就會被降低，到可能只有1～2次。對新產品來說，第一波廣告可能要先吸引最大多數的人看過，增加知名度；等到第二波廣告上檔再主打核心目標群使R降下來，那F就提高到4～5次，表示讓真正的目標對象多看幾次，以留下深刻印象。不同階段的R與F操作完全看品牌的媒體目標為何而定。

R的決定，可以視市場定位的目標對象來判定。那F的決定有何標準呢？許多廣告及媒體調查曾對消費者收視後記憶度做測試，發現當F在3～5次時記憶度最深，也不會有什麼厭惡感（指對廣告本身）。當F繼續增加時，收視觀眾雖然記憶度仍高，但開始排斥廣告，也連帶會影響廣告商品的觀感。所以在許多媒體計畫中，通常認為F為4次是最佳結果[2]。

（4）CPM

不同的媒體，要衡量成本效益，常用的計算法是算出每千人成本，Cost Per Mille（Cost Per Thousand），簡寫成CPM。以目前的媒體環境，電視的CPM或許可以算出，看哪個節目的效益最好；但自此以後的其它媒體，如報紙、雜誌，業者所報的數字永遠搞不清是發行數還是印刷數，或根本就是自創數。更無法計算的還有印刷DM，戶外廣告（看板）、公車等車體廣告，所以產品經理要如何判定各媒體效益以及該如何加入主觀判斷也是重要的一環。

（5）數字＋判斷

媒體計畫、媒體預算的主要根據，來自GRP＝R×F這公式。但產品經理務必要清楚幾件事：

◆媒體環境日趨嘈雜

當年發展出來這公式的環境（美國國內），全美國也只有三大電視網；雖然各州有當地電視台，其他類型的媒體也不少，但和現在相比還是有很大不同。在台灣，從早年的三台變成今天九十幾台上百台的節目頻道。大陸各省也一樣，每個城市的電視台數少說也有三十到四十台。整個媒體環境的「嘈雜性」日趨多樣化。

◆調查週期的質變

R及F的假設是在4週期間。當年的

註

2.這個數字是多年前業界認可的，到了今日還是需要產品經理自行判斷多少次是可接受水準。

消費群體生活方式肯定沒有今天這麼多采多姿，尤其是夜晚及假日，休閒生活日趨豐富，在4週內所接觸到的各式資訊訊息不知是當年的多少倍。再考慮上班人口的生活步調、網路興起，以及更大的工作壓力、更長的工作時間等，都會對所謂的「4週」產生根本的變動。

◆整個媒體收視型態的改觀

遠的不說，「楚留香」那個時代是一家響起（主題曲），全街收看。現在呢？哪個節目收視率有1個百分點就可以榮登收視率前三名了。對收視率的調查、收看人口的準確性等等都使得媒體收視生態完全改觀。

產品經理面對這樣的時空變化，以及更加多樣化的未來，對整個媒體操作就必須更加謹慎。首先，媒體界也注意到這種變化，在原先的GRP與CPM的公式下發展出TGRP及CGRP。TGRP是指目標對象（Target）的GRP，表示更集中鎖定真正想主打的目標收視群。CGRP則是Cost per GRP，把成本效益不再只簡單地計算千人成本，而是估算每個GRP的成本。

除了數字公式更趨謹慎外，產品經理務必要對媒體收視環境及消費群收視型態儘量掌握。雖然這工作不容易做，因為時間有限，各式各樣的媒體資訊多得嚇人，但既然身為產品經理，只有勉勵自己了。

（6）媒體計畫內容

產品經理寫的媒體計畫，只需設定基本方向，並不需細到說要寫出上何種媒體、上多少檔次。如果想有些策略性的操作手法，可以提出來與媒體人討論，互相驗證。涵蓋的內容包括：

◆目標受眾對象

如同定位的目標對象。

◆媒體目標

針對設想的目標市場，打算建立何種程度的知名度。亦可直接以R及

F表示想達成何種結果。

◆地理分佈

針對目標市場對象的人口分佈，設定產品所經銷銷售且能與媒體型態、媒體預算相配合的地理區域。

◆排檔期限制

通常媒體計畫會做一年的規劃，但只針對第一季（又稱第一波段）做詳細的媒體波段、檔期、檔次、具體時間及費用的計畫。產品經理必須提出在這期間，有無產業及公司特定的檔期要求或限制，如第一個月先上貨架，廣告從第二個月後（或稍往前一週）開始上檔（在大陸市場，常見到貨還沒上架廣告就滿天飛，究其原因，完全是先給各地區的經銷商看的，以增強其信心並吸引下游二、三批的經銷商來叫貨。）或是每年有二到三波的季節及節慶因素，所以碰到當時的好日子，媒體就必須做特殊安排等等。

◆彈性要求

產品經理做久了，一定會聽到廣告公司媒體人員對你說，通常在過完農曆春節後，預留一個比例的媒體預算，等到時各電視台的業績情況不好時去購買，通常能買到不錯的各電視台GRP。主要原因就是春節後，各大食品、飲料、禮盒及節慶產品、年終紅包大血拚產品的廣告都在春節前集中播放，但年過完了，日子還是要過，各節目還是有那麼多廣告時間，可是企業主都不在這時上廣告，所以才有機會可以在這難得的時機與電視台（節目頻道）討價還價，還通常可以買到很不錯的數字（GRP）。類似這些賦予媒體人一些購買彈性，只要能達到更好的購買效益，倒也值得一試。

◆創意考量

所謂媒體的創意考量至少包括兩方面。一是廣告本身很有創意，或是說安排成幾個有創意的廣告執行，那在媒體上就必須有相應的配合才能達到效果。如在電視或報紙廣告，先看到一個5秒鐘的廣告（或是一個全空白版面），文案只有幾個字「再等三天……」；等到第二天時文案換成第二天……，以此類推，造成目標受眾的期待。另外一種是媒體搭配某項活動來執行。多年前美國搖滾巨星麥可傑克森來台演唱，在開唱前幾日，演唱會廣告除了有贊助廠商的訊息外，還指定在當晚看到這支廣告後如立即撥打電話就能索取一張麥可的大型海報。事後記錄，在短短的幾分鐘內海報就被索取一空，廣告公司特地臨時增設的十幾支專線電話還發生當機事件。類似這些操作都可視為媒體的創意考量。

◆競爭考量

競爭對手在賣場上競爭的是貨架空間，在媒體上就演變為版面或發聲空間。要把競爭對手比下去，有的品牌在經常出現各家廠牌廣告的雜誌中，一次購買數頁版面，目地是讓讀者看到時，對版面多的廣告留下深刻印象，等讀者再往後看到他牌（同性質極強的產品）的廣告，還會聯想到剛剛看過的，藉此以大吃小。廣播廣告也一樣，由於廣播廣告的目標聽眾相對比較穩定，如果有兩個商品同時在這節目上廣告（如上午8點到9點時段），為了更準確讓聽眾聽到以及要把對手比下去，就在這時段播放兩支不同版本的廣告把對手夾殺。

◆測試考量

有的時候，第一波廣告的目的是要做廣告效果測試（包括創意測試），媒體安排就以測試考量做一短波安排。

◆策略性優先次序

消費者看電視時，節目結束、廣告出現，就立刻轉台。轉到別的廣告再轉台，直到看到喜歡的節目為止。而如果剛才看的還沒結束，心裡就在算計廣告該播完了吧？於是又轉回來，這時可能廣告還沒結束或節目已經開始。在這過程中，每個廣告時段其實都很危險，而唯二比較安全的廣告就是第一支和最後一支會有較高的機會被消費者看到。所以有些企業主往往就指定要上第一支或最後一支。通常這種要求（指定播出順序），電視台會要加價，但如果企業是大客戶，廣告公司也有可能以議價力量替客戶爭取到這條件。說到這，又不得不提一下那句老話：「會叫的孩子有糖吃。」每個時段就只有兩個機會，萬一大家都要爭取上檔，誰能如願呢？於是一些不常要求的，或心地善良的產品經理往往口頭說說，萬一廣告公司沒認真去辦也不追究。但碰到難纏的客戶就不一樣啦，沒做到可就窮追猛打，讓廣告公司不敢不去做到。所以產品經理偶爾也要扮一下黑臉，可不能讓人覺得你好欺侮。

◆跟隨考量

上廣告，不論是何種媒體，看到主要對手有上，那是否也要跟上？這道理可以拿速食業選店址來比照。當年美國溫蒂總部有個單位是專門去找合適地點做開店店址。有次換上一位新主管，把整個部門給撤掉，就只留下一位。他的道理是，何必那麼辛苦去選點！只要看麥當勞開那裡就在旁邊開就對啦。理由充分。如果你也認可這道理，不失為決定媒體計畫的好指標。

◆包裹播放

讀者可以注意看，在某廣告時段，會出現好幾支不同產品品牌的廣告，但行內業者都知道這是同一家企業旗下各品牌的廣告。這種安排就是包下多段時間，讓消費者不看也得看本企業的廣告。而這種手法，通常也連帶有包裹購買的情形。

◆包裹購買

多品牌企業，旗下數個品牌可能分由好幾家不同的廣告公司代理，媒體計畫也就因此而分割，在購買媒體時可能就失去議價力量這規模綜效。於是就看到各品牌的創意還是交由不同廣告公司做，但媒體購買就會整合由一家代理公司去執行。

三 網路廣告

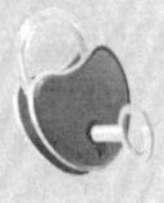

Internet時代的來臨，原本大家都說傳統廣告將死，新型態的廣告將取而代之。但到目前來看，傳統媒體、傳統廣告依然健在，甚至許多網路企業依然仰仗電視（及其他媒體）大打廣告。但e廣告確實有所進展，包括利用傳統媒體打廣告、手機廣告、手機簡訊、部落格廣告等，也的確深得年輕人青睞。也許可以確定的是，廣告支出的分配漸漸流向e廣告，e廣告也越來越多樣化，如何在e世代掌握傳統與新型態的廣告，都將會是產品經理要密切關注的。

網路廣告的迷思

「在網路上做廣告是否有效？」以及「該如何做網路廣告？」相信還有許多討論空間。在這要提醒的是，消費者在「實體世界」是如何看（待）廣告，以及思考網友上網的真正目的是什麼！

在實體世界，不論看電視或報紙、雜誌，消費者多半是不看廣告的，選台器的發明就是廣告的致命天敵！報紙及雜誌還好，因為讀者總要先掃過才會翻過去。這是基本宿命。

網友上網的目的為何？絕不是瀏覽廣告。不論多無聊的網友，就算是為了打發無聊時光他也會去聊天網站或限制級網站。誰會看到一塊廣告訊息就去點選看內容細節？機會渺茫！那如果換成很具誘惑或煽動性的廣告文案來吸引網友？大家不都早已這麼做了嗎？！點選之後才發覺被騙，對品牌也不是件好事。

如果真要上網路廣告，以活動性（有促銷訊息）廣告可能較適合。在這倒是提出一個看法：把網路廣告看做是大賣場廣告來設計可能很符合網路消費群的習性。

關鍵字廣告

網路人口的比率已經越來越高，人們掛在網上的時間也越來越多，時間的累積，上網習慣的觀察，開始浮現出「關鍵字」廣告這個頗受重視的廣告型態。

不論是找資料、找廠商、找話題，入口網站是網友必經之路。在了解幾大搜尋引擎的排列模式後，搜尋引擎業者、網路公司或是有網站網頁的企業或個人，都發覺出如何列在鍵入關鍵字後優先出現頁面的搜尋結果將會是網友優先點擊、優先獲得眼球的必要招式。於是我們看到，許多業者不論是否是傳統或新經濟，都將他們的產品或服務或新的業務取個跟「關鍵字」高度相關的字眼，並在傳統媒體上「教育」大家如何在網路鍵入關鍵字來找到他們。此招確實有效，此招也在考驗這些業者是否能有高段的「定位」與「文案」功力能一舉搶下最高密合搜尋結果。由於關鍵字廣告益發受到重視，筆者特闢第九章專章闡述。

部落格／FB廣告

在大學兼了幾年行銷管理的課，在談到廣告時隨便做個課堂調查問學生有無自己的部落格、有無臉書（Facebook）？不問還好，一問才發現自己已經變成宅男了。

近年風行的部落格和FB對廣告操作有兩方面的涵義。廠商在人氣高的部落格上放廣告，是其中一種新型態的廣告與媒體（雖然都屬於網路廣告，但部落格仍有其特色），它結合（網路）意見領袖與公關話題操作，且能鎖定很特定的一群網友（消費者），又兼有直效行銷的優點。

手機廣告

手機的普及讓大眾發覺它竟然可以是也會是一項有力的廣告媒體。手機的簡訊功能，讓候選人可以把廣告訊息直接送到消費者手中。簡訊發送功能又能反向操作，讓廣大的手機用戶把他們的「心聲」直接表達甚至成為一種圈選品牌的投票行為。幾年前大陸的湖南衛視舉辦「超級女聲」活動，主辦單位就以手機簡訊讓大家發簡訊投票選出心中的偶像歌手。更令人訝異的是簡訊也能成為活動告知並廣招人氣的溝通工具。當大陸人民要發起「抗日」或「抗法」活動時，利用手機簡訊發出訊息並鼓勵大家傳給各自的聯絡人清單，花不了多少時間，整個活動就快速達到廣告最想要結果——知名度。

四 廣告評估

廣告工程牽扯甚大，不論是對外訴求是否清晰有別，或是龐大費用是否合理有效，都必須嚴格把關把廣告公司管好。把關的步驟必須從創意的發想就開始，直到媒體上完還要做效果測試才算完全。

1. 創意評估

廣告公司接收到客戶的訊息，對產品經理所提的創意陳述清楚無誤後，接著就要準備提案。不論是對創意表現手法或是提案腳本，產品經理務必要有一套「有效的」評估流程，以免發生致命的錯誤。致命的錯誤來自幾個方面：

一開頭的創意表現就忘了以「定位陳述」、「創意陳述」做最基礎的把關。

一開始的提案會議就沒有請具備最後拍板定案權的人出席，以致於這個會議不論開得多好還是得重來，甚至貿然往下深做反而越陷越深徒然虛耗青春。

第三，在聽完廣告公司的提案後，在座者官最大的立刻說出自己的評論，這是最要不得的。一定要讓最資淺，官最小的先說他的觀感，讓他沒有包袱，也同時鍛鍊其廣告功力。

第四，老是站在企業主的立場而非一位典型消費者的立場來看這提案。自己先入為主的意識太強而不自知。

既已知道會有這些致命錯誤的發生，不妨參照以下建議的方法來看待所有的廣告提案。

首先，準備一張創意評估表，開會前每人發一張，邊聽提案邊一條條檢查，看看有哪些符合，哪些不符合。整張表勾選完之後，再提出你剛才認為不符合（沒通過）之處，請廣告公司再詳加說明，看能否化解你的疑慮或等下次提案再來評估。表3.3就是一份非常實用的創意腳本評估表。

創意腳本評估表	Y	N
1. 這個概念（Concept）對或不對？(而非我喜不喜歡！)	☐	☐
2. 它能容易延伸嗎？它能持續一段長時間嗎？	☐	☐
3. 訴求的利益點夠強嗎？	☐	☐
4. 它有競爭威力嗎？	☐	☐
5. 這個概念夠單一精準（single - minded）嗎？	☐	☐
6. 這樣的表現手法夠有獨特性嗎？	☐	☐
7. 設定的目標對象能接受嗎？	☐	☐
8. 預算合理嗎?	☐	☐
9. 它能及時完成嗎？	☐	☐
10.不論影像或聲音都能完整呈現主題嗎？	☐	☐
11.它能符合企業形象或品牌形象嗎？	☐	☐
12.最後一點，(你自己)覺得妥當嗎？	☐	☐

表3.3　創意腳本評估表

表3.3的主要特點其實是讓大家在聽到一個創意（或任何提議）後儘量要求自己站在客觀的立場來看待這件事，同時又提醒與會者創意並非憑空想像，而是依據產品定位做最原始的發想點，只不過看這次提案內容是否滿足產品目標。開創意會議最怕大家「見仁見智」，只要這麼一說就討論不下去了。如何不要見仁見智而又能有個共同基礎做討論，這樣的表格是非常必須的。

本表列出的最後一點，「你自己覺得妥當嗎？」，在許多廣告大師的名著中都這樣解釋：「如果這支廣告會讓你的家人朋友看到，你會有勇氣毫不猶豫地說這是我做的廣告嗎？如果不是，（表示心裡有惶恐），那這支廣告肯定未盡妥當。」筆者認為不當做此解釋。

本書的觀點：廣告本就是商業活動，商業活動就是要營利，而非藉此突顯個人風格或甚至視之為個人作品而忘乎所以。廣告的目的絕不是要得獎！如果不能幫助商品銷售，得了獎反而是一大諷刺。

2. 廣告效果評估

雖然已經有許多研究方法針對創意腳本以及用模擬廣告片來做廣告效果測試，但最能看出廣告是否有效的方法可能還是得真正拿到市場上去放放看，看得到什麼結果。

評估廣告效果，也就是評估先前圖3.1品牌忠誠流程與廣告相關的各步驟。

（1）知名度測試

主要是檢測品牌產品名稱能被多少消費者記住。一般分成未提示（不給任何提示，直接問消費者在先前曾看過哪些品牌的廣告。）及提示（給予消費者提示，問他們是否曾看過某品牌的廣告。）下的品牌知名度。綜合許多廣告效果研究及目前媒體環境如此嘈雜的情況下，對任何一支敢上電視廣告的商品品牌，如果在未提示下能有60%的知名度，那這支廣告一定很成功。如果在提示下還不能超過70%的知名度，這支廣告可能就有危險。

（2）回憶度測試

除了單純的品牌知名度，廣告的內容無疑也是重要項目，不然只需學孔府家酒的廣告就好了。對廣告內容回憶度的測試也分成未提示與提示下的檢測結果。

（3）偏好度測試

有對這支廣告的偏好以及引申對商品的偏好測試這兩種。廣告會影響對廣告商品態度的看法，但要注意距離真正購買可還差很遠。

（4）購買意願測試

測試廣告與銷售之間的強度，最多最多只能問消費者是否看過廣告後會增強其購買意願，但對這項問題的答案，產品經理也要謹慎參考，因為有許多關於調查工具的問題會影響受訪者回答的真正態度。在第四章會有詳細說明。

（5）媒體調查

對所擬定的媒體計畫執行是否具有成效，莫過於做一次媒體調查來得乾脆。一般的媒體計畫在執行後（通常一到兩個月）廣告公司都會提出上一波段的媒體數據調查，包括最關注的Reach、Frequency、GRP、CPM或CGRP。實務上，廣告公司會提出更詳細的數據分析，包括全體、男性、女性、各年齡以及其它重要評估數字給客戶做全面評估媒體計畫的依據。

五 最後提醒

跩句洋文：The last but not the least。本章結尾，再次提醒行銷人該如何做才能管好廣告公司：

◆永遠以建設性的態度來挑毛病。

◆永遠就內容來批評。

◆永遠以典型消費者的心態來看事情。

◆記住，廣告絕非萬靈丹。

第04章

要懂市場調研

- 企業慣性
- 行銷研究程序
- 界定問題
- 研究設計
- 抽樣方法
- 態度的衡量
- 收集資料——定性研究
- 資料分析
- 網路調查

管理者經常要做決策，產品經理當然也不例外，像是如何從三個包裝設計中挑選一個？兩個創意腳本到底哪一個好？為何消費者選購A牌而不選B牌？或是消費者購買本公司產品的真正原因到底是因為價格低還是因為我們的促銷贈品？類似這些問題，所涉及的領域往往包括許多複雜的消費者行為（或稱顧客行為）。還記得約在1989年時，看到一份筆者當時服務的公司在前年（1988）年委託廣告公司做的一份消費者調查。當時有一個問題是請消費者回答兩個包裝設計哪一個比較好；問卷出來的結果是（大致如此）選A的有35%，選B的有30%，其他回答差不多或沒意見。結果廣告公司建議選擇A，於是大家就決定A了。看到這份歷史調查報告，沒過幾天就碰到那時廣告公司執行調查的市調經理，當時有場對話：

「B.F.，去年這份調查怎麼沒做檢定就選擇了A？」

「哎呀J.C.，居然還有人懂得要做檢定！我做那麼久，你還是第一個來問我的。不是不做，是那時客戶沒要求，時間趕，我們想應該也沒問題就做了結論……」

時隔多年，想必讀者會想，在實務界這種情況現在應該好很多了吧？！非也。

行銷人員在真實世界裡有太多事情需要得到「資訊」才好做決策。小到口味、包裝，中到廣告、市場區隔，大到企業未來發展，如果能有適當資訊做決策參考，相信企業勝算必增加不少。以上種種所涵蓋的領域，一般稱做「市場調查（研）」或行銷人所說的「行銷研究」。

一 企業慣性

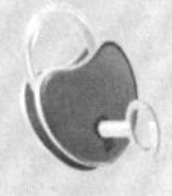

即便行銷研究所涵蓋的層面如此之廣，但行銷研究在企業裡受忽視的程度並不令人吃驚。這歸結到幾個原因：

- ◆企業裡懂得的人少的可憐。這就無法怪企業做與不做行銷研究了。
- ◆企業中「一言堂」已行之有年，早已聽不進做研究這檔事。
- ◆企業預算中根本就沒有這項科目。簡單說，企業根本就不打算為「行銷」做研究！行銷總監是做啥的？找你來不就是要你做決策或提供意見給老闆做決策嗎？
- ◆行銷負責人自己也不見得懂多少行銷研究。碰到這種企業，行銷研究是沒有生路的。

果真如此，那企業又多是如何做決策的呢？

- ◆在一個非行銷導向企業，老闆說了算。不論有沒有行銷市場部門、有無行銷主管，公司裡每一個人都是老闆的幕僚，任何事都要請示老闆，由他拍板定案。
- ◆在一個有點行銷導向的企業，行銷部門內部先有「答案」，再向最高決策層報告，取得最終「答案」。
- ◆在一個有點行銷導向的企業又有固定的廣告公司合作，提供答案的人選會增加，而且因此會參進企業外部人士的看法，這就算是很不錯的決策模式了。

諷刺的是，做了行銷研究是否代表一定成功？

如果不敢保證，又何必多花冤枉錢又浪費時間？

回答這個問題的一個說法是，「行銷研究是客觀地由顧客告訴你他要什麼，照這樣去做，成功的機會總比自行其事要大得多。」

那麼，是否每樣事都要做個研究才行？絕對不是。行銷的問題總有些規律性與經驗法則，許多事情也沒那麼多時間去一一求證，適當地憑藉經驗也是企業對行銷主管的期許，更是行銷人的自我要求。

二 行銷研究程序

行銷研究，表示研究的問題多屬行銷領域。像是市場潛量調查、市場占有率調查、消費者態度與使用行為調查（俗稱A&U）、市場機會或市場空間調查、競爭者調查，以及廣告測試、媒體調查等，皆為行銷研究範圍。行銷研究程序，請參考圖4.1；在各步驟中常問的問題請參考表4.1[1]（行銷研究的內容非常豐富且複雜，如要更完整地理解，建議去找一本專門書籍。本書的介紹已經濃縮許多，某些程序也略為帶過，只挑出在實務上比較常碰到的一些問題及技術做說明。）

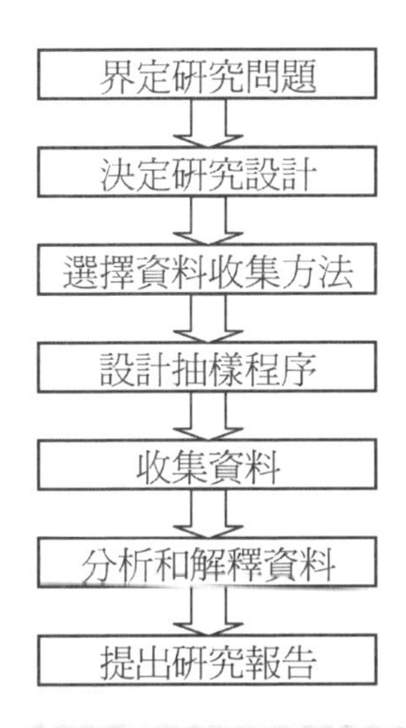

圖4.1　行銷研究的程序

註
1.黃俊英，行銷研究──管理與技術，第六版（台北：華泰文化事業股份有限公司，1999年9月），p.88, 95。

界定研究問題

－行銷主管面臨的決策問題是什麼？
－研究的目的是什麼？為何要進行研究？
－需要哪些背景資訊？
－進行研究的必要性和迫切性如何？

決定研究設計

－對研究問題的了解有多少？
－是否需要形成研究假設並進行檢定？
－是否需要探討因果關係？
－哪一類型的研究最能回答研究問題？

選擇資料蒐集方法

－有哪些現成的次級資料可用？
－能否直接從受訪者取得正確的資訊？
－可直接詢問受訪者或需隱藏研究目的？
－詢問應採用人員、電話或郵寄問卷方式來進行？
－應採用結構式或非結構式問卷？
－應使用哪些方法來進行觀察？
－觀察人員應觀察及記錄哪些特定行為？

設計抽樣程序

－什麼是研究的母體？
－有無現成的母體名冊？
－能否免費或以合理價格取得母體名冊？
－適合採用機率或非機率抽樣？
－樣本應該多大？
－應如何抽選樣本單位？

蒐集資料

－由誰去蒐集資料？
－需要費時多久才能完成資料蒐集工作？
－如何監督訪問員或觀察人員的工作？
－如何確保現場作業的品質？

分析和解釋資料

－資料如何編碼？
－如何管理編碼工作的品質？
－需要編哪些表格？
－需使用哪些分析技術？

提出研究報告

－要向誰提出研究報告？
－閱聽者對研究方法的了解程度如何？
－是否需要提供管理決策上的建議？
－需不需要做口頭報告？

表4.1　行銷研究程序各步驟常問的問題

三 界定問題

行銷研究該研究些什麼，最優先要決定的是清楚界定研究問題。譬如說上半年的銷售量下降，是該研究產業景氣還是產品品質？是該探討廣告效果還是通路政策？問正確的問題往往比答案重要。請看以下個案：

水晶與琉璃

王總經理手中不停地把玩剛買回來的琉璃，這個由王俠軍他們做的，賣價台幣32,000元，可是從王總自己做了十幾年水晶的角度來看這件「藝術品」的品質——琉璃的功力——實在不怎麼樣。話雖如此，人家一個能賣到3～4萬元，倒也不能不佩服他們。

馬上要準備開週會了。王總心中在盤算待會兒要怎麼提起心中的這塊疙瘩。

「各位同仁早」，王總每次都是這句開頭。「昨天我逛街的時候，看到這件琉璃，雖然燒得普通，可是它定價要賣32,000元，真把我嚇了一跳。嚇歸嚇，我還是忍痛買了一個。」王總停了一停。「各位也都知道，臺灣做水晶的大概我們最有經驗，而且從營業額來看，可能我們也是數一數二；可是近年來，那些做琉璃的憑其公關做得不錯，外界好像都知道他們而不知道我們。各位也都摸了好多年，看看這件琉璃的火候實在只能說普通而已，如果我們來做一定做得比他們要好。據消息指出，他們這家公司一年大概有差不多二億的營業額，如果我們進入這個市場不曉得可以做多少？」

王總環視全場，看看副總，看看業務部劉經理、開發部陳經理，大家看來看去也沒人接話。等了一下子，副總開口：「王總，我有個提議，樓下不是有家廣告公司嗎？何不找他們來聊聊也許會有不錯的建議也不一定。」「嗯……他們公司很年輕，看來蠻有點子的，那就請你約他們來公司聊聊也許會有不錯的建議也不一定。」王總心想這倒是不錯的提議。

碰面的時候到了，廣告公司來了三位，分別是總經理、業務總監及客戶經理，寒暄之後就進入正題。在說完上次內部開會類似的主題後，廣告公司的業務總監先發言……

◆如果你是這位業務總監，你會怎麼進行這次的晤面及現場如何推演？

這次會議的進行，或說這家做水晶公司的疑惑應該要依次解答以下這些問題：

－如何定義「琉璃」這個市場？

－琉璃市場潛量如何計算？

－現有競爭者有哪些？

－各競爭者的銷售量約略若干？

－購買琉璃的顧客是誰？

－他們為什麼買琉璃？

－他們怎麼看待琉璃這項商品？

－琉璃與水晶或其他商品的異同點為何？

－琉璃的價位如何？

－琉璃是如何定價的？

－有經銷商嗎？

－琉璃是從哪些管道銷售出去的？

－有琉璃專賣店嗎？

　－陳列如何？

－銷售員如何？

－整體感覺如何？

－在百貨公司或購物中心有銷售琉璃嗎？

－是獨立空間還是專櫃型式？

－陳列如何？

－銷售員如何？

－整體感覺如何？

－有沒有看過琉璃的廣告？

－目標群是誰？

－主要利益點為何？

－品牌個性呢？

－都是用哪些媒體？

－能估計出媒體預算嗎？

－有沒印象琉璃曾辦過哪些促銷活動？

－消費者促銷類？

－直效行銷類？

－公關活動類？

以上這些問題，有些是去找找資料、有些直接去零售點（櫃）問問、有些則可能要做個調查。這些都屬於行銷研究的範疇。

四 研究設計

行銷研究第二個步驟是依據研究目的決定研究設計的類型。一般可將研究設計分為兩大類型[2]，即「探索性研究」和「結論性研究」。探索性研究目的在發掘初步的見解，並提供進一步研究的空間；結論性研究主要目的在幫助選擇合適的行動方案。如果對於所要研究的問題所知有限，應先進行探索性研究；如果研究的問題已相當清楚，則可直接進行結論性研究。探索性研究的資料需要是較模糊的，也沒有清晰的資料來源；結論性研究則有清晰的資料需求，也知道要從什麼地方去取得所需的資料。

1. 探索性研究

探索性研究常被視為是研究程序的第一步，其功用在協助研究人員發現問題、認識情況。譬如，銷量下降，可先進行探索性研究以找出銷量下降的可能原因。探索性研究極少使用詳盡的問卷，也很少利用機率抽樣法來收集資料。

2. 結論性研究

結論性研究的主要目的在於提供資訊，協助決策者制定一合理的決策。結論性研究可分為敘述性研究和因果性研究兩種。

(1) 敘述性研究

敘述性研究常用於衡量和描述某一

註 2.同註1，p. 91, pp. 107-118。

問題的特性，或某些相關群體（如顧客、銷售員、市場地區等）的組成與特徵。譬如，決策人員想了解有關某產品消費群的年齡、性別、教育程度、所得、婚姻狀況等的分佈情形，或傑出銷售員的特質等等，即可進行敘述性研究。

（2）因果性研究

因果性研究的主要目的在建立變數間的因果關係，說明產生某種現象的原因。譬如，在敘述性研究中發現某一產品在各地區的消費量不同，但不知原因；因果性研究就是要去找出何以各地區消費量不同的原因，要設法找出消費量大小與其他因素（如氣候或消費者所得）的關係。

五 抽樣方法

抽樣方法大致分為兩大類：機率抽樣和非機率抽樣。其中又各有不同的抽樣方式，如表4.2.

這兩種方法優劣互見，各有其適用場合。但在實際考量採用哪種方式時，可千萬不要為「便利」而「便利」，以及誤用你的「判斷」。

便利抽樣係純粹以「便利」為基礎的一種抽樣方式，樣本的選擇只考慮接近或衡量的便利。電視台或廣播電台開放觀眾電話叩應（call in），表達他們對某一事件的意見，並以這些人的意見代表一般民眾的看法；訪問員在某家百貨公司內訪問前來購物的一些消費者有關他們的生活型態，並以這些受訪者的答覆來推論一般消費者的生活型態；這都是便利樣本的例子[3]。

在進行「試銷」時，試銷地區的選擇就是一種判斷抽樣；在探索性研究中，專家的選擇也是一種判斷抽樣[4]。

表 4-2 抽樣類型

機率抽樣	非機率抽樣
1.簡單隨機抽樣	1.便利抽樣
2.系統抽樣	2.判斷抽樣
3.分層抽樣	3.配額抽樣
4.集群抽樣	4.逐次抽樣
5.地區抽樣	5.雪球抽樣

表4.2 抽樣類型

然而，多數人在應用時只記得「便利」與「判斷」，別的就顧不了那麼多，誤差就此產生。在此舉兩個實例。

一家酒品公司，每當內部研發出一種新的酒類，在工廠內都會做「口味測試」，看看新口味的酒能否被市場接受。但他們怎麼做呢？先是做份問卷，題目不多，主要是

註

3.同註1，pp. 267-268。
4.同註1，p. 268。

問喜不喜歡這口味？認為口味偏哪種味道？這部分問題還不大；由於工廠人多，負責人就考量採用便利抽樣。他找他們部門5個人，每人隨便在工廠內找20到30人試飲並填答問卷，因為負責人知道樣本數大於30人就夠了。

第二家公司是做飲料的。有次拍了支新廣告片，廣告公司在剪輯後拿到客戶這，一放的結果，總經理當場就質疑怎麼用這種方式表達？（總經理事前授權行銷部主管執行這次廣告創意）行銷經理也有意思，他馬上叫公司內待在辦公室的人都來看這支片子，並且要大家馬上投票喜不喜歡這支廣告！（幸好總經理當場制止，不然這絕對會成為行銷界千古「家」話。）

下次如果你們公司也想採取這種方式來得到答案，奉勸你們不要那麼費事；乾脆把幾種不同答案各寫在一張紙上，然後用電風扇吹（從樓上往下丟也行），看哪一張吹得遠，選遠的那張其答案都比上述兩例要來得有可信度。

六 態度的衡量

在現代的行銷觀念下，行銷人員必須設法了解人們的態度，特別是消費者對產品、品牌及對公司的態度，因為有許多時候消費者自己都不一定知道他為何選購這個而不選擇那個；為何光顧這家商店而不去那家；用問卷、用訪問、用觀察都不一定能得到答案，因為外在行為常常不能代表真正的態度。

衡量態度的技術中，評價尺度、語意差異法與李克尺度是實務界常用的幾個方法。

1. 評價尺度

評價尺度是一種順序尺度。他有三種常見的類型：圖形的評價尺度、逐項列舉的評價尺度及比較的評價尺度[5]：

（1）圖形的評價尺度

圖形評價尺度的兩端代表態度的兩個極端，受訪者只需在尺度的適當位置上劃個符號（「×」或「✓」）。這個尺度表示可以是水平的也可以是直線的；也可以在尺度上以數字表示重要程度。請看圖4.2。

註

5.同註1，pp. 298-301。

請在下列尺度的適當位置畫一「×」號，以表示你對某品牌的看法。

	1	2	3	4	5	6	7	
價格不合理								價格合理
品質不可靠								品質可靠
操作不方便								操作方便
外型不美觀								外型美觀
服務不好								服務好

圖4.2　圖形的評價尺度

(2) 逐項列舉的評價尺度

逐項列舉的評價尺度通常只允許受訪者從較有限的類別中做一選擇。類別的數目以三至七類居多，每一類別通常都有文字敘述，其次序並依據各類尺度上的位置而順序排列，習慣上從低到高。圖4.3為一例。

請依照你對各屬性重要性的意見，在各屬性的適當方格中畫一「×」號。

屬性	不重要	有些重要	重要	非常重要
價格	□	□	□	□
品質	□	□	□	□
操作	□	□	□	□
外觀	□	□	□	□
服務	□	□	□	□

圖4.3　逐項列舉的評價尺度

（3）比較的評價尺度

比較的評價尺度要求受訪者在對各屬性做判斷時應直接和其他屬性做比較。圖4.4是比較的評價尺度的一種型式，受訪者將被要求把100點依各屬性的重要程度分配給五個屬性。

請依據你在購買（產品名稱）時各屬性對你的相對重要性，將100點分配給各屬性。

價格 ________ 點
品質 ________ 點
操作 ________ 點
外觀 ________ 點
服務 ________ 點

100

圖4.4　比較的評價尺度

2. 語意差異法

語意差異法係利用一組由兩個對立的形容詞構成的雙極尺度來評估產品、品牌、公司或任何觀念。雙極尺度的兩個對立的形容詞通常分成七段（或五段，或十一段）的一個連續集所分隔。圖4.5是常見型式[6]。

請就下列各屬性說明你對（某商店）的看法。請在能反映你的看法的數字上畫個圓圈。

親切的	1	2	3	4	5	6	7	不親切的
可靠的	1	2	3	4	5	6	7	不可靠的
昂貴的	1	2	3	4	5	6	7	便宜的
現代的	1	2	3	4	5	6	7	古老的

圖4.5　語意差異法

註
6.同註1，pp. 307-308。

受訪者可在分隔兩個形容詞的連續集上勾出最能代表其態度的那一段，根據受訪者在所有雙極尺度上所表示的態度，即可獲得產品、品牌或商店在受訪者心目中的印象。作者利用此法在雲南昆明為一飼料公司（西爾南）做診斷時即用此法做分析，請見圖4.6。

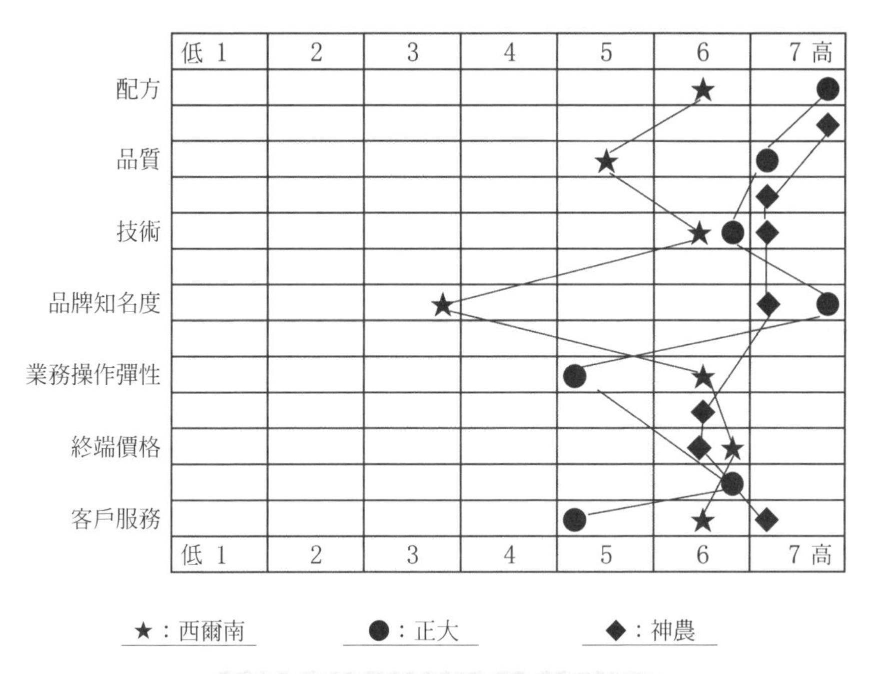

圖4.6　語意差異法在飼料行業的應用

用功的讀者有沒覺得眼熟？是否在哪本暢銷書上看過類似的應用？答案就是「藍海策略」。藍海策略的作者就是用這常見的行銷研究技術闡述他們的觀點，因為語意差異法也是尋找定位機會的應用。就以上述飼料行業為例，「正大」跟「神農」是雲貴當地較知名的品牌，「西爾南」則是後起之秀。品牌知名度低於先發品牌很正常，但他的配方技術則緊追其後；輔以給業務員更多的彈性來處理客戶的問題或是給個小禮物，價格則盯上領導品牌，這樣的操作遂讓西爾南異軍突起，在市場上給客戶的印象也頗佳，這就是他的定位。

利用語意差異法時，最理想的情況是每一個雙極尺度都各自獨立，不相關連。在實際應用時，可利用因素分析減少尺度數目。

3. 李克綜合尺度

李克尺度不只在行銷研究上被應用，在人事管理的績效評估中也被廣泛應用來評估人員績效。李克尺度要求受訪者在一個五點（或七點，但五點最為常見）尺度上指出他同意或不同意各意見的程度。圖4.7是李克綜合尺度一例[7]。

	非常不同意	不同意	不確定	同意	非常同意
1. 這家商店的服務態度好	□	□	□	□	□
2. 這家商店的商品種類齊全	□	□	□	□	□
3. 這家商店的營業時間不方便	□	□	□	□	□
4. 這家商店的停車不方便	□	□	□	□	□
5. 這家商店的服務迅速	□	□	□	□	□

圖4.7　李克綜合尺度

4. 常見的偏誤

在應用上述這些方法時，有若干偏誤須予以注意[8]：

(1) 仁慈誤差

有些人在做評價時，總是給予較高的評價，這就發生了「正向仁慈誤差」；反之，就發生了「負向仁慈誤差」。

註
7.同註1，pp. 312-313。
8.同註1，pp. 301-302。

（2）中間傾向誤差

有些評價者不願給評價之人或事物很高或很低的評價，就會發生所謂「中間傾向誤差」。

（3）暈輪效果

評價者如對被評價之人或事物有一個普遍化的印象，就容易導致系統化的偏差。

（4）李克尺度深入人心

由於有太多的研究以及實務上的應用（不只是行銷，人事管理亦然）都拿李克尺度來做，李克尺度的方法早已深入人心，所以消費者一看到它難免會產生疲乏[9]。

對於這些常見的偏誤，在實際應用時作者建議將尺度以七等份來分，效果會比較好。

註

9.朱成，政大碩士論文：在臺外資企業人員績效評估制度之研究，（台北：政治大學企業管理研究所，1986年6月）。

七 收集資料——定性研究

消費者研究中，要了解消費者的內在動機和態度，一般分成兩大研究領域：一是「定性研究」（亦稱「質化研究」），二是「數量研究」，兩者同為消費者研究的重要工具。

定性研究的意義、功能及限制

要了解什麼是定性研究，最好先看看什麼是數量研究。所謂「數量研究」是指可以提供數量性資訊的研究，如估計有多少消費者使用甲產品，有多少消費者使用乙產品；或甲品牌的市場占有率有多高，乙品牌的市場占有率有多大。

「定性研究」則不同，它的目的不是提供有關消費者的數量性資訊，而是發掘消費者的情感和動機；它所提供的資訊不是客觀的數字，而是主觀的意見和印象，它的主要功能不在解答有關「多少」的問題，而在解答「為什麼」的問題——為什麼某些消費者購買甲產品而不買乙產品？為什麼某些消費者喜愛甲品牌而不喜愛乙品牌？為什麼消費者喜歡惠顧某一商店[10]？

定性研究的樣本通常較小，而且不是利用抽樣方法而得，它的結果也不能導致明確的結論。在本質上，定性研究是探討性的，不是確定的；是主觀的，不是客觀的。

註

10.同註1，pp. 343-344。

焦點團體法

焦點團體法，亦稱做「深度集體訪問」、「焦點座談」或「集體訪問」。它假定當人們處身在一個對某一事物具有相同興趣的人群當中時，將比較願意談論他們內心深處的情感和動機。因此如能安排一適當的場所，醞釀氣氛，由一位有經驗的主持人來引導大家討論，發掘出消費者內心深處的動機，將有助於了解消費者購買決策的真正原因[11]。在此將舉一實例——西式穀物早餐（cereal）曾做過的焦點團體法仔細說明該施行方式。

背景時約1990年，一家外商食品公司在國外有一知名穀物早餐食品欲引進台灣。當時的台灣市場，只有在幾家大型百貨公司跟大型連鎖超市有看到直接從國外進口這類食品，但可能是因為包裝較蓬鬆，多用紙盒包裝，所以在貨架上佔的空間卻不小。這家公司看到台灣市場已可接受多種西方食品及飲料，鮮奶的消費也越來越普及，遂想把其國外產品引進台灣。

這種食品在西方，尤其是美國，多為早餐食用，搭配鮮奶，強調的是營養；也可當作零食吃，有營養的零食。主要對象是小孩，但在國外大人也常吃。如果讀者有留意，常在電視、電影上看到一家人早上起來睡眼惺忪，往餐桌一坐，從冰箱拿出一大盒東西往碗裡一倒，再倒上鮮奶就吃了起來，就是這種食品。

當時我們做了許多市場資料的蒐集，對產品概念也有雛形，就想藉由焦點團體法來看看消費者是怎麼看這一類的產品。

焦點團體法的實施

（1）訪問對象

◆接受訪問人數

一般參加每場焦點訪談的人數，

註 11.同註1，p. 357。

消費品可以多達十二人，非消費品則以六到七人為宜。我們當時每場設定八人。

◆訪問場次

我們一共做了三場，依次是：

－第一場全以家庭主婦為對象。

－第二場以職業婦女為主。

－第三場則為兩者的混合。

◆訪問對象的選擇

－年齡從25到40歲的女性

－已婚

－有小孩，孩子在12歲以下

－家庭主婦及職業婦女均可

－專科以上程度

－居住在台北市、新北市

－從沒參加過此類活動

（2）訪問場所

◆選擇外面一專門場地

◆會議室形式

◆（當時沒有單向玻璃以讓客戶或廣告公司在後面可以旁聽）但我們可以在旁邊隔間聽到全程討論的內容

（3）訪問時間長度

◆每場設定兩小時

(4) 主持人

- ◆主持人的重要性
- ◆主持人優秀與否決定此活動成敗

(5) 性別差異

- ◆我們當時選擇女性主持人，主要考量是較能與來賓互動並較能設身處地

焦點團體法的優點

(1) 試煉產品概念

- ◆看看我們的定位陳述能否被接受

(2) 找出被忽略的重點

- ◆是否有哪些重要處是我們所忽略的？即探索潛在動機與態度

(3) 快速結果

- ◆整個程序不超過一個月即可完成

(4) 容易實施

- ◆只要內部產品定位與品牌概念出來，很容易就能實施

(5) 成本負擔輕

- ◆不論是單看佔整個行銷預算百分比或與數量研究做比較，焦點團體法的費用還算是少的

焦點團體法的限制

先說焦點團體法的一些限制。

◆成敗九成在主持人，這是最大限制。

◆它的結果不能當作一項「資訊」來使用。它只能引起你的思考。

◆不能將所得結果擴大到整個母體。（這是它最為人所質疑：既然如此，有何好做？）

事後回顧

當時做的結果與我們公司內部的思考方向非常吻合，就差一點要推出市場了。但因為總公司有其他考量，只得暫時擱置。然而焦點團體的結論與後續發展剛好可以拿來做焦點團體法限制的進一步討論。

當時的市場情況讓我們認為：

◆雖然我們沒真正推出市場，但還是斷定一年做個五千萬台幣不難，總市場應該有三到四億。

◆我們剛做完調查沒半年，就有一家台灣企業推出類似產品，稱做「喜瑞爾」，還打了不少廣告。（但之後幾年觀察還是不了了之。）

◆當時有個國外品牌「家樂氏」，聽（曾任其產品經理）說，成長飛快，而且有中文包裝，也有廣告。（可是後續還是平平。）

◆進口品很多，市場應該不錯。（但實際並不好）

◆消費者接受度隨著經濟成長會越來越好。（並非如此，不然不會有上述現象）

◆現在到一般超市去逛，仍可見到許多這類產品。

Why？當時的焦點團體結論到底要如何應用呢？

有幾個可能原因是後續銷售沒起來的關鍵，但這就是焦點團體法無法得知的：

1. 推廣的廠商不夠多，整體行銷資源相對市場其他品類就小的可憐，市場沒被炒熱。（時間有點久遠。台灣在1995~1998這段期間，瘦身美容業的驚人廣告量、或是大陸先前的保健品產業的廣告高峰期，對市場造成的衝擊那是夠震撼的。）
2. 搭配鮮奶是一面雙刃劍。固然是營養加營養，但想想秋冬季鮮奶滯銷的連帶影響。
3. 大人沒有跟著吃，就不容易引起小孩一起吃。
4. 這個食品畢竟太西化了，接受度實在有夠難。
5. 孩子如果是自己上學，又多半自己解決早餐，有多少早餐店賣cereal？多少店賣漢堡或三明治？

上述這五點應可代表絕大比例的原因。但這都不是焦點團體法能問得出來的！其中第二到第四點，廠商心裡都清楚，訪談時也都被提到，可是這是市場問題。如果焦點團體法做完，廠商想知道市場接受度的「量」的答案，那就一定要後續再做詳細的數量調查了。

八 資料分析

如前所述，實務界有用到行銷研究的本就不多；會使用態度衡量技術的又少一些；一旦做完，大概就用百分比表示一下結果，再不然用交叉編表就算是很難得了。可惜實務問題不太可能這麼好對付。舉幾個例子。許多企業常常想知道：

◆新包裝設計能否提高銷售量？

◆兩種包裝設計被客戶接受的比率是否有差異？

◆電視台想知道男女觀眾對某節目是否有偏好差異？

類似這些問題，就不是一般資料分析法能知道答案的。如果問的更深，消費者購買某產品的真正原因？或是市場如何區隔等？都要用到更複雜的技術。

1. 統計顯著性檢定

如果讀者學過統計，大概就知道「假設檢定」。如虛無假設、對立假設、顯著水準，以及單尾或雙尾檢定等。相關內容請參考有關書籍，當有更多說明。在此僅慎重提醒大家，有些問題不能只做百分比比較，還要進一步做統計顯著性檢定。

2. 多變量分析——因素分析

統計方法大致可分為單變量分析和多變量分析兩類。其中多變量分析的互依方法中的因素分析，作者認為在許多行銷實務中都會碰到，尤其在做產品的市場區隔與定位時，了解這套程序會很有幫助，甚至可以用手工版得到意想不到的結果。以下簡略介紹因素分析的程序，稍後再以一實例（登琪爾Spa）來說明如何應用因素分析法得到一市場空間。

因素分析是一種縮減構面的技術，主要目的在以較少的構面來表示原有的資料結構，而又能保存原有資料結構所提供的大部分資訊。因素分析假定各變數間之所以會有相關，是因為有少數影響這些不同變數的基本因素存在，因素分析就在設法發現那些共同的基本因素[12]。現舉一實例，說明如何從原始眾多衡量百貨公司形象的變數中，求得兩個形象構面就足以代表全體[13]。

（1）先利用語意差異法收集資料

圖4.8是用來衡量百貨公司形象的語意差異尺度。

1. 購物地點方便	□	□	□	□	□	□	□	購物地點不方便
2. 結帳快速	□	□	□	□	□	□	□	結帳速度慢
3. 清潔	□	□	□	□	□	□	□	骯髒
4. 商店配置不好	□	□	□	□	□	□	□	商店配置良好
5. 商店雜亂	□	□	□	□	□	□	□	商店整潔
6. 營業時間方便	□	□	□	□	□	□	□	營業時間不方便
7. 商店遠離住家、學校或工作地點	□	□	□	□	□	□	□	商店接近住家、學校或工作地點
8. 商店氣氛不好	□	□	□	□	□	□	□	商店氣氛好
9. 內部裝飾吸引人	□	□	□	□	□	□	□	內部裝飾不吸引人
10. 商店寬敞	□	□	□	□	□	□	□	商店擁擠

圖4.8　衡量百貨公司形象的項目

（受訪者對語意差異尺度中各項目之反應的相關係數會有一張表，在此省略）

註
12.同註1，p. 475。
13.同註1，pp. 479-483。

（2）利用主成分分析法萃取共同因素

得各因素所能解釋的變異數，如表4.3。

因 素	解釋的變異數
1.	5.725
2.	2.761
3.	0.366
4.	0.357
5.	0.243
6.	0.212
7.	0.132
8.	0.123
9.	0.079
10.	0.001

表4.3　各因素所解釋的變異數

（3）把解釋的變異數換算成「解釋水準」

即各因素所能解釋總體狀況的百分比。因為因素是10個，就把表4.3解釋的變異數各除以10，得到表4.4。

因 素	解釋的變異數	個別解釋水準	累計解釋水準
1.	5.725	57.25%	57.3%
2.	2.761	27.61%	84.9%
3.	0.366	3.66%	88.5%
4.	0.357	3.57%	92.1%
5.	0.243	2.43%	94.5%
6.	0.212	2.12%	96.6%
7.	0.132	1.32%	98.0%
8.	0.123	1.23%	99.2%
9.	0.079	0.79%	100.0%
10.	0.001	0 01%	100 0%
			100.00%

表4.4　各因素所解釋的解釋水準

（4）計算「累計解釋水準」

如表4.4最右欄。學者多認為，累計超過50%的解釋水準足以代表全體。如到此水準的因素過少，可再往下累計；但實際多少可由研究人員判定。在此例中，第一個因素就超過50%，而前兩個相加有將近85%，因素足夠了。第三個只佔3.66%，與第二個差太多，所以就能判定因素1、2，足以代表全體。

（5）意義為何？

在變數與因素相關散佈圖上很難解釋，如圖4.9，因為這10個變數和因素1（F1）都有高度正相關；變數1, 2, 6, 7, 和因素2（F2）也都有高度正相關，所以因素1和因素2的意義不易解釋。

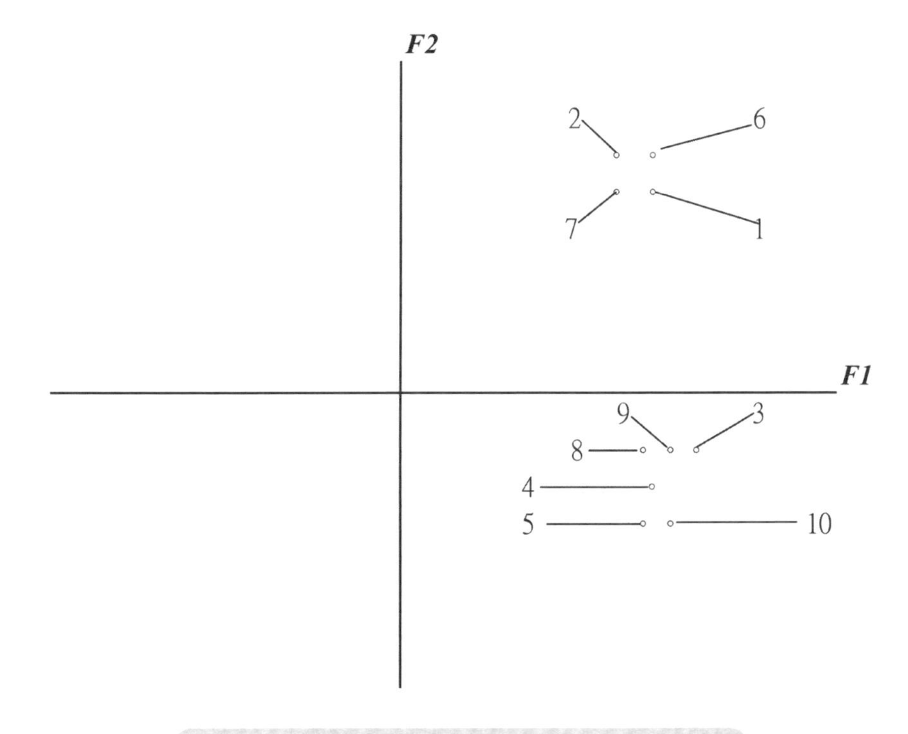

圖4.9　未轉軸前各變數和因素間的相關散佈圖

（6）用變異數最大法進行直交轉軸

（在此要進行一個「轉軸」的動作）轉軸後各變數和因素的相關散佈圖如圖4.10。可看出每一個變數都和一個因素、也只和一個因素有高度相關。所以，研究人員就可自定，把因素1命名為「商店氣氛」，把因素2命名為「便利」。讀者可看出，只用這兩個因素來描述百貨公司形象的差異，比用10個原始變數來描述，要經濟有效得多。

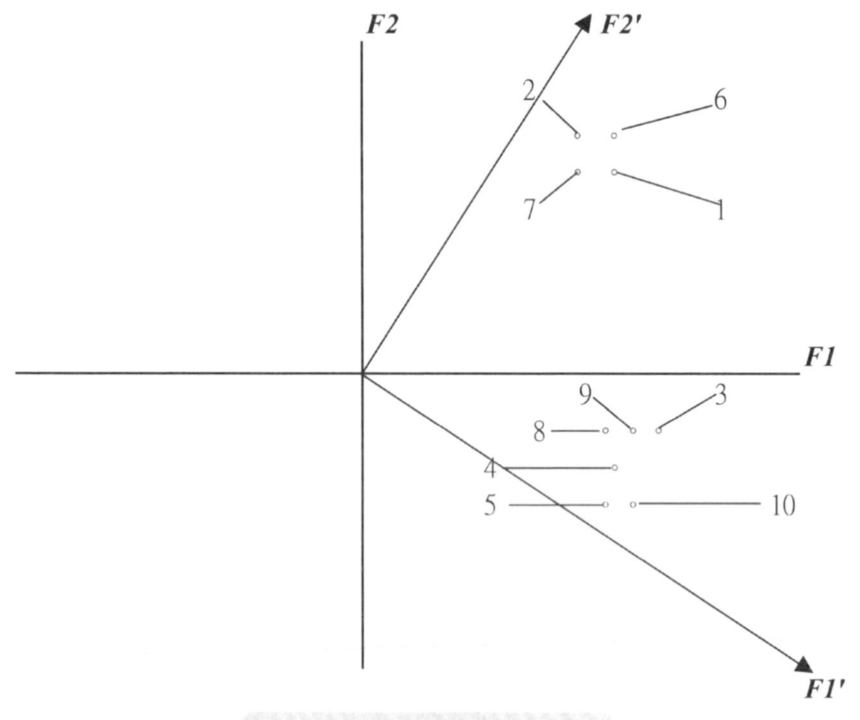

圖4.10　直交轉軸後的散佈圖

（7）實務涵義

在探討購買決策因素、市場區隔變數、品牌或產品定位、廣告Big Idea等行銷重要議題時，多可用因素分析法做第一道動作。筆者還依稀記得，早在1989年時曾參加廣告界的一場研討會。當時主講人幾乎花掉全部演講時間解說他們用「USP, Unique Selling Proposition」幫好多產品做好棒的廣告。發問時，一位小姐就請問他這些USP是怎麼來的？主講人大約講了十分鐘，但筆者猜下面的人都聽不懂，因為他實在是亂講一通。散會後筆者遂偷偷去跟那位提問的小姐說：可以用因素分析法得到。

筆者建議，這套理論方法不求弄懂來龍去脈，但要學會這套流程，碰上了，用手工推演也是一招。本章先前有說到：不是每件事都要、或必須要花錢去做行銷研究，尤其碰上不理解的老闆，那你就真的是自討沒趣。我就曾經利用此法幫客戶「找出」一個理想的市場區隔空間，並抓出正確定位的思路。就請讀者跟筆者來趟土法煉鋼吧。

3. 個案實例——登琪爾Spa

時約1998年，台灣的美容界吹起一股「瘦身美容」風潮，且廣告投入量高居榜首。媚登峰、菲夢絲、最佳女主角等大小業者都一下子冒出來，用連鎖體系、全台灣遍佈、加上廣告猛轟，讓很多經營多年的業者不知所措。當時的登琪爾全省有九家直營及加盟連鎖店，而他們也走了一段時間廣告，主題是「Spa」，但整體定位及行銷動作並沒有隨之調整。筆者當時在一家廣告公司做顧問，偶然的機會與經營者見面，並知道他們的一些情況。客戶請我們為他們的定位做一檢視，並提出行動計畫。

接到這案子，第一直覺就是市場區隔有無空間！在不做數量的行銷研究前提下，該如何進行？

(1) 收集市場資料

先進行次級資料收集，包括：

◆平面廣告、新聞報導

◆到各業者營業地點隱性拜訪並帶回簡介、宣傳冊等

◆拷一捲全業者的廣告片

(2) 分析競爭者

仔細閱畢收集的資料後，利用上述因素分析法模擬競爭圖像

(3) 建立一語意差異法的架構項目

此架構類似於詢問消費者為何選擇瘦身美容中心？一邊看資料、一邊腦力激盪，得出可能的項目（原因）：

◆它讓我美麗

◆它讓我瘦

◆它帶給我健康

◆它讓我雕塑身材

◆它讓我想瘦哪裡就瘦哪裡

◆它的服務很好

◆廣告訴求打動我

◆它價錢合宜

◆它地點適中

◆它的設備很好

◆它的裝潢很好

◆它的氣氛很好

◆它的產品很好

◆它的場地寬敞

◆它有獨自的貴賓室

(4) 假設有因素出現

假設有張因素解釋水準表且按照各變數的相關性依次組合並排列，也就是進行縮減變數的工程，得出一組新的變數群：

◆瘦身、雕塑身材、想瘦哪裡就瘦哪裡

◆美麗

◆健康

◆廣告訴求

◆裝潢、設備好、獨立空間

◆價錢費用

◆服務

◆其他

當初花了一整晚進行到此，再把競爭者一一比對上去，發覺各因素都已被各競爭者佔據，實在找不到空間（市場機會），心想，沒做真正的調查研究確實不行，還是先睡覺再說。

第二天早上，陽光灑進筆者的窗前，腦中突然想到曾經看過一本諾貝爾文學獎名著——《羅馬帝國淪亡錄》——裡面描述當時的羅馬貴族是怎麼過日子的：不睡到日上三竿是不起床的；眼睛張開後奴隸就把早午餐端到床前，貴族就躺在床上用餐；吃飽後去泡個澡，有香精、花瓣為伍；然後貴族躺在床上，奴隸幫她/他做按摩，直到貴族流一身汗，覺得今天運動夠了，再去泡個溫泉水療，留下奴隸氣喘噓噓……。貴族呢？舒服夠了，穿上華服、噴些香水、帶個頭冠、裝飾一下，參加宴會去了。這就是當時羅馬貴族過的日子。

靈光一閃。昨晚的因素分析還沒做完。重新檢視上述的新變數，發現可以再次縮減變數數目。為何？

－因為不論是瘦身、塑身、全身或局部，都表示「結果」——要得到消費者認為瘦的結果。

－至於美不美麗？各自認定。只要她認為瘦就是美了就行；

－健不健康？有個另外的市場——運動健康世界，不是同一競爭群；

－裝潢設備？因為大家的裝潢都不錯，突顯不出差異；

－價錢？大家都採會員制，單次療程都不會太貴，去多了當然貴，但只要常去，多少可以達到瘦的效果；

－服務呢？會有差異，但不去不知道！

「結果導向」這個觀點既然出現，表示因素可以這麼改。

（5）利用轉軸觀念找出真正因素

◆結果導向訴求——要你瘦

◆廣告吸引我

◆裝潢、設備好、獨立空間

◆價錢費用

◆服務

◆其他

並且大膽假設，消費者還是以結果做最大選擇依據，其次是廣告訴求。並認定這兩項足以構成消費者將近八成的選擇依據。

（6）將因素予以命名

◆因素1：結果導向（瘦的結果）

◆因素2：廣告（訴求、廣告量）

（7）市場區隔圖

將因素1、2，當成市場區隔變數，可以得出瘦身美容業的市場區隔圖。如圖4.11。

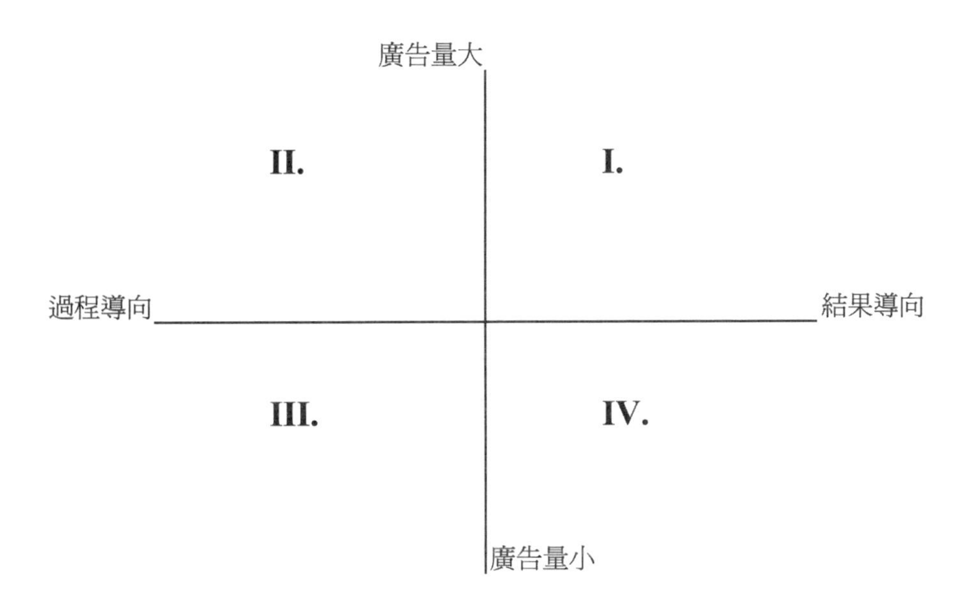

圖4.11　瘦身美容業之市場區隔圖

（8）品牌定位

圖4.11代表何意？所有業者，不論有無做電視廣告、連鎖加盟的，都在象限I、IV裡面。但極可能有另外的一塊空間存在——「過程導向」——就是Spa。何謂Spa？一定有消費者不喜歡瘦身業者把女性給「物化」，好像雕塑身體都是給男人看的。但假設一定有另外一群女性，因為工作壓力，希望能短暫放鬆，犒賞自己，做一次貴婦，享受被呵護的感覺，而且是身、心、靈的呵護。去一個讓她能享受一下午的地方，可以做做運動、水療、做放鬆按摩、保養肌膚；做完後來一杯花茶、一份低脂簡餐、看看書報雜誌，或乾脆躺在陽光屋內，什麼都不做，就是要放鬆。這種服務、這種體驗，就是Spa。只有把自己定位得跟大家都不相同，品牌風格就能清楚呈現，接下來要做的就是打造品牌工程。

（9）品牌工程計畫

定位成Spa 後（其實客戶也就是登琪爾已經採此路線，只是做得不徹底），那該做哪些事才能貫徹？這也是行銷研究的最重要部分：不要只研究後就束之高閣。

對於客戶原本的新路線：Spa，我們完全認可，但提出相應的許多後續動作讓登琪爾Spa成為此業的第一品牌。我們對客戶提出我們的主張：

（1）Spa市場現在雖小，但只要努力耕耘，這塊市場的成果一定屬於客戶。

（2）實際做法不只是走平面廣告講Spa，還應該做一系列的配套措施：

- 設計全新一套CIS，尤其是「Spa」這個圖像要設計得有自己風格。
- 全省各直營加盟店的招牌都應改換成「登琪爾Spa」。
- 所有對外溝通媒介都要有標準Spa版本。
- 大力加強公關活動，與報紙記者、雜誌編輯密集溝通─傳遞Spa的理念、散播Spa的風潮。當然，一切推動都來自登琪爾。
- 辦份會員刊物，加強與會員聯繫。
- 推動成立Spa協會，登琪爾為發起人。
- 拍一支廣告片，走電視廣告，但只走有線不走無線，有線也只鎖定特定幾個頻道、節目。
- 鎖定幾本國際版女性刊物，每期定期出現。

針對上述主張，客戶可說完全接受。之後就是現在所看到的，登琪爾可說是台灣Spa的創始先鋒，而且是理念先驅，完全達到原始的定位目標。

九 網路調查

由於網路越發普及，上網人口眾多且即時回應迅速，遂有越來越多的網路調查。其實只要對本章前面所提的內容理解，就應該知道網路調查有先天上的誤差存在，不能當真。可惜的是，媒體界對網路調查的重視與不理解基本調研的原理，通常只為了題目的聳動與有話題性，甚或根本就是偷懶不去了解這些道理，於是網路調查的結果就被誇大地應用與討論。從事網路產業的行銷人可千萬不要犯了這個會令人噴飯的錯誤才是。

有了這些了解，我們可以換個角度談一個有建設性的網路調查運用，姑且叫「網路發樣試用」（Internet Sampling）。

網路發樣試用

從事行銷工作的人都知道，發樣（Sampling）是基本又基本的消費者調查與產品初進入市場做試用所必做的基本工作。而在過去，找人發樣倒還不難，難的是想知道拿到樣品的人是否真的有使用？使用結果如何？有何評價？跟目前他使用的類似產品有何比較？他會去買來用用看嗎？這些問題都是決定產品成敗非常重要的資訊，但在過去要不就無法得知，要不得花高昂的費用才能得知。但這層障礙有個突破的案例如下。

有家日本網路公司專門針對企業提供「發樣調查」服務。他們以企業為服務對象，企業會員凡有新品準備推出市場，就透過這家發樣公司。發樣公司有什麼呢？它們累積非常多的網路個人會員，依照屬性，可以區分出哪些個人會員是這產品的潛在客戶，他們就把樣品送給這群準消費者請他們試用，再利用網路調查的快速與便利性，及費用低廉的優點，進行網路調查評比。調查結果很快就能出來，再回饋給企業客戶，完成樣品的試用調查。企業會員加入要出錢，個人會員加入可以有免費樣品又能累積點數（參加調查就有點數）可換獎品。這種利用網路的特色而改良的網路市調的點子還真是不賴，提供給讀者參考。

第05章

推廣總論

- 如何尋找有效之推廣促銷方案？
- 通路促銷
- 消費者促銷
- 廣告促銷的實施與產品生命週期
- 直效行銷
- 公關活動
- 活動
- 【後記：義美食品——昨是而今非】

通路促銷、消費者促銷、直效行銷、公關活動以及其他各式各樣的活動（如贊助、參展、說明會、經銷商大會等等）都歸到本章「推廣總論」做一綜合介紹。企業往往花了大量的時間在創意的發想、外部合作單位提案、內部討論，還要與通路商斡旋，但討論到最後，又常常是以降價、贈品、摸彩等來執行。

為了要想吸引人潮、吸引目標消費群的注意，所以就要拼命想出個好點子、有創意、有特色，如此才會有人氣。於是就看到，只要辦電玩大展、資訊月活動，找AV女優來到現場助陣肯定人潮最多。化妝保養品廠商業績最嚇人的日子就是百貨公司辦週年慶全場商品一律八、九折的時候。再不然，拿張紙、帶支筆去量販店走一遭，抄個10個、8個促銷活動回來更是輕而易舉，每季玩一個活動就可連玩兩年。可是這麼一來，利潤只會不斷往下滑，品牌資產更是無法累積；原先的也很快就被消耗殆盡。

企業經營往往不是被競爭對手打敗，而多半是消費者不喜歡你或是被自己打敗。被自己打敗最常發生 在企業面對各種危機處理時的反應，尤其這種危機又是自己造成的。大陸的三聚氰胺、台灣的塑化劑不就是最好的例子。而有些企業沒出事就風光受訪還調侃他人，等到自己出事，只見逃的逃（不出面）、推的推（屬下做的），偏偏媒體習慣了歌功頌德，該扮演正義角色時反而一溜煙地不見蹤影，可見企業的公關平常確實有在做，而這也是筆者把兩份雜誌退訂的原因。

一　如何尋找有效之推廣促銷方案？

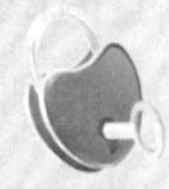

在構思任何一個推廣及促銷方案時，應先思考企業做這活動的價值鏈是如何組成的。它至少包括三個不同單位各自的價值鏈：廠商自己的一段、通路一段，再來就是目標消費者那一段。若是從價值活動下手，很容易就能釐清現階段「缺」的是什麼；如何「補足」那一缺口肯定就是最佳的促銷點子。思考的突破口可以從以下幾個方向來找：

1. 從價值活動之互補著手

舉即溶咖啡為例。東方人喝咖啡多半要加糖及奶精（奶油球），也必須用杯子、小湯匙。所以我們就經常看到各品牌的即溶咖啡以送贈品的型式做促銷主題，如送奶精、送咖啡杯、送小湯匙。其中以買咖啡送奶精的效果最好。主要原因就是看到消費者如何「使用」咖啡這項產品。因為一旦買了咖啡，消費者的腦中會立刻蹦出家裡還缺什麼來搭配飲用咖啡。是缺熱水？奶精？糖？還是杯盤湯匙等器具？第一個跳出來的非奶精莫屬。這就補足了消費者（使用產品）的價值鏈。我們也可以設想，如果辦這樣的促銷活動（咖啡＋奶精的收縮膜包裝），在零售通路上，除了正常的貨架陳列，還有什麼地方可以做第二或第三陳列以吸引消費者注意？這就要從咖啡的購買者來想。一般家庭的即溶咖啡以女性購買者居多，所以零售通路就可以思考女性（家庭主婦）在超市或量販店的購物習慣（購買的價值鏈）——她們幾乎都會去生鮮食品區。那如果在這區域做個咖啡＋奶精的樓地陳列，是不是較有機會吸引她們的目光？

2. 從創造價值活動之額外價值著手

額外價值的意思是指原本沒有，不論是通路或消費者原先都沒有，但因為你（廠商）的加入或提供（產品價值）使得兩者或其一因而產生了某些價值，那這樣的活動就至少能得到一方的支持，因為你給他們「加持」了。

麥當勞曾經辦過的Hello Kitty贈品活動就是所謂的額外價值。吃漢堡本來也不期望什麼，但再花個小錢就能得到外面買不到的Hello Kitty對偶，對消費者而言就是增加漢堡之外的額外價值，使得原本無特殊價值的「商品」一夕之間產生了價值，而得到消費者的青睞。

3. 從彌補價值活動之缺口著手

彌補價值活動之缺口，比價值活動之互補要更進一步，有了它，不止有互補功用，甚至於開創、打造一個過去憑己之力無法做到的境界。宜蘭縣過去舉辦過那麼多的活動，像是童玩節、冬山河划船、親水公園、民俗公園等等，其實都是宜蘭當地現有資源，但過去單獨舉辦活動，人單力孤力有未逮，直到由縣政府出面整合這些資源再對外宣傳，就比同樣有類似資源的縣市更早獲得社會大眾的認識與參與，知名度與偏好度就使宜蘭縣更加具有特色。歸根究底，還是歸功於宜蘭縣政府團隊幫助大家、整合大家，彌補了各鄉鎮、當地店家與個人藝術表演團體缺少的那一環。

台灣各地方近年來都一窩蜂地舉辦活動來創造全縣、全市普天同慶、歡欣鼓舞的氛圍，而沒有從整體環境、配套措施以及價值鏈的擴張來思考。短期有效益，但活動一結束就曲終人散，然後隔年再辦一次，然後又是重炒話題、舊瓶舊酒，想成為長銷活動也就成了奢想。

4. 從開創價值活動之競爭優勢著手

如果舉辦某種活動（或促銷手法）能開創原先價值鏈之競爭優勢，尤指長期，那此類活動肯定值得舉辦。

Nike大家都知道是銷售運動鞋、運動用品的跨國企業。過去幾年台灣Nike公司大力支持舉辦高中籃球聯賽，可說是深耕基層（高中生），並透過籃球運動項目結合Nike當年（及現在）贊助過那麼多NBA籃球明星（尤以喬丹赫赫有名）推廣其籃球鞋，無疑對Nike整個品牌（不只是籃球鞋）及旗下系列商品，更加強化其競爭優勢。

在此舉一個絕佳案例做上述綜合說明[1]。

「寶僑P&G在美國曾推出過一個方案。他們在電視聯播網中推出一項廣告行動，針對Crest牙膏提供退款保證。廣告刊登了免付費電話，以讓消費者查詢進一步資訊。

活動參與者會收到寶僑寄來的說明文件及一張登記卡。為了註冊登記，參加者必須去找牙醫師檢查其牙齒狀況，牙醫師填寫完登記卡後，參加者要將該卡交給寶僑。在接下來六個月，參加者則必須使用Crest牙膏。

在加入五個月後，寶僑會寄出提醒函，以提醒參加者再次去看牙醫。醫師檢查後，會在提醒卡上加註證明。如果參加者或是其父母認為Crest牙膏的功效並不如廣告所言，那麼寶僑會在參加者提出購買Crest的證明之後，退回全部貨款，最高可達15美元。」

從這短短271字的直效行銷方案中，可以學到12點做為所有促銷方案參考，這12點是：

（1）電視廣告

（2）退款保證

（3）免付費電話

註

1.「行銷評言」，陳虹妙譯，遠擎管理顧問公司，2001年5月初版。（PP.233－234）

（4）說明文件

（5）登記卡

（6）牙醫

（7）（登記卡）交給P&G

（8）6個月期間

（9）提醒函

（10）父母

（11）購買證明

（12）15美元

這12點如何解讀？跟前段敘述有何連貫？

按照前述，P&G這項活動可看成是一連串價值活動的組合。包括廠商（P&G）的價值鏈以及通路（牙醫診所）及消費者（顧客，父母、孩子）的價值鏈，如圖5.1。

圖5.1　牙膏促銷活動價值鏈之整合

假設自己是負責這項產品的產品經理，如何才能規劃出長期、有效，並能建立競爭優勢的促銷活動？

先從消費者下手。因為顧客中可能會有兒童參加，所以要想到顧客層會有購買決策與使用者這兩類。如果要想使兒童這群參與活動的使用者（或說原本就想吸引兒童）能每天按時用Crest牙膏刷牙，那就要把父母這群購買者（關心子女牙齒健康的不二人選）拉進來監督孩子使用。

活動期間持續六個月，是因為牙膏這產品有口味的偏好性，同時也是為了要養成熟悉口味的習慣，所以要有六個月的使用期間。（至於是否要證明它有效，而必須要有六個月時間看出成效，可能也是原因之一。）

為了讓顧客安心購買，只要提出購買證明就可以退款能取得顧客對牙膏廠商的信任。但又擔心失去控制，所以每人最多只能退15美元以控制損失並安排預算。

再來看通路。如果只是單純地做降價或贈品式的促銷活動可能也會有一陣買氣，但後續就無法確保買回去的使用情形也無法形成口味適應期！這種活動固然透過傳統通路就能執行，但P&G自己也不會有什麼特色足以跟競爭對手有所區別。於是P&G想到另一通路——牙醫（診所）。

找牙醫進來，藉由提供對手沒有的看診服務當然更能吸引消費者。而在這段期間藉由牙醫的參與，父母會更仔細認真地督促子女刷牙，也是確保牙膏的效果有機會被消費者完全體驗。那牙醫為何要與P&G 玩這場遊戲？因為牙醫既是通路，而通路永遠都需要「來客」。叫各牙醫診所自己舉辦類似活動他們做不到也不經濟；但經由像P&G這樣的知名公司整合各個診所，無疑就是幫了各牙醫帶來生意，日後這些買牙膏的人、來看牙醫的人就是最佳長期病人（顧客），這不是幫助各牙醫彌補其自身價值活動的缺口（牙醫診所無力做促銷活動）、又互相幫助創造牙醫診所與P&G的競爭優勢嗎？不但如此，P&G既與各牙醫合作了，就可以請牙醫趁著看診時蒐集這些病人的資料（登記卡）供後續追縱、聯絡用，又可以商請在診所擺設Crest牙膏的POP及產品，也同時對牙醫其他的（非本次活動吸引來的）病人做做廣告，不是一舉數得？

現在回頭來看P&G自己。要使活動有效，需要消費者參與，所以先使用電視廣告告知，再加上增加信心的退款保證；怕大家不知道活動細節（畢竟有點複雜）於是開設免付費電話供大家來電查詢；不但如此，還加大力度印製說明文件給顧客告知許多細節（相信一定會說刷牙要養成習慣啦、每日三次啦、每次至少三分鐘，以及其它牙齒保健資訊等等）。登記卡交還P&G可做顧客追蹤，寄張提醒函給顧客提醒他們不要忘記去複診。試問，有哪家賣牙膏牙刷衛生紙肥皂的企業會做到那麼貼心的顧客關係管理？

看看別人，想想自己。下次不論規劃哪一類的促銷活動之前，先不要急著想「創意」，還是回到本書第一章所建議的，只要想通了策略議題，其餘的就只是方法而已。

二 通路促銷

凡是針對銷售通路各環節的單位及人員所做的促銷活動，像是各級批發商、零售商及自己公司的業務團隊等，都歸屬於通路促銷活動。

1. 通路促銷目的

當要做任何形式的通路促銷活動時，一定不脫離以下四大類目的：

(1) 守住底線

對廠商而言的底線，不外是零售價格、貨架位置及更多鋪貨點。

◆零售價格

通常在推新產品時，廠商初期的零售定價也隱含著留待市場測試及保留點空間待日後由零售點通路予以稍微調降。因為對市場的接受不是很篤定，況且價格與對手相比差個幾塊錢，真要說會影響多少銷路也實在很難講，但萬一往低價位設定，日後損失的利潤可是永遠的，累積起來也是一大筆數字，想要調回來那可是困難重重。訂得稍微高一點，也有另一層目的是逼著零售商自行往下調一點，正好中了廠商下懷（目的在此），因為現在零售商要的毛利都是以零售價的百分比計算，而且動輒就要25%～30%，這對廠商來說是毫無商量餘地的。所以在決定零售價位時，本來心中盤算就是要賣185，但在報給通路時卻報價190。等到報進去後，通路看這個商品剛上市，若也有相當的廣告促銷在做，通常會看到他們自行往下調價。譬如表5.1。

	原 定	策略性	差 距	調價	差距
零售價	185	190	5	185	-5
零售毛利率	25%	25%		23%	-2%
零售毛利	46.3	47.5	1.3	42.5	-5
零售商進價	138.8	142.5	3.8	142.5	0
公司出廠價	138.8	142.5	3.8	142.5	0

表5.1 定價玄機

在表5.1，廠商本來心中的零售價位就是185，這時廠商淨收入為138.8（公司出廠價）。當以190報進通路後，廠商淨收入為142.5，比原先的多出3.8，廠商並不認為這是他僥倖多賺的，因為他也知道185會比較好賣。當零售商企圖自行以185作定價時，零售利潤會少5元。一方面零售商知道這是他們自己的決定，但另一方面則多由廠商給點數量折扣做上市前三個月的通路促銷活動，如買一箱（24罐）送2（只算22罐的錢）等等，這就是廠商把手中多出來的利潤以促銷方式回饋給零售商（或中間的批發商，但批發商會不會回饋給零售商則是一大疑問！這也是許多廠商辦活動時往往以為東西送出去了，但為何通路沒動靜？因為被中間批發商給吃掉了。）但廠商卻保住了價格防線。

◆爭取貨架位置

包括取得最佳陳列位置及保有陳列位置。一般的超市貨架有六～八層，量販店的貨架則更高些。而以超市的貨架為例，由上往下數的第二、三層正好約為一般與成人眼睛平行的高度，也就是最佳陳列區。在一長條貨架的兩端也都會有一較窄但也較獨立的陳列面。通常能擺放在這些位置的商品也都是主流商品。如非主流商品，想放在這些位置上可就要花點代價——給零售通路一點誘因，甚至貨架兩端的「終端陳列面」要付租金才搶得到。（終端陳列面付點租金倒也值得。因為這塊位置寬約120公分左右，可以將公司品牌全系列產品做一完整展示，上面還可以放張海報板，把品牌做個領土宣示。）如果產品銷售不佳或有下架之虞，要想全力挽回只有想辦法多待在架上一段時間，看看是否有轉機。這個轉機的代價通常就要靠通路促銷。

◆取得更多鋪貨點

新產品上市希望某一連鎖系統能每家都進貨或儘量多爭取普及率，往往用數量折扣的方式交換。要想鋪得更多，不論是鋪貨點或鋪貨量，大概都不會太難；怕的是花錢鋪貨，但卻沒週轉，到時被退回來還要自己處理可就是雙重損失了。

（2）取得進貨量

凡是想到要衝業績，不論誰主動（廠商或通路），大概都可見到標準三動作：多進貨、降點價、多陳列。

◆降價

廠商為了達到銷量目的會主動與通路辦促銷活動，這時一定會看到在促銷活動期間商品做一降價動作，這價格的差額也是由廠商吸收。也有時是由通路主動提出，配合其重大活動（如週年慶、促銷週）就廣邀各品牌做全面降價式促銷或重點品類降價促銷，這時的差價可能就由雙方議定各負擔某比例。舉辦這種降價式促銷活動一定是短期的，而且也一定會有陳列動作配合。

◆陳列

因為希望能衝銷量，最簡單的手法當然非降價莫屬，但在賣場上也一定要有陳列配合措施，不然銷貨效益會被打折。配合降價促銷，除了正常貨架有訊息告知外，也一定會有額外的第二甚至第三陳列區做陳列展示，如入口處、生鮮區，或是貨架終端兩側等，目的就是儘量吸引購物人群的目光。

（3）對抗競爭

當對手在做促銷活動或對手推出新產品時，要給予致命一擊的最簡單方式就是立刻在通路上，尤其是在零售點，做一反制式促銷活動。

◆使對手之促銷影響力失效

不論對手是做降價或陳列甚至消費者促銷類活動，如果及早獲知這訊息，又不想讓其成功，最快也最易執行的反制動作就是立刻與通路協商一個促銷活動，並且通常以降價方式更顯效果。因為消費者絕大多數只會買一個牌子的商品，今天看到A牌在做贈品活動，旁邊B牌在做折價活動，這就會使得顧客仔細評估看看是要選擇誰較划算。因為對手不論做何種活動多少會有些效果，如果按兵不動，那這段期間自己的銷量肯定下跌。至於說是不是每一個對手做都要反制？當然不是，這樣跟的結果就是自己全年都在做活動，肯定是吃不消的。做與不做的關鍵應該看：勢均力敵的情勢是否會改變而必須出手？對手辦活動的期間太長以致不能毫無反制？估計的結果我方占有率長期會受影響所以必須有所作為等等。

◆破壞競爭者新品上市

任何新品上市都要經過市場的認識、了解、試用各階段，然後才說這產品能否站穩腳跟。在對手站穩之前，如果已方實力雄厚，可看準對手有何招數，在其剛鋪貨之初就發動反制促銷活動使其效果打折。舉最簡單例子，只要跟賣場做個九折促銷，爭取有兩個額外陳列區並在正常貨架區做樓地陳列，這麼一擺就很容易把對手新品的訊息及陳列面給壓縮，讓其不見天日，使其銷售不佳，對手可能就誤以為市場接受度並不如預期等等而做出錯誤結論。

（4）得更多的消費者試用或再次購買

產品上市初期大部分都要先爭取讓消費者大量試用（試吃、試飲等），等使用後覺得不錯再首次購買，這時除了辦試用活動外，也會搭配通路促銷活動以取得商品在此階段能被消費者接觸及方便購買。幾個常見的操作方式有：

◆在通路賣場上做廣告

各大小賣場都有許多傳統及現代的媒體工具供各廠商提供廣告。從貨架POP、各形式海報、樓地板的商品商標貼圖；現場牆面壓克力招牌、燈箱及電視牆、電扶梯口LCD螢幕；在收銀機旁有TFT——LCD式的電視廣告不斷播放著各商品活動及促銷訊息。

◆聯合促銷

有時零售賣場會自行做組合搭配，把任兩類商品做聯合促銷，如買A送B、買C再加5元送D或任選兩樣一律99元等等。

◆做大規模陳列

這種型態非常普遍，因為陳列就是佔領賣場空間，陳列就能獲取顧客眼光；有空間就能把對手比下去；只要把顧客眼光佔領就能有機會讓他掏錢購買。（關於陳列議題，在第八章「通路行銷2.0」有進一步說明。）

2. 通路促銷規劃步驟

因為通路促銷的目的都很明確，方式也不宜複雜，不然通路配合上會不好操作，並且也要將促銷方案提給通路（經銷商及零售點），故在規劃上應力求簡單明瞭好操作。比較好的步驟應該是：

（1）擬出促銷概要

先把要做何種促銷方案一語點出，它是針對何種目的、何種對象而規劃的也要說明。

（2）取得主管同意

方案綱要出來，可先找主管溝通。由於目標、對象及方式明確，很快就能讓主管了解你的思路，只要大方向沒問題，就可往下繼續。

（3）預估銷量

請預估此方案在活動期間大約會有多少「額外銷量」，並且要與去年同期做比較，看增長幅度若干。

（4）提出促銷比重

不論是數量或金錢上的促銷手法，都換算成金額，並且以全部銷量（在活動期間）為準（也是以金額表示）看佔銷售比例若干。一般來說，3～5%之內的促銷比重是很正常的，如果超過5%，就要多多評估看是否值得。

（5）估計其他費用

因為是通路促銷，所以其他費用應該不多。如果是廣告類，可能會歸屬到廣告預算；但不論是哪種費用，都要一一列舉。

（6）摘要

這是指就本活動的執行做一條列式說明。如活動主題、活動期間、促銷方式、進貨日期、進貨量（銷量）、額外陳列、POP 配合等執行細節供通路考量是否配合此方案。

三 消費者促銷

只要目標對象是鎖定消費者所辦的任何活動，都歸屬於消費者促銷類。這裡所謂的消費者包含最終使用者（大陸稱為終端）、購買者與決策者。因為真正做成交易還是要使用的人或買的人買了才算數，所以一個企業的總體促銷預算中，如果通路促銷預算高於消費者促銷預算，往往是因為這家企業的通路結構完全仰仗他的代理經銷體系，自己沒有銷售隊伍也沒法掌握零售端，不得已只有將希望寄託於通路上。萬一又發生舉辦活動的目的失去焦點，資源錯置，如上段所說明的通路促銷目標與方式不符，浪費的情形比比皆是。

1. 消費者促銷目的

消費者促銷的使用比通路促銷會更符合企業品牌（產品）的整體行銷目標。只要能清楚認定產品是處於行銷（經營）上的哪個階段，該用什麼方法可說是呼之欲出。

（1）品牌奠基三階段

任何產品從站穩腳跟到揚名立萬，必歷經三個階段：試用或初次購買（Trial）、重覆購買（Repeat）、忠誠購買（Royal）。

◆試用

新產品或新服務推出，除了用廣告建立知名度外，就是要想辦法建立一批又一批的試用者（或初次購買者）。廣告當然也會帶來初次體驗，但從消費者促銷來說，這個階段攸關商品未來的生死，一切促銷活動出發點如不能建立試用群而是用其它促銷手法，那就會發生消費者根本還不認識你（的產品）那他怎麼會來購買呢？譬如一個商品，一上市為了想打開銷路，就拚命苦思是要用送贈品的方式呢還是買二送一？兩個都不對，並且錯的離譜。試問，這個商品，消費者連用都沒用過，怎麼會為了一個小贈品而隨便買來試？尤其是吃的或跟人體會有密切接觸的清潔護理用品（像是隱形眼鏡保養液），冒的風險可大了。買二送一也一樣，從沒用過的商品一下買那麼多，萬一不喜歡不是更浪費？

因此，發樣品活動就是最適合新產品的促銷手法。許多日用品做小包試用包在街上發或塞信箱、超市常見的試吃活動、飲料業者就直接送你一罐，以及賣汽車的就一定會讓你試開、賣房子的就要弄個樣品屋等，都是要讓你體驗。其實要賣房子最可試試這招：「試住」。業者把房子通通裝潢好並且附上全套家具包括廚房衛浴設備，要買房子的顧客只要拎個行李箱就能進住。這樣住下來，只要一個月，肯定他捨不得搬。

除了實體產品，服務業也是同樣道理。健身中心、俱樂部、美容業、SPA，凡是需要消費者長期光顧的，試做一次、免費體驗一次，肯定是最好的促銷手法。即使沒那麼多錢做廣告或經常辦這些活動，透過現有顧客去招募新顧客或新會員，也利用這個觀念送老顧客的朋友一些體驗券，就是希望透過他們之口、之手邀來他們的親朋好友讓他們免費體驗一次，等他們上勾後再想辦法讓他們成為忠實顧客。

如果不做發樣活動或是直接靠廣告就想銷售，那初次購買階段務必要記住兩個原則：單價低、包裝小。這其實主要是想減輕消費者購買疑慮，在他試過產品後能萌生意願去買來試試看，所以先推出中小型包裝可以讓他首次購買不會有太大壓力。

◆重覆購買

不論是藉助廣告或發樣做第一波的促銷，下一步必須趕快跟進的就是讓試過的人真正購買。剛才提到減輕初次購買疑慮可以從低單價和小包裝來測試。如果要以消費者促銷來執行，可用誘因的方式來做，如送個相配套的物品（買廚房紙巾送壁架、買洗髮精送小罐潤髮乳）或是一些採取人員銷售類的商品常可聽到「感謝你購買」或「感謝您幫我做了業績」就給你九折，其實九折本來就是業者打算給的，目的就是施予小惠給消費者加深購買意願的臨門一腳。

因為不同商品有不同的使用周期，在初次體驗的試用或初次購買階段與下一步的重覆購買階段時間差不同，故接連兩波的手法也會不同。

我們先來看消費品。不論吃、喝、用，大量發樣取得試用之後，因為很快就「使用」完畢，所以發樣活動一結束可以很快的「感受到」銷售反應。如果資源充沛，可以在發樣後緊接一波刺激購買動作或算算初次購買後大約過多久會用完而需要買下一次（嬰兒紙尿褲、濕巾、隱形眼鏡保養液）。在第一波新品包裝裡附上一張折價券或贈品券等等，讓先買的人得到一項誘因促使他不要再改換品牌而接著購買，以期慢慢養成品牌忠誠。所以，這兩個波段可以做細膩規劃，算好時間、用不同手法，只求試用＋（再次）購買＋重覆購買能一氣呵成。

如果是使用周期長的商品，像家電電子產品（3C產品）及耐久性消費財如汽車等，可能首次使用也無法藉發樣來完成而必須一出手就用促銷手段。可是等到你下次要舊換新或添購第二台（部）的時候，離你上次購買可能隔大半年以上或好幾年，這段期間各廠牌可能又有許多新品上市、新功能、新款等等，所以你又會面臨「試用」的比較。而這類商品，因為第一次購買時所仰仗決策的多不是親身體驗而是廣告、促銷及口碑等，但你總會發覺某些不好用的地方（因為沒有一個產品是完美的），甚至你腦中只記得手上用的哪裡不好，於是就去打聽其他牌子是否可以改善這項困擾而想去更換品牌！碰上這種情況，品質是否經得起考驗、口碑是否建立、品牌是否持續在累積其品牌權益，可能都遠勝於促銷活動。

◆忠誠購買

一旦試用滿意，購買後也滿意，品牌忠誠慢慢就建立起來。對於穩定的品牌消費群所適合的消費者促銷活動不外是感謝他們長期惠顧舉辦個回饋型活動讓他們更加忠誠，或是要在短期內衝個量上來讓顧客一次購買好幾次的用量（當然也有讓顧客把某類商品的荷包額度一次用在你的品牌身上不再去買其它同類商品）。這階段的活動多以「多買多划算」的思考來策劃活動內容，如加量不加價，買大送小、買二送一等等。

對擁有一群忠實消費群的品牌來說，做太多、太密集或高誘因的促銷活動是完全沒必要的。因為這群人已經持續使用你的產品一段很長的時間了，讓其永不變心的關鍵，小部分也許可以用個促銷做為感謝表示，但大部分應該是做累積品牌資產的動作以加深其信心並讓他們從內心發出「我是這個品牌的消費者，我用它感覺到與有榮焉。」

（2）重新定位

對過去擁有一定基礎的品牌，經過時光推移與市場變化，而改變其內容或外貌，再次進入市場，謂之「重定位」。對那些一推出市場就慘遭敗筆而想用變臉之技重出江湖者，一般不屬於重定位之列。重定位的商品，首要考慮的就是如何向目標對象溝通？如何讓這群老（以及新）顧客知道本品牌還有新意，並且趕快讓大家親身體驗。有效方法除了廣告告知外，想個有效的消費者促銷活動當更為優先。至於促銷手法，應針對老顧客及新顧客而有所不同：

◆老顧客

對老顧客，優先考慮的方式是「喚起記憶」。在流行音樂界，過去消費方式是用唱片及錄音帶，但使用久了音質會慢慢變差。CD的出現，憑其音質好、體積小再加上永不失真的優點，沒多久就把傳統唱片給橫掃出局。但CD的出現普及約在上世紀八〇年代尾聲，而之前的音樂都還是傳統膠片；如何讓這些一大群、有購買力的老顧客們能繼續成為流行音樂市場的消費者？那就是——老歌新裝／粧。把流行音樂史上各個年代的有名歌曲都改用CD唱片重新推出，既可賣老樂迷又能賣新人類。對老樂迷來說，最好的推廣手法就是讓他們知道那快消失的音樂如今又重新推出，所以把這些名曲用播放的方式讓他們重新聽到，自然而然會在他們心中喚起無窮的回憶。

◆新顧客

既是新顧客，不論多有名氣的商品最好還是乖乖地按照品牌奠基三階段從基礎做起最為妥當。

（3）對抗競爭

消費者促銷活動也可用來做為對抗競爭對手的有效方式，思考的重點應放在如何轉換品牌及讓消費者把購買某一品類的預算額度全都用在這上面。

◆轉換品牌

不論是何種原因，市面上很多人現在就是沒用到你的商品。他們之所以沒用實在就是沒機會遇到。想通這個道理，再構思如何能叫消費者轉換品牌上，就能從「試用」這點深入思考。

之前曾見過一牙刷廠商辦過一個活動，任何人只要拿舊的牙刷去，都可換一支新牙刷；EPSON印表機也辦過拿任何品牌的舊印表機都可折價若干換購一台新的EPSON印表機。這種促銷手法就是針對市場上的競爭品做直接對抗，讓他們原先的消費群能轉換過來試試本公司的商品。像這種轉換品牌的方式還是對有形的對手做的。

那麼新產品，面對無形的競爭者又該如何運用？舒潔是台灣家用紙業中首先推出廚房紙巾的。由於一般家庭幾乎都用抹布在廚房抹抹擦擦，廚房紙巾基本上就是想取代抹布。為了讓家庭主婦知道廚紙是取代抹布的新產品，也為了讓潛在消費者能有機會用用看，舒潔就與超市合作，舉辦

「拿抹布換廚紙」活動，只要你拿家中任何一塊抹布去附近超市，都能換一捲廚房紙巾。（當時為避免有人聰明的很，把抹布由大化小做成多塊，於是限定每人限換一捲。）

要想讓消費者轉換品牌，恐怕多少都要付些代價，不然他們原本使用得好好的為何要換牌子呢？但即便是要花些許費用，也要要求這些轉換成本一定要建立在發生具體轉換的動作上才值得。

◆用光額度

消費者對某些品類的使用上常是二到三個不同的產品或品牌同時使用，像洗髮精、沐浴乳、零食、飲料。雖然消費者會同時使用並購買好幾個商品，但他們在這類品項上預定消費的額度還是有個限度，譬如一般家庭購買的洗髮精可能以二～三罐交替使用最常見。像這幾類商品，消費者同時購買不同品牌，若某品牌想從競爭對手搶走顧客，辦個消費者促銷活動（誘因式的）在短期內都會奏效。可惜好景不長。也正因為這幾類商品本質上就不容易讓消費者集一身寵愛，消費者也很想經常嚐試新產品或換口味（偏好），所以遇到一個廠商舉辦個買二送一活動，消費者很容易就會被吸引過去，但活動結束，贈品也送了，等到一用完這次買的促銷包，他卻又回頭買先前用的品牌！這種情景倒也很有點「攪局式創新」的味道，所以在使用時，如果沒把握消費者會因此而永久（或維持一長時間）轉換品牌，就會發生廠商最不願見到的「自己花錢買占有率」現象。

（4）鼓勵消費

在市場上每天看到的各式各樣消費者促銷活動中，可能有一半都屬於「買越多越划算」這類鼓勵性消費活動。這種活動之所以經常見到，有幾個企業經營上的根本原因：

◆變相降價

因為直接降價損失更大，且一降價之後就拉不回來！但業者也知道降價是最實惠，考量之後，就做個數量折扣型的促銷活動。

◆執行容易

好活動不好定義。是效果好呢還是創新好？效果好又分短中長期來看，誰會算得那麼精準？所以如果真要從諸多活動中選一個，容易執行的多半雀屏中選。業者舉辦這類活動不太花腦筋，用收縮膜一包就好；溝通容易，一講，通路各階層一聽就懂；效果好算，大家把活動方式一傳達，各客戶、各業務人員能夠消化多少很快就估出來；費用單純，就只有贈品費加上包裝廠人工物料費，很快就能評估出總費用若干。這麼容易的活動不做，去花時間想創意（有時還要花錢）、做許多道具製作物，可能還要找一大幫人來做（想到找人就頭疼，上哪找呢？誰去找呢？誰想的點子誰去找？那乾脆不辦算了！）何苦呢？

2. 常見之消費者促銷方案

各式各樣的消費者促銷方案其實可簡單分成兩大類。一類是不花腦筋的，一類則是花腦筋的。

所謂不花腦筋的，很簡單，只要選個下午帶支筆、帶張紙，逛一逛量販店、超市，隨手就能抄它個七、八種不同的促銷活動，還有時間喝個下午茶。這些活動想必你也很耳熟，像是：

◆折價、折扣

如原價230，特價199。

◆加量包

原本一罐200公克，做個加大罐250公克，但售價相同。

◆退費優惠

百貨公司最常用這招，買1000送100，送的100元是禮券或折價券，真正目的是讓你再買下去。

◆發送樣品

除了一般消費者樣品發送外，有些高折價品也會善用這招，像香港國際機場，常遇到有促銷人員選擇性地瞄準特定男性及女性送他們一張小包/罐化妝品/香水的兌換券，憑此券可到免稅商店兌換一小份特別製作的樣品包，其實就是發樣活動，但是有選擇性的、有目標針對性的。

◆買2送1（之類的）

◆第二件八折或六折

這類活動在超商系統最常見，因為很適合他們的POS系統。

◆贈品

像一些中高檔女性服飾專賣店或鞋店，經常有的活動就是買衣服（或鞋子）送洋傘。也或許是消費滿5000再加99元就送精美皮包等等。贈品的送法有免費、有定額式，也有加價式等等。重點在商家所送的贈品是否能打動消費者的心，當年麥當勞送Hello Kitty的活動真是個經典啊。

◆抽獎

購物消費可換抽獎券，買越多，抽中的機會越多。抽不中大獎還保證有小獎，反正就是要送你東西就對了。

在考量這些活動之前，有幾個充分條件要留意：

◆通路商與品牌商的立場

做通路的，就是要把賣場搞得熱熱鬧鬧的，所以活動不但不嫌多，還必須每天都要有。但品牌廠商則不同，促銷只能偶而為之，切不可經常舉辦。

◆促銷疲乏症候群

促銷不能常辦，因為消費者也很精，看到一個經常在辦促銷活動的商品，腦中就會留下這個印象：它一定是賣貴了或沒人買，才會經常做促銷。一旦養成習慣，這款商品若沒有促銷就賣不動。

◆消費者也需要驚喜、也欣賞創意

就是因為普普通通的促銷活動太多了，消費者偶一遇到很不一樣、極具創意的活動會產生驚喜的感覺，而深深地被吸引、想參與。多年前讀者文摘辦過一個很複雜、印刷紙張一大堆、步驟繁瑣的郵寄信函活動，讓接到信的人每天都在玩刮刮樂、每天夢想我就是那部克萊斯勒轎車的得主，因為那金鑰匙還製作得真像。可是一波做完，沒一年功夫讀者文摘又來一次。雖然上次是推雜誌訂戶、這次是推套書，但手法、步驟卻是同一套，這就可惜了。

麥可喬丹來台訪問（2004年5月21日），Nike公司號召籃球大帝的子民們趕快去買喬丹商品就有機會被抽中與喬登面對面接觸，這對喬丹迷來說是多大的誘惑啊！（Nike之前全球舉辦喬丹籃球夏令營讓小球迷前往美國跟喬丹學籃球。天啊，多毒啊！為什麼全天下有那麼多孩子呀！如果只有我一個多好呀！）只可惜主辦單位聯繫不知出什麼問題，搞得天怒人怨！

◆品牌權益

最重要的關鍵，還是這句老調：「要維護品牌權益。」這些不花腦筋的活動每季辦一個起碼兩年不必做啥事，輕鬆混過。這麼一來，根本連產品經理都不要請了，只要找個配合廠商，按時配合大小通路來執行就好了。但如此一來，原先的品牌資產就會慢慢被消耗殆盡；而還不算是品牌的，就根本不必傷神再去打造品牌了。

至於花腦筋的促銷活動，一定是很有針對性地對準目標市場顧客做個最能打動他們的活動。這些活動也可能搭配一些贈品或折價券，但這只是其一，真正的精髓還是在活動的創新上，這也就是一開頭所說的，活動要從價值鏈下手。

3. 消費者促銷有效之時機

在下列四種情況下，辦消費者促銷活動多半會見到效果：

（1）產品有明顯可見的重大改進

不論是性能、成分，如真有突破，並比先前產品以及對手產品更顯改善，這時舉辦新上市的促銷活動，讓老顧客、新顧客知道這些訊息，再給予試用或購買誘因，多半會有不錯的效果。

（2）品牌占有率成長中

當市占率持續上揚，趁此時機趁勝追擊肯定是沒錯的。

（3）鋪貨率日趨增加

鋪貨率不斷提升，產品的地理涵蓋區不斷擴大，就會有越來越多的新商圈、新客層會接觸到。同時也正因為賣得不錯才會增加鋪貨，所以趁著擴張的同時，輔以新點開拓式的促銷活動也是必要的。

（4）做為廣告附加活動

這是對原本就有廣大消費群，廣告預算也還多的情況成立。因為目標消費層廣，地理範圍大，既要辦促銷活動就一定是全面的。而為了規模因素，也希望能把量給衝上來，趁著原廣告購買再附加個短秒數的活動告知，那麼活動想要達到人盡皆知的目的肯定就可以做到。

4. 消費者促銷無效之時機

舉辦消費者促銷活動也並非次次奏捷。譬如下列情況。

（1）產品在兩年以上都無顯而易見的改良

這時無論想辦什麼促銷活動都會因為沒有話題（內容）而充滿無力感，於是只有辦個不花腦筋的活動，效果也就不要期望太高。

（2）市場占有率下降

當市占率明顯呈下降趨勢，問題絕不是有沒有做促銷活動，而是來自產品上、通路上、市場區隔、競爭者等各種可能原因。如果根本原因不去探求、不去解決，就妄想以促銷活動來測試有無起色，不論什麼活動只會越辦越糟。

（3）持續做價格上的促銷

接連幾波促銷活動如果都是價格上的，肯定會造成消費者已經認定這商品不值那個價值，或是以後如果沒有做促銷活動（不論是價格上或贈品上）商品就推不動。

（4）被用做防禦目的

競爭對手出了一招，不論是本質上（如新功能、新成分）或表面上（某一促銷手法），都會對自身產品造成壓力。情急之下胡亂也以一促銷方案應付，不是花太大代價就是沒有效果。即便有更好的計畫、更大的優惠，真正有需求的早就已經先買了。還沒買的不是還有庫存就是品牌忠誠度極高，通常不會因廠商略施小惠就移情別戀。

四 廣告促銷的實施與產品生命週期

產品生命週期曲線並非每一行業、每家企業都能輕易繪出，甚至還有學者提過此曲線在多數情況下是不存在的，但其觀念對廣告及促銷活動的實施卻很有幫助。讓我們姑且假設此曲線確實可以描繪，則在生命週期各階段中，何時該用何時不該用廣告、消費者促銷及通路促銷呢？圖5.2是常見的有關產品生命週期曲線的描述，在這把產品從上市到下市，分成進入期、成長期、成熟前期、成熟後期，及衰退期五階段，並延伸出如果重新定位重上市的所謂第二春，對各階段該不該運用廣告及推廣促銷以及運用的主要理由做一討論。

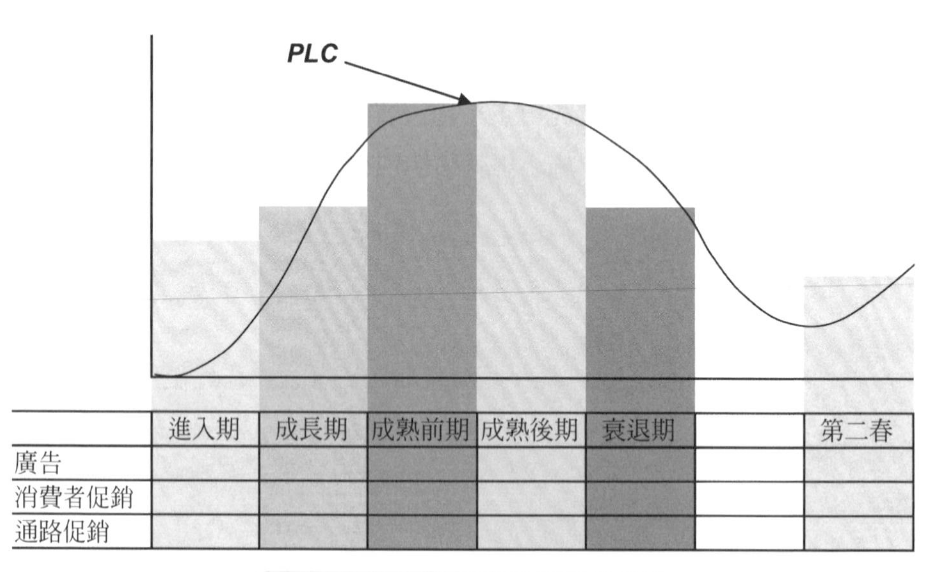

圖5.2 促銷實施與產品生命週期

1. 進入期

如同品牌奠基三階段，剛進入市場的產品首要工作是建立知名度及讓消費者趕快試用，所以廣告和消費者促銷可以也應該採用。至於通路促銷要用的話，也應只是為了幫助產品鋪貨及上架順利，至於其它的目的則最好不要奢求，所以簡單的進貨獎勵或數量折扣就夠了。

2. 成長期

產品上市順利進入成長階段，這時要做的工作，在業務上要擴大鋪貨率，行銷上則增加更多消費者漸次採用。所以廣告及消費者促銷仍維持原先的思路，通路促銷也是繼續擴大鋪貨及佔領更多的貨架面積。

3. 成熟前期

在這把一般的成熟期分為成熟前期與成熟後期兩段。在成熟前期，企業可能發覺到成長率趨緩，該鋪的賣場也差不多都進去了，所以廣告打知名度的功能已基本完成，可以先斟酌削減。消費者促銷已經不是擴大試用，而要朝品牌忠誠邁進。通路促銷則要以儘量站穩貨架空間、儘量多爭取額外陳列為主要目標。

4. 成熟後期

如果市占率已到頂甚至開始下降，企業更要謹慎推廣預算的運用以免得不償失。廣告是肯定可以削減甚至可以完全取消。消費者活動如果要做，可能以擴大消費量的方式操作還有點意義。通路促銷則要以保有陳列面為最高原則，其他方式也會導到維持陳列面占有率為指標。

5. 衰退期

碰到無可挽回的衰退局面，不論是廣告或促銷活動都已無太大幫助，站在能省則省的立場，各項活動都可停止，至於銷路呢？能賣多少是多少，其他則不必強求了。

6. 第二春

如果產品有突破或重新區隔定位的機會，則第二春是可行的。所有的廣告和推廣促銷思路都如同剛進入市場一樣，但廣告的主要訊息應以強調新內容為主而不是打知名度而已。開喜烏龍茶跟小美冰淇淋重出江湖而未能竟功就是犯了這個錯！消費者促銷則要回到讓老顧客、新顧客再次試用產品的新意之處為重點；通路促銷則應該為告知各賣場做新上市的宣示並以促銷預算爭取重回貨架的機會。

五 直效行銷

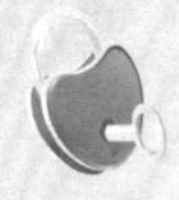

直效行銷就是直接對目標顧客作（一對一的）行銷工作，不論是人對人直接溝通方式，或電話行銷、郵件、以及現正流行的e-mail行銷都可算作是直效行銷。

1. 直效行銷實務

麥斯威爾咖啡是台灣咖啡業界首先推出隨身包（三合一）產品的。因為在家戶市場（In-Home Market，即指一般消費者自用、在家用的消費市場型態）已有不錯成績，遂想進一步開發戶外市場（Away From Home Market，指In-Home以外的消費市場）。當時主要的想法是「深深覺得」一般公司行號都會有訪客，總會給客人倒杯茶水，咖啡當然也是可以提供的另一種選擇，還可以給同事自己喝。可是如果要招待咖啡，怎麼樣才能簡單、方便的提供，又把味道調得剛剛好（起碼不太離譜）？麥斯威爾隨身包應該可以滿足他們的需求。以1990年那時的商業環境，我們也大膽估計潛在市場應該很大。有「那麼好」的市場機會，該怎麼進行呢？原先公司也有一組業務人員，但只單純地賣隨身包，顯然說服力不太夠；再加上潛在客戶其實有很多，光靠幾個人親自拜訪也實在很慢，於是就想到產品經理應該與他們一同合作，策劃一個方案，讓市場能快速有所成績。

（1）直接找到你

哪種客戶最有可能購買隨身包咖啡招待訪客，是決定目標市場的第一步。在大家腦力激盪下列舉了幾個行業別，其中貿易類獲得大家一致同意列為最大優先，依次還有廣告公司、專業性質的事務所如律師及會計師。

知道要找誰後，下一步就是這些公司行號在哪裡？雖然有電話號碼簿，但總不能一家一家抄地址吧！經打聽後，有專門銷售企業名單的公司，其中正好有我們想要的貿易公司類、廣告公司類及各類型事務所。由於當時的業務分配及配送系統只能服務大台北區（台北縣、市及基隆市），故決定以這些地區的公司行號為目標，數量約一萬二千家。

（2）專門為你定製

有了這些公司行號為目標，接著就要問：

◆他們目前是用什麼招待訪客？

可能是茶、白開水，也有可能是咖啡。

◆用咖啡的機會多嗎？

- 請客人喝白開水，太寒酸了些。起碼問一聲「咖啡還是茶？」。
- 台灣一般喝茶是比較多，但用茶葉泡，一是喝起來不方便（有茶屑）；二是都會型公司加上都會型從業人口互相往來，咖啡不會太陌生；兩者考量後，還是很有信心咖啡會有市場的。

◆如果這些公司目前已有咖啡做為招待用，他們是用哪種「形式」的咖啡呢？

- 可能用咖啡壺煮咖啡。但據觀察，一般企業用得不多，而且準備起來慢（要煮個幾分鐘，若遇上人多、量大時則要等更久）。
- 可能用即溶，一罐一罐的，然後加奶精、加糖。這種方法的缺點是拿捏不準該放多少咖啡粉！奶精和糖更是沒把握，所以多半是泡好咖啡再把奶精罐及糖罐（或糖包）在旁伺候好，於是就看到大家往奶精、糖罐去挖，糖粒、粉屑掉滿桌……，事後的清理都是很大的麻煩。

● 也可能現在就採用隨身包。因為它最方便，咖啡、奶精、糖都在裡面。如果嫌配得不好也無傷大雅，客隨主便嘛！

◆這些企業為何要用麥斯威爾的隨身包咖啡呢？

● 一是方便，如上所述。

● 二是便宜。這些公司若是自行去市面上買，平均一包（杯）要6～8元。要是經由我們AFH 這個通路，一包只賣5元，但每次訂購量要600包。

● 三是我們有品牌，拿這來招待客人還可加一句「好東西跟好朋友分享」。

● 為了讓目標客戶招待客人時更有面子，還特地為客戶規畫一優惠方案。凡此次購買者，每箱（600包）特贈送一組咖啡杯盤，還有小湯匙，這樣喝咖啡才有品味。並且這些杯盤還打上麥斯威爾商標，既有特色又好看。

● 當然，還有一項，只要電話訂購我們就親送到府（公司）。

（3）面對面和你說話

如何和目標對象接觸？

◆先做一份郵寄信函，把方案完整的說明。

◆（如果有任何不清楚的）可以打電話給客服人員，客服人員會進行清楚解說。

（4）直接影響你

如何和他們直接說話？寄封信去。由於怕被當做一般廣告信被隨手丟棄，於是想讓這封信被看成是禮物一樣讓人想打開、想得到。而這方案最有特色的是一套六件組的咖啡杯盤。這件禮物原本只有一個簡單的外包裝盒，看起來沒啥質感與美感，於是把這套禮品和咖啡重新拍張美美的相片並做為信函封面，再用它設計成一體成型的「禮盒式郵件」，收到的人一看就像是收到一份禮盒一樣。

由於購買的名單只有公司名稱和地址，沒有人名，只好打上「行政總務部」收，雖然這並不是最好的方式，但也別無良策。

（5）直接叫你掏錢

做了那麼多準備，當然是要賺錢，而且一定要先付錢才送貨。到府送貨收款就是唯一機制。

（6）永遠記著你

藉由這方案而成交的客戶自然會有完整的公司及採購聯絡人資料，日後就由AFH的業務人員自個兒負責這些客戶。因為此次訂購量為600包，業務人員送貨時要記錄這家公司有多少人員？平常訪客流量若干？估算要多久時間會消耗完畢，以便及時提醒是否要補貨，這就是客戶關係管理，CRM。

（7）永遠要你掏錢

除了要做到、做好CRM之外，還應該提升做進一級的CRM：Customer Royal Management。此次活動成交率高達3.6%，就算只有此次成交量也是小賺，但我們不以此自滿。緊接著這次活動，公司立刻做第二波動作：

- ◆安排業務人員做後續拜訪的同時，帶幾盒隨身包（每盒10小包）去，用途隨業務人員靈活運用，目的是與對方建立良好關係。
- ◆父親節是活動的第二波。這次我們鎖定在此次訂購的企業裡面服務的員工，為他們訂製一父親節專案，「體貼您的父親」，但以麥斯威爾原有的各式禮盒加上此次隨身包禮盒，提供多種選項，一律加贈咖啡杯盤。因為麥斯威爾咖啡禮盒素來享富盛名，故想以交叉銷售（AFH 和IH 市場）方式強化品牌形象並代動銷售。

2. 適合做直效行銷的品類

從上面舉的實例來看，直效行銷操作起來畢竟有點繁瑣，需要動用到的資源種類也多，費用也高，那是不是每種商品都適合用直效行銷操作？以下列舉幾種條件供產品經理參考，若符合一項（或以上）者不妨試試用直效行銷操作看看。

（1）有長期收益性

花那麼多時間以及許多成本來規劃直效行銷活動，如果顧客只購買一次，那實在太可惜。所以，如果產品可明確認定會有一而再、再而三的購買，就可保證投下去的心血及一切費用都值得，且考量到長期收益因素，這樣的投資報酬率肯定在公司內部提案時會獲得通過。

任何活動在評估不值得做的時候，多半都是太謙虛只做一次購買反應的估計，因為第一次的反應率有3%就已經可以開香檳了！相反的，按照品牌奠基三階段來估算才是真正反應出這項活動所能真正產生的收益。因為公司行號即使不給員工喝茶、喝咖啡，但在招待客人時總不會只有白開水吧？何況是要招待顧客或買主。所以前述麥斯威爾隨身包AFH 例子就應該估算第一次反應率再加上第一批購買群，第二次、第三次的後續採購才合理。

許多嬰兒用品商經常做深耕醫院（尤其是婦產科）的直效行銷活動也是著眼於此。不說他們送的樣品，就看他們在醫院裡能夠把產品塞進去，成為小寶寶這一生第一次喝的奶粉、第一次包的尿布以及許多第一次的東西（如濕巾），還有掌握住新生兒及母親的資料後續再跟蹤，這些人力及成本當然不會只盼望消費者買一次、一罐、一包商品而已，而是著眼奶粉一喝就二～六年，紙尿布也會用到兩年（筆者兒子還用到快四歲左右，真沒辦法！），寶寶濕巾可能從小用到大。有這樣的長期收益考量自然值得花心血好好做個直效行銷活動。

（2）高關切度產品

消費者對與自身關係度較高的產品，如OTC藥品、隱形眼鏡藥水、健康食品等，往往一旦使用就不容易為了簡單的促銷手法或價錢誘因而轉換品牌。想想看，配戴隱形眼鏡的消費者原本用A牌保養液，不管A牌好不好，反正她就一直使用A。而她這麼一段長時間下來，不可能沒接觸到其他廠牌的各式促銷活動，但她（代表性的使用者）為什麼就不為所動？因為保養液雖然都是在保養鏡片（不論有沒把鏡片沖洗乾淨），但一想到要戴到眼睛裡面，可不敢隨便嚐試！即使看到另一個廠牌在做促銷活動，但為了這靈魂之窗，還是不會輕易嚐試更換。據調查，消費者對各個廠牌的保養液起碼有70%以上的忠誠度。這也說明許多廠商都投入大量樣品給眼鏡店，希望店家在給頭次配戴者一週的免費樣品時能採用本公司產品，等到一週後不管有沒回去複檢，他再次購買的藥水品牌有七到八成是會買上次相同廠商的。不只如此，藥水和隱形眼鏡業者也競相投入相當多的資源在蒐集和建立新配隱形眼鏡使用者的資料庫，目的當然是要做直效行銷。

（3）適合從小紮根的

如果產品的使用是從小時候就頭次採用，日後很有可能保持習慣；或是在小時候的使用中建立對品牌的熟悉度與忠誠度，公司又有可供其長大使用的延伸產品，就很值得投資下去做直效行銷。牙膏、嬰兒用品，以及剛才介紹的隱形眼鏡保養液都是此類。

蘋果電腦的麥金塔系列，自始就贊助許多學校免費使用他們的電腦。等學生後續進修（大學或研究生）或進入社會就業，自己若要擁有自己的PC或NB，蘋果品牌就會優先跳出。這道理微軟也學會了，所以微軟也大力支持許多國家地區的學校使用他們的軟體，一方面是好心贊助，另方面當然也是放眼將來，這些學生在學校都是使用視窗系統，以後唸書或就業當然會繼續使用他們早已熟悉的微軟。

（4）品牌轉換率低

先反過來看品牌轉換率高的例子。

如果本來就是想多試試其他廠牌的產品才有樂趣或真的符合實際需要，品牌轉換率高就成為常態。即使你花功夫做很深入的直效行銷，消費者還是會又再次離你而去，這時候還要不要做細膩的直效行銷活動，或只乾脆用廣告或一些鼓勵衝動性購買的促銷活動反而可以更快達到銷售目的？讓我們看看以下幾種產業：

◆服飾：穿著，應該是越多樣越好。但找裁縫師傅就反過來囉，因為只有他了解我，知道我的特殊性，所以做衣服一定要找他。

◆餐飲：當然是吃遍天下口味為人性。

◆ OTC 藥品：在安全保障下，換品牌可避免病菌產生抗體，所以又是，又不是。

◆汽車：因為剛開始開車時多半年輕、沒有購買力；等年齡增長，買得起好車了，可能「實現心中的願望」會比較突顯。再以經驗來看，可能你開的第一部車多半是二手（或以上）車，所以對這部初戀車是沒太深感情的。品牌忠誠起碼不會始於此。

把這些高轉換率的例子反過來看，應該都有機會做直效行銷。

（5）高消費金額，能突顯尊貴感

凡在品類領域屬高價者或消費金額原本就很高的商品，價格高即代表尊貴，那直效行銷即使不是唯一也絕對是必備手法之一。

信用卡常用直效行銷，現也用街頭行銷（人員叫賣式）。信用卡裡的金卡甚至白金卡，用街頭行銷好不好？無限卡呢？

航空公司的會員卡或五星酒店的貴賓卡，當然就是從國際飛行的常客中挑選目標群做直效行銷。

（6）需要充分說明者

當產品還處於新進入市場階段，或是本身就有許多複雜（豐富）的內容需要說明，不能僅靠大眾媒體傳達清楚，這時就需要仰仗直接郵件式的直效行銷活動做溝通工具。許多金融商品，像保險、共同基金以及信用卡都經常使用郵件式的直效行銷。許多以會員制營運為主的企業，要把入會的好處、會員權益給說清楚，多半需要大量的圖片及文字做說明。甚至一些學校在招生時，或招募遊學的學生、學習語文式的教學課程等，都需要許多文字說明，這時，郵件式或說明書式的宣傳單、手冊等都是必備工具，也都可以運用直效行銷做推廣。

（7）與其它活動做搭配

只要確實有幫助，直效行銷都不妨做為行銷工具之一部分與其他手法搭配使用，這就是所謂的「整合行銷」。即使像SWATCH手錶、可口可樂，一個有店面、一個有大量廣告，但他們的網站一樣會有與消費者互動的機制設計，只要你用e-mail與其聯絡或表達任何意見，他們也都會回應並留下你的資料。既然整合行銷是更能掌握顧客及潛在消費者的觀念及操作手法，直效行銷就更值得企業多多思考其適切性並好好發揮。

六 公關活動

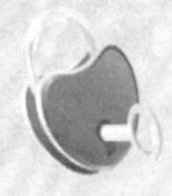

公共關係，或說公關活動，時下雖已是一塊專業領域，但筆者認為它還是行銷功能的延伸，產品經理有必要熟悉它的操作，在行銷整合上會更完整。

行銷是很好玩的，尤其從事行銷工作想落伍都很難。公關自然也是，對社會上各式各樣活動的表現，表面上看好像很偉大，可是如果你站在產品經理的立場來評判，大概就不會再有那種想法了。

（1）公關不是慈善活動

舉辦捐血、義賣、贊助等等各式活動，對社會來說都是好事一樁。但為何會看到有捐助儀式而且還找演藝人員？為何有廠商要找名模做廣告提醒大家6分鐘護一生？為何要說今天的聖誕燈高度已高達三千多少萬了，比預計目標還差一點點就突破去年水準？因為這些活動的操作還是希望為善要人知。

（2）公關不是危機處理

一提到危機處理的精采案例，大家都會公認嬌生公司在處理泰利諾止痛藥的危機是最值得效法的。只不過事情一旦來到自己身上卻往往不是那麼容易學。

筆者從事培訓以來，每次講到這都很篤定的說，企業負責人是否真如形象所塑造那樣，一定要看他/她是如何處理危機事件的。只有遇到出事狀況才能真正看出（企業負責）人的本質。這點，是教不來的。

台灣的金車公司遇到塑化劑事件所當機立斷全部下架的處理，筆者給他A的評價。台灣義美食品在之前的三聚氰胺與塑化劑事件都安然過關，表示其對食品安全確實很細心。其負責人之後的邀請總統參訪、媒體又來謳歌一番也都可以理解。只不過這都不是真正的考驗。2013/5/21在義美被查出使用過期兩年的原料來生產。那被社會知道之後他們怎處理？兩年前，義美神采奕奕地在媒體前大聲嚷嚷，而今輪到自己出事，身段總能做得漂亮點吧！唉，筆者必須說：我總是對的。（本章最後整理出義美從塑化劑事件到今日的原料過期其應對方針，讓讀者自行判斷吧。）

（3）公關不是做企業形象

中華汽車曾長期贊助原住民活動，不但有紀念館、舉辦戶外活動，還花了大量廣告費作宣傳。目的就是要搶佔原住民議題，讓中華汽車成為關懷原住民的優質企業。後續有幾家企業也找原住民作議題打公關廣告，可惜都會淪為東施效顰之譏。

陽信商業銀行也突然關心婦女就業、創業議題？可不是，公司董事做代言人，不斷展現陽信多麼關心女性，多麼想幫助女性創業，但真奇怪，為何之前就完全嗅不出陽信如此關心女性創業問題？原來董事要選立委。這也罷！只不過這位董事已因違反證券交易法以及掏空被起訴！多虧這個廣告，不然我們都不知道這個背景。好個企業形象篇。

（4）公關不是媒體關係

與媒體關係好不好在幾個場合立見真章。公司舉辦週年慶或產品上市發表會會有多少記者來？明天見報有多少？上了幾檔電視新聞時段？碰到消費者權益受損，媒體會不會來訪問企業？會給企業多少秒來做陳述？還是根本就連採訪都不來？（反過來問企業：平常公司是否有專人做媒體連絡？碰到出事狀況，公司是派誰、用什麼方式來回應媒體？是完全公開還是一問三不知，或根本就不許鏡頭掃到你？）

（5）公關更不是廣告！

公關可以用廣告來操作，只不過一用廣告手法就被人看穿。雜誌業最常用所謂「報導式」文章來幫企業做宣傳，只不過彷彿是報導的文章，在頁眉上又出現個「廣告部企劃」字眼，這不是欲蓋彌彰嗎？這種手法實在並不明智。

（6）公關是以上皆是

其實，公關是以上皆是。

（7）善用公關

企業應該藉由各種管道與其內部同仁以及外部的顧客、一般大眾、還有媒體做好溝通。做好內部溝通能讓公司全員清楚知道公司將往何處去，認同企業願景。除了可凝聚士氣，勞資相處和諧避免衝突也是效益之一。與顧客做溝通不單只有廣告一途。嚴格來說，長期顧客忠誠與品牌偏好，也非單一廣告途徑所能達到。通過各種新聞報導，介紹企業動態，創新、新穎的行銷手法甚至公益活動，都是累積品牌資產的動作。在做這些事的同時，公司也在對非顧客——競爭對手的顧客、即將進入市場的顧客——做溝通，透過隱性傳播，也會對這些人產生潛移默化的效果。

除了廣告可以由企業主控外，其他各種傳播途徑都必須依賴傳播媒體、新聞界做傳播工具。他們是如何看待企業做這些活動的呢？他們會如何解讀企業的動機？他們會照單全收全部訊息傳遞給社會大眾嗎？還是僅僅選擇性地接收再經過處理後傳播？失真多少或說還原多少？善於借助媒體的力量勝過千軍萬馬的SOV。

（8）公關可幫助企業重生

如此看來，公關活動其實也是企業資源整合的一種型式，不論是平常塑造形象或是遇到危機時的處理，企業都要充分掌握時機、結合企業資源、充分提供資訊，利用各種尋常或專業人士與正式及非正式的手法向外界溝通，進而幫助企業帶來銷售成果。

哈雷機車是美國文化、美國精神的象徵之一。當碰到日本重型機車的強力競爭，哈雷機車幾乎面臨關門命運。但哈雷機車一邊激勵內部同仁，要節衣縮食共體時艱，工會不要阻撓裁員、關廠，讓公司在成本上更有競爭力；一邊遊說美國國會重視外國公司的不公平競爭，對其課以重稅，並給予哈雷抒困貸款；哈雷更是直接訴求美國民眾要維護美國精神，支持美國文化（之一員）就是等同於支持哈雷機車一般。果不其然，哈雷機車浴火重生，甚至屢屢打破銷售紀錄。這也是充分發揮公關功能的極佳寫照。

七 活動

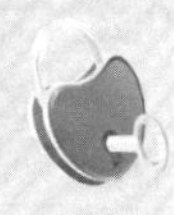

另外會經常看到的推廣手法就是多采多姿的各式活動（EVENT）。像是企業對內部舉辦的業務訓練、業務說明會、激勵會以及台商很愛辦的尾牙餐會等，雖然是針對內部同仁，但也應該把它辦得有聲有色，讓大家不覺得是苦差事反而期待下一次。

企業對外除了促銷活動外，各種展覽、展會、研討會（醫藥業最常辦）、新品發表會等，雖然大家都有網站，但這些活動依然有其必要性。尤其近年來在3C產業，各重要的電腦展、資訊展，還有廠商自己辦的新品上市，展覽規模只大不小。

科技成分含量高的企業可以利用主辦或參加許多研討會的機會推銷自己的企業。企業可以藉由新技術、新產品的推出舉辦對外發表會。蘋果公司前CEO Steve Jobs自從親上展台介紹自家產品以迄今，似乎給了科技公司老總一個新規範：要發表產品就必須老總上場。於是我們看到，微軟、三星、宏達電甚至大陸小米機的發表通通照著做，他們也算是很優秀的產品經理。

贊助活動也必須做品牌長期考量，對外告知也須謹慎安排，因為唯有一致性才會累積消費者印象，才能形成品牌資產。譬如台灣的國泰金控長期贊助雲門舞集就是一例。贊助也是企業負責人露面的場合，難免會有致詞、致贈等等的儀式，這就要考驗負責人在鎂光燈下、在大批媒體前鎮靜與得體的程度。如果沒有十足的把握，與其多說多錯，不如五秒結束，以免留下敗筆。

【後記：義美食品——昨是而今非】

年	事　　件
2011/06/03	在這波起雲劑風暴中，老牌義美食品因為沒有使用塑化劑，讓喜歡義美小泡芙、冰淇淋等食品的消費者可以安心再繼續享用。
2011/06/10	馬英九總統於100年6月10日親臨義美食品南崁工廠，聽取義美食品在食品把關的經驗，以及對於塑化劑風暴，政府應如何面對之相關建議措施。
2011/06/14	義美總經理：食品是良心的行業。 （天下雜誌 474期）
2011/12	義美食品總經理高志明，堅持道德良心，安然度過塑化劑風暴。 （經理人月刊「2011台灣100大MVP經理人」）
2012/05/31	義美食品，打造安心入口的安全感。 （康健雜誌）
2013/05/21	義美食品爆出使用過期原料生產泡芙，義美坦承疏失，並緊急回收有問題的小泡芙產品。 義美食品爆出使用過期兩年原料生產泡芙，由科長層級人員出面解釋是生產線作業主管的對品質認知不同所造成的疏失，但又解釋不清，接著由董事長室經理出面繼續解釋…… （台灣大哥大 match 生活網、中天新聞晚間新聞報導）
	衛生署食品藥物管理局以「屬犯罪行為」來形容，將由地方衛生局追查並稽查所有義美食品。
201305/22	曾安然度過塑化劑風暴的義美食品，當時高調秀出六千萬元的實驗室，宣稱對食品原料都會再三把關。無奈這次爆發義美小泡芙使用過期原料事件，震驚社會。義美食品董事長高志尚出席公開場合不願多做解釋，義美聲明稿則解釋，「是生產線主管認為保存期限可延長所致，對生產品質並無影響」。（中時電子報）
	針對媒體問及義美小泡芙使用過期原料一事，高志尚表示，公司已有公開聲明，他不願多談此事。（中時電子報）
	知名的義美小泡芙食品，遭爆料使用過期原料製造，重創義美食品商譽，義美官網昨（21）日緊急發布由總經理高志明署名的道歉聲明，表示是因為生產現場主管對品質認知疏失所造成…… （中時電子報）

（筆者註解：沒出事，老總風光受訪，媒體歌功頌德。出了事，沒自己的事，都是屬下搞出來的，要撤職查辦。）

第06章

銷售預估

- 誰該來做銷售預估？
- 銷售預估與推廣預算孰先孰後？
- 建立銷售預估模式
- 總產業預估
- 企業自身預估

工作上，總有些事既不好玩又不討好。行銷工作中，銷售預估必居其一，再來就是編預算（下章內容）。直接原因是銷售預估不可能準，所以會衍伸出許多不準的後果。終極原因則是做這件事的過程會很讓人心力交瘁，但又無法避免。

預估這件事本就不好做，而不論是誰來做，過程跟結果都會被攤開來檢視。當老闆的為了躲掉，當然就找人來做。想不通的是，提出的問題在詰問別人時好像很理直氣壯，但如果拿這問題問自己，實在很好奇答案會是什麼。

看到手下預估明年成長15%，老闆馬上就會問：「為何不是成長30%？」（那，老闆，為何是30%而不是10%或是50%？）即使向老闆解釋預估的推演步驟，他認定你低估就是低估，多說只會惹來對你更加不滿！不滿什麼？不滿你竟然懂得比老闆多！（真不懂這些當老闆、主管的心態，既然心中已有定見，早說不更省事？偏偏故作開明，讓底下的人忙得半死，然後又不好好討論步驟只知道要求高數字，這比下指導棋還惡劣。）

讀者莫認為筆者是否當年被某位人士K過，心中留下永遠無法抹去的陰影，然後在此藉機報仇。非也。筆者坦言，確實碰到過這樣的主管，也真的被問過這樣的問題。本人當年的應付之道，是給老闆一個他心中的數字，但自己還是有一套自己的版本。到每月結帳時，三個數字都放在一張個人的試算表上，心中坦然以對。當時筆者就對自己說，有朝一日當主管，永遠不會再問同樣的問題。

一　誰該來做銷售預估?

先出個選擇題：

Q：銷售預估應該由誰（部門）來做？

A：□銷售部門　□行銷部門　□財務部門　□老闆自己

讓我們用消去法來作答。

先看財務部門。財務部門做的話，一定是先看過去期間的銷售數字，算算每年的成長或衰退趨勢，然後估計來年成長若干等等（很少有人估計衰退的）。由於對市場及客戶掌握不到，行銷計畫也非出自其手，故估計出來的數字純粹只是一場Excel活動。就算算出的數字真的很準（以誰的標準判斷呢？），其他部門的人還不敢相信呢！所以可以排除由財務部門來主導銷售預估。

再來是老闆。老闆如果親自來做銷售預估，多半看到的是「激情法」和「胸有定論法」：

【激情法】

老闆：「今年我們做了十個億，大家很辛苦，做得好，這次來九寨溝算是犒賞大家。明年再接再厲，向二十億挑戰，大家說，有沒有信心啊？（一片哀鳴聲！）」

【胸有定論法】

老闆：「昨天看到大家做的銷售計畫。說實在的，實在太令我失望。整體成長只比去年多十個百分點。照這樣做下去，公司還有什麼指望？市場還有我們的份嗎？依我看，沒成長50%是對不起自己的！」

畢竟本書是教「如何做好產品經理、行銷經理人」，還不敢教如何做老闆，所以此法只得排除在外。

如果讓銷售部門來做？不論銷售部門做出來的數字為若干，其中一定隱藏若干實力。究其原因，乃是其工作性質使然。首先是績效評估。既然是做銷售工作，業績的達成自然是最重要的工作目標。業績目標就是銷售預估的數字，換做任何人都不會訂出心中認定的那個數字，為了自保起見，打個折扣是再自然不過的。

第二個原因，其實也是來自跟績效評估相關的——薪資結構。做業務工作，底薪＋獎金是必然的設計方式，只是看兩個所佔的比例如何。但高業績達成率一定伴隨高獎金，所以又迫使在訂定銷售目標時壓得越低越好。

第三個原因跟銷售主管個人有密切關連。由於做主管的，尤其是當業務主管，帶人是帶心。帶心何意？就是要兄弟們全力以赴，為公司（也為你）做到高績效，然後大夥能拿到高獎金。所以如果讓銷售主管來定銷售預估目標，一想到底下這批兄弟，數字自然往下壓。

以上所舉的這三種原因，都被作者看成是低報（估）數字。若問，低估又有何缺點呢？保守點不是也很穩當嗎？只要達成目標，低估點又有什麼關係？總比高估然後做不到再來哀怨好吧？就算多花點獎金也不會傷太多？這個說法沒錯，但這個做法卻有個最大缺點：錯失市場良機。

市場不論看好、看壞，但只要對公司是好它就是好，所以市場如果看好就要抓緊這個成長機會，爭取更多空間。即便整體市場看壞，但對公司而言反而可以投入更多資源擴充通路建設，或趁機把對手逼到角落讓對方難以出頭，這也算是市場機會。關鍵就在要不要抓住這市場機會、要不要打開這市場！如果心中老是惦記個人榮辱（績效啦、獎金啦、怕不好帶人啦等等），是不太可能從A到A＋的。所以，銷售預估也不宜由銷售部門來主導。

最後只剩下一個選項：行銷部門。這才是最正確的做法，讓每項產品的真正負責人（產品經理）負起銷售預估的責任。產品經理本來就是當仁不讓該做這項工作，因為：

- ◆產品經理理應最清楚整體市場的變化。
- ◆產品經理掌握的競爭者資訊，像占有率、SOV，應該是企業裡最多、最完整的。
- ◆產品經理對所選定的市場區隔與自己的定位最清楚，由之而得的市場潛量也應比其他人更有概念。
- ◆產品經理對要做哪些行銷活動與要花費若干預算應是掌握得最清楚完整，對可能獲得何種市場反應也應比其他人了解更深。

綜合上述看法，在此提出關於由誰來做銷售預估工作的最佳模式——絕對應該由產品經理（行銷人員）做主角，在過程中多參考銷售人員的意見，綜合各家所言，做最後拍板。

二 銷售預估與推廣預算孰先孰後？

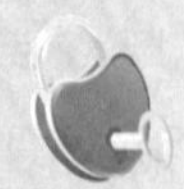

銷售預估與廣告、促銷預算之間的關係，該哪個先、哪個後？

一說，應該先做銷售預估。看今年的銷售可能會做多少，才能判斷或說抓個比例來做廣告及各種促銷活動，所以推廣預算在後。這種做法，還是在玩數字遊戲。因為不論抓多、抓少，其實只是看營利狀況若干，再看這比例的實際金額大小，判斷有無必要或有無能力做到。

相對做法，應該先做預算再來推銷售數字。是看到何種機會？市場有前景還是有了技術突破可以大大炒作一番？客戶會不請自來？還是只要增加業務人員、推廣小組、推廣車輛就能增加客戶，而且還是不錯的客戶？廣告預算增加是來自企業整體配套計畫，那該增加多少GRP？要拍新片還是延用舊片？今年該做哪些活動？活動效果有估計嗎？估計效果為何？將這些一一做好準備，其實才是比較合理且完整的一套預估流程。很可惜的是多數企業不知是為何原因仍然延用抓數字、抓比例的方式來做預估及預算。

最佳的預估與預算實務，應該是：

◆先做一大致的銷售預估計畫，看可能的數字結構。

◆參考去年的銷售結果與實際發生的費用支出，並儘量找出兩者的相關性。

◆依照行銷計畫，將年度各種活動做細部推敲，估測出每項行銷計畫與活動的可能效果。

◆找出各項活動的最適組合（而不是每樣都做）。

◆依最適組合，具體估計計畫預算。

◆彙總全部活動的預測銷售數字。

◆數字綜合，提報高層，做最後定奪。

三　建立銷售預估模式

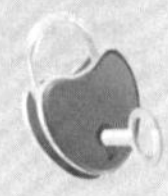

有鑑於行業與行業間的差異以及每個行業中各企業體的差異，要想有一套放諸各產業皆準的銷售預估模式似乎不太可能。而企業本身擁有的資源不一，能夠發展出一套（類似）計量經濟模型來做長短期預估的公司可能在世界上不到1%的企業有此能力。但企業又不能沒有自己的銷售預估（公式與流程），不然生產計畫無從訂定，資源配置沒有依據，連做得如何都無法衡量。就因為有這樣的、那樣的不足或限制，企業體更應該努力的建立自己的一套銷售預估模型。關鍵不是它準或不準；關鍵在它代表企業全體認可的估測方法並了解它的基礎與限制，在實際操作時才會有心理準備而會更謹慎從事。

做銷售預估，應該先做總產業、總體市場規模的預估，然後再做企業自身（以及包含競爭者）的預估。先前提到，由於產業的差異，使得許多市場的銷售資訊及實際銷售數字很難齊全。

舉台灣為例。台灣的汽車銷售數字可以憑交通部每年發出的各類汽車牌照做依據。發出去的牌照代表賣出去的，這種數字最可靠。對照報紙產業，《中國時報》與《聯合報》先前每隔一陣子就要吵誰是第一大報，但看來《蘋果日報》好像才是第一。因為印刷份數是一個數字（自己亂報也無法稽核！），訂戶數是另一個數字，還有在各通路零售的又是一個數字！根本無法準確且可信的衡量各銷售了多少份。雜誌類這種弊病最是嚴重。

就規模論，絕大多數的企業都是中小企業，去要求這些中小企業年年做個銷售調查或是研究一個預測模型，誠然也是不切實際，但也不能因此而不做。最起碼也該利用手邊能掌握到的一切資訊再加上自身對產業的熟悉度做某些判斷，即使做出來的預測模型在學理上還差得太遠，但還是那句老話，有總比沒有好，起碼它可做為內部許多計畫的討論基礎。舉三個產業為例。

先說洗髮精產品。對P&G或聯合利華這種大廠而言，他們一定對市場估測有非常成熟的模式在做。若是有家小公司想進入這個產業，他們該怎麼估測總市場產值會有多大規模？思考邏輯如下：

◆（以某地區為例）

◆找出當地總人口數（利用當地的人口統計調查）

◆分出男女比例、算出人口數

◆按年齡分層（以每五歲為一級距）、找出各層人數

◆估測平均每人每次用多少容量的洗髮精，或平均多久買一瓶、用完一瓶（每個年齡層不一樣，要做判斷）

當企業以此做市場潛量的估測時，最大的疑慮來自於每人每月平均消耗數量。雖然用簡單的抽樣方法可估計出，但也要知道抽樣會有誤差，看能否應用統計方法算出誤差值。雖然自己做這種抽樣也會有方法上的偏誤，如第四章所說，但總是一個依據。當有這個數字後，雖然我們知道這方法有不足處，但重點是我們知道這不足出自哪裡，日後各部門在檢討時大家才不會各說各話，而是有個共同假設做基點。

洗髮精是屬於個人用商品，現在我們再舉一個稍微複雜的產品再做延伸——彩色電視機。假設只考量家用市場，而不考慮商用市場，那任一地區電視機的市場潛量該如何估計？

首先，應該做市場區隔，看有幾個「小」市場構成電視機的家用總市場。

◆市場區隔1：一般家庭使用（包括單身者）。是假設以家庭做為購買電視採購單位。為方便起見，不論單身或兩代、三代同堂，都

歸於此區隔。

◆市場區隔2：特指在外求學租屋的學生。假設在外求學學生也是購買電視的顧客，就值得、也應該把其獨立出來視為一特殊市場。

因為在此只是練習，所以只就一般家庭市場做推演。

按照上例洗髮精市場的推估模式，電視機市場應該做以下分析：

◆（同樣以某地區做基礎）

◆找出此地區的家戶數（亦即家庭數。如果實在找不到這數字，可試著尋找任何相關資料，有無當地每戶家庭平均人數，就可用原始人數為基礎，換算出家戶數）。

◆試著找出當地電視機的普及率（表示每戶家庭或每人擁有的電視數）。

◆找出電視機汰換率或平均使用年限（因為電視屬於耐久財而非每日需用到的日用消費品，要想辦法知道目前的普及家戶中會有多少比例要汰舊換新）。

◆找出每年新婚對數（應會有極高比例會購置新電視）。

◆把歷史資料（包括家戶數、電視機普及率、新婚對數等）做長期趨勢分析。

類似於洗髮精這種日用消費品或電視耐久財等，一些次級資料倒還容易獲得。但如遇到新興行業，產品也無從參考，則在做產業規模推估時就越發要藉助判斷了。譬如，琉璃。

中國自古以來就有琉璃，但被當做一項商品在販售可還是近十年的光景。業者若想獲知此產業的潛能若干，該如何下手？

就琉璃商品的用途來分，不外自用與送禮，而且被當成送禮的商品角色，其量應不會太低。

就購買者（目標市場）來說，一般個人及家庭、企業客戶及政府機關（如外交部）都會是潛在購買者，大致情形如圖6.1。

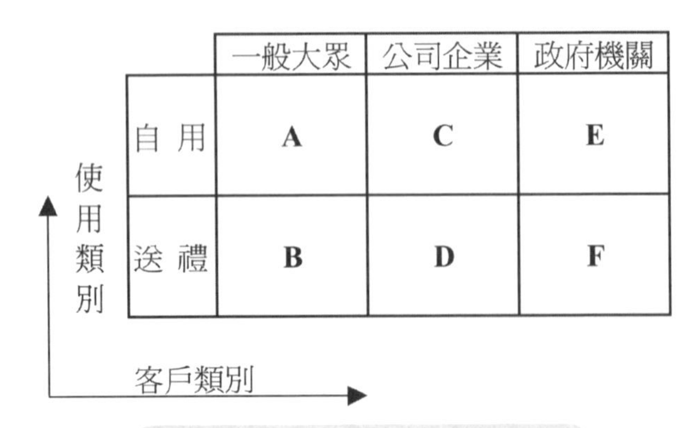

圖6.1 琉璃商品客戶與使用分析

圖6.1將琉璃市場分成六塊小市場，各區隔市場都是一群很不一樣的購買者。試以定位陳述中的目標市場說明方式來揣摩：

◆一般大眾（自用型）

－婚姻狀態：鎖定已婚家庭、有子女

－年齡：男主人定位在40歲以上，女主人35歲以上

－職業：企業中高階主管（以上）、負責人

－所得：家庭年收入台幣250萬元以上（有自用轎車）

－教育程度：（任一方）大學以上

－居住地區：都市（以台灣為例，鎖定台北市及接近台新北市的部分地區，如中和、永和、板橋，加上新竹園區及新竹市、台中市、台南市、高雄市）

－生活型態：受過高等教育；對生活品味及居家擺設有自己的堅持；認為看書比看電視重要；出國旅遊目的在增廣見聞、擴寬視野而非血拚一族；對藝文活動有愛好，每年總會去看一次以上的文藝活動演出。

針對政府機關，如何描述這群顧客？

◆就自用型政府單位：

－中央單位首長，部、局、處首長、政務官，中央民代，直轄市民代及12職等以上文官為辦公室增添藝術氣息採購自用。

－採購費用來自預算科目。

－採購人員可能以其直屬幕僚居多。

◆就送禮型政府單位：

－以外交部、經濟部及經常與國外往來之單位為主。

－為找一樣能彰顯本國、本地之特色又獨具匠心送得出手的禮物給外國友人，琉璃是很討喜的選擇，它是個表現中華文化的藝術品，送、收禮者皆覺得裡子、面子十足。

描述出來後，又如何量化可能需求量？

如指政府單位，可先把政府單位掃一遍，看符合定位陳述者有若干。再查查可能送禮的這些單位過去有多少採購預算，約購買多少數量的禮品、餽贈過多少友邦、貴賓等。

如針對一般大眾，首先可從家戶數、居住地區、有子女數、家庭所得及擁有自用車等這些資料聯合篩選，看符合者若干。亦可試著從信用卡擁有者來做搜尋，鎖定金卡卡友（但台灣有金卡的人太多了，這可能要再加一個指標）。

不論上述所舉之例是否真能符合產業所需，這些方法都歸納出幾個共同結論：

◆銷售預估應先自產業總體規模入手，並要做歷史分析及未來預測。

◆有了產業規模後，再進而做本身及競爭者占有率估測。

◆不論資料是否易得，都應建立能具體表示企業銷售的預估模式，即使同時選用一個以上模式亦屬正常。

◆只要有必要，不要拘泥固定模式。記住，市場主導一切。

四 總產業預估

在做產業預估時，如同所舉上例，其實是根據一套脈絡做推演，包括從最基本的市場趨勢、現有市場機會、新機會以及不可測因素等做仔細分析。

1. 市場趨勢

市場決定一切。而所謂的市場趨勢，可從以下各項做評估，看其對市場造成何種影響。

(1) 市場人口

最基本的市場一定與人口總數及有消費能力的人口多寡做最直接相關。一切的生活必需品消費與人口多寡有密切的關係。當越往生活各方面去推敲，其他商品的消費就和消費能力有關。譬如鞋子，運動鞋。先有鞋的需求，而且要便宜又耐穿，至於好不好看，是否有品牌，根本不會去考慮。但有些人就不一樣，想穿好一點的，於是品質好、價錢稍貴的鞋也有市場。又有人知道有各種名牌的鞋，還有各運動明星代言或作為品牌的鞋，所以NIKE也有人買。至於，從有鞋就好、到注重品質、到有品牌概念，再到非喬丹鞋不買的情況，在各個地區（市場）都會有這些人（市場），只不過不同地區，各類鞋的市場各有大小而已。看汽車、看化妝品、液晶電視、行動電話等等，每個產品的市場大小各有不同，但它絕對與人口數及有購買能力的人數最有關聯。

（2）景氣循環

一個市場，處在所謂的景氣與不景氣，絕對與其產業規模有直接關係。一個正在發展中的市場，成長是必然的，縱使有景氣循環也不會對民生必需品有太大影響，但對耐久性的消費財或奢侈品就不會那麼幸運了；好在只要景氣回升，奢侈消費也會立刻回升。如果是成熟市場，所謂的不景氣可能隱含著產業的沒落，它的市場可是一去不回。

（3）國民所得

所得多寡決定購買力（對各種不同的產品與服務），決定用在各不同產業領域的支出比重以及對非必需品，尤指「服務業」的接受能力。當處在低所得階段，一定有較高比例用在食品上。當所得增加，就會分配其他所得放在如教育、行、住的支出上。所得更往上升，一些娛樂、旅遊、醫療保健等支出會更加明顯。這些演化，當然會對各產業造成程度不一的影響。

（4）消費者接受度

不論何種產業，消費者對其接受度的高低絕對會影響產業的發展。接受度的高低，也是許多因素混合作用的結果，它至少有受所得、教育程度、宗教信仰、社會習俗、文化，乃至於政治等相互激盪而有程度高低的不同。不講別的，就說這幾年的「韓」流吧！二十年前的台灣怎麼會去看韓劇、去迷韓國偶像、去一窩蜂地買韓國產品呢？有點年紀的朋友可能都還記得，當年台灣為了拉攏南韓，還給韓國汽車PONY許多進口配額，但台灣消費者就是不買帳。時至今日，不要說我們還看得上看不上韓國貨或韓國出品，人家可不再把台灣看在眼裡，也不會認為台灣貨有什麼好的。十年河東十年河西。

（5）國際貿易

一個國家或地區與外國貿易的密切度及頻繁度，對當地許多產業，不論內需或外銷，也都會起很大的作用。台灣過去外銷主要是美國，出口的產品產業就依美國的需求而升而降。而今，中國大陸反而一躍成為我們最大的貿易對象，一旦中國概念股受到大陸任何刺激，就會立刻看出反應。

（6）匯率變動

這與國際貿易、景氣循環等，都已成為一體連動，牽一髮而動全身。凡與這些變數有密切關係的商品或企業，都會直接受其影響。日本首相安倍上任，把日圓急貶，引發所謂「安倍經濟學」，他要日本有3%的通膨，鼓勵消費，但日圓一貶，就使得亞洲依賴外銷的企業和國家受到影響，台灣2013年第一季GDP不好看，大半原因來自安倍這一擊。

2. 現有市場機會

看完了總體經濟、總體市場趨勢，接著要看所處產業相關的重要演變趨勢。

（1）自然成長

雖然景氣好時有人賺錢、景氣不好時也有人賺錢，但畢竟處在一個成長中的產業還是比較看得見希望與未來。這情形絕對表示市場是有機會的。

（2）消費趨勢改變

三十年前日貨橫掃市場，當時的「輕薄短小」就代表那時的市場環境與對商品的態度。行動電話原本是給商務人士設計的（最大的市場接受群），哪裡知道現在成為年輕人的遊戲產品！網際網路的興起造就網購；

團購，造就了淘寶網。

（3）消費者改變

消費趨勢改變代表一種市場機會，但消費者本身的改變卻也絕不可忽視。君不見過去幾十年來所有的消費都脫離不了「戰後嬰兒潮」的影響？這群人口的成長與變化基本上造就了今日許多大企業的興衰。當經濟與所得不斷成長，人口老化更是消費者整個組成結構的改變，與之連帶的住宅、醫療及保建、保養產品都因此而受影響。第二波的人口結構是低出生率與低子女數，每對年輕夫婦都越生越少，結果是有的產業會受負面影響，但相反的，會有其他產業逆勢冒出。

（4）競爭態勢改變

以上這幾個趨勢可能都是緩慢、漸進、不易察覺，也不易掌握的，但競爭態勢的改變卻是你想躲也躲不了，想不看也不可能，反而越躲越糟！三十年前在美國財星雜誌500大排行榜上的，到今天有一半都退位了。不要多，就看台灣天下雜誌的製造業十大排名，就有很大變化，這些都說明了競爭態勢更是絕無留情餘地，企業如不嚴肅面對，不要說抓不住市場機會，反而在機會來臨時被對手給趕過去那就根本沒有明天了。

3. 新機會

現在做生意賣東西，可以沒有實體通路，可是不能不想想虛擬通路。甚至是以虛擬通路為主，實體為輔，如線上遊戲業。網購發達促成了PChome，也帶動宅配的成長。就算科技發達，一些老行業也有新客戶，如DIY、居家裝修、居家美化等。機會是可以創造的，關鍵不一定在行業新舊與否。

4. 不可測因素

以上所說皆屬正面，若不幸碰到負面因素，產業（及廠商）也得注意，冷不防整個公司或整個產業都沒了。

(1) 政經動亂

如果很不幸地碰上政爭、政變、內戰，一定導致總體社會經濟情勢動盪不安，在這種情況下，再好的經濟基礎也會大受打擊，要想恢復元氣不知又要多少年。自二〇〇七下半年以來，石油價格不斷上漲，連一向低價的穀物糧食等作物都上漲一倍以上，讓許多低度開發國家受難。企業要想趨吉避凶，對這些情勢的演變，務必要緊密關注。

(2) 消費者實際支出少於預期

產業的消長，有時很大程度是受消費者總體心理因素影響。日本的地產、金融泡沫其實倒還能被社會承受得起，但日本政府就是不願讓它戳破而一味用各種手段做干擾市場經濟的動作，反而造成日本人民不信任政府、不信任產業而不敢消費。過去二十年的通貨緊縮，日本人有錢不願意花，結果整體經濟停滯二十年。

(3) 政府行動

有些時候，政府為了保障社會大眾而做出的行政措施也會對產業造成莫大影響，但這都還是站在保護人民生命安全的顧慮下而做的舉措，社會也認為其做法合理。以前在歐洲發生的狂牛症，造成世界各國禁止英國（及某些西歐國家）牛肉進口，英國的畜牧業及靠牛肉出口的廠商當然是一大打擊。前一陣美國也發生狂牛症，亞洲各國就不准美國牛肉進口。大陸發現H7N9流感病毒，台灣的傳統市場就禁宰雞鴨。

（4）消費者抵制

每隔一陣子，兩岸就會發生毒食品事件，先有三聚氰胺、塑化劑，二〇一三年台灣小吃業竟然發現有毒澱粉，雖然毒澱粉好像只用在一些小吃上面，像是黑輪、粉圓、珍珠奶茶等等，但這可是關係到廣大市井小民的生計，消費者當然可以選擇先不吃，最受影響就是夜市小吃生意馬上滑落。（當然，這樣的抵制也同樣會對其他替代品產業造成需求。）

五 企業自身預估

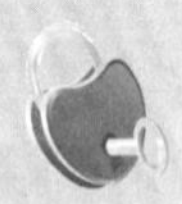

當企業在準備做銷售預估時，應全方位地檢視企業本身有何與過去不同的行動，而此種行動對未來（短、中、長期）造成的影響就會反應在可能的銷售數字上，這就是企業做預估時最直接了當的思考。

1. 影響企業本身預估的因素

（1）策略面

企業任何策略上的重大決定，都會對企業的發展造成深遠影響。英特爾本來是做DRAM產業的業者，當其決定徹底轉向微處理器的生產時，英特爾不只是做產品轉型，英特爾可說是完全換了個產業。轉向的結果，整個預估基礎勢必要重新建構，所需參考的所有市場數據也必須從頭建立。蘋果的iPhone 剛推出時，手法神秘、價格高檔，的確引起市場熱烈期盼，只不過銷量並不如預期。等到二〇〇八年新款的iPhone上市，這次蘋果改以低價滲透，因為她們的目標是一定要在一年內賣到一千萬支！

（2）產品變動（研發）面

當廠商在技術研發上有所計畫並獲得實際成果，反應出來的就是新產品或服務的推出（全新的或取代舊的），廠商自然會對其有所期待。如果這種產品上的推出也是消費顧客所預期，肯定反應在銷售數字上的就是荷包滿滿。iPhone的上市，哈利波特的續集小說及電影都給讀者及觀眾帶來無比的期待，推出後，果不其然，數字一片長紅。

（3）市場通路面

企業如果開闢新的通路，必然預期其銷售上會有所表現，尤其以做連鎖業務的企業更為明顯。便利商店的展店與銷售額、麥當勞推出過的加盟店計畫、量販店不斷擴點等，都在短期內看到業績成長。

（4）行銷推廣面

只要廠商在行銷推力上多施點勁，銷售成長是很篤定發生的。所以靠行銷推廣為主的企業，只需在價格上做點彈性（如百貨公司週年慶全館八折必定狂賣）、廣告預算多支出點（對許多企業都適用）、各式促銷活動做個幾回，都會在銷售數字上看到明顯回報。

（5）銷售面

人多好辦事。最直接的投入與產出關係除了生產管理外就屬銷售隊伍投入了。只要增加人手、增加業務人員、擴充業務團隊，銷售業績很容易就有起色。但人員投入所得的產出是高是低，一方面是受產業特性因素影響，另一方面也跟企業自身條件與實力相關。

分析了那麼多產業預估與企業自身預估相關的因素與條件後，廠商最終還是要發展出自己的預估模式。

2. 建立模式

企業在試圖建立自己的預估模式時，由於畢竟無法做什麼計量經濟模型，在實務上給產品經理的建議是，不妨運用一個以上的方法來同時做預測，只要對每個預測方法的限制與應用清楚，什麼時候該用什麼方法做，其實並不困難。

(1) 市場占有率法

如果能找到市場占有率的數字，對銷售預估來說可算很幸運了。表6.1是某產業的規模與各競爭者占有率的假設數字。它同時有歷史資料也有預估數字，更棒的是它有主要競爭者（廠牌）的占有率數字。從2011到2012的預估，一定是一邊參考過去各廠牌的消長趨勢，一邊則是憑本身對產業各家的熟悉程度做一推測，看各家的實際成績在未來幾年表現如何，用這兩個主客觀因素做綜合判斷。

		2008	2009	2010	2011	2012
總市場(Mil. NT.)		550	650	750	840	924
年成長率			18.2%	15.4%	12.0%	10.0%
各品牌占有率 %						
	A	37	35	33	31	30
	B	31	32	33	33	32
	C	25	24	22	21	18
	其它	7	9	12	15	20
	Total:	100	100	100	100	100

註：2011、2012 之數字為預估值。

表6.1　某產業占有率推估

(2) 移動平均法

就算拿不到各對手及產業總體的資料，但自己的銷售歷史數字總會有，這時不妨將這些數字做個整理，做長期趨勢推測。如果以月為單位，將每個月的銷售數字（不論是數量或金額）做成一直線圖，很有可能得到如圖6.2同樣的圖形。至於為何得到這樣起伏很大的曲線，原因不外乎：

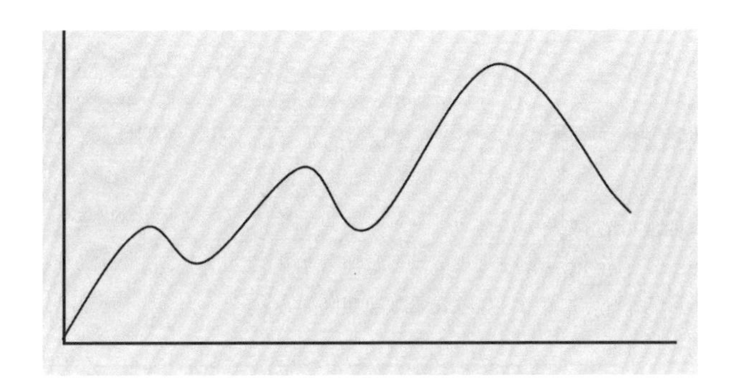

圖6.2　某產品銷量趨勢圖

◆產業本身的季節波動所引起

幾乎所有產業的銷售都會有淡旺季、也都會歷經春夏秋冬、也都會受當地特有的節慶因素影響，如西方的聖誕節、中國人的農曆新年，或是明顯的長假期（中國大陸的五一、十一長假期）。這就造成不同時間點的銷售數字或高或低。

◆企業本身的行銷推廣活動

不論是廣告或各種促銷推廣活動，總不會每天都同樣一種，更不會每天、每月都有相同力道，反應出來的結果就是不同期間會有不同的銷售反應。

由於這兩大類因素，使得原始銷售數字會有如此明顯差異。

如果直接以歷史數據做未來預測，圖6.2是很難進行的。這時可以借用統計學的三個月移動平均觀念做一調整。表6.2為一假設的銷售數字，原始各期銷售數字為A、B、C……K，做三個月的移動平均後，再把新的數字再做一次直線圖，往往可以得到較有斜率的直線圖，如圖6.3。作者曾用這個方法做過幾個產品的銷售預測，正如所料，從調整後得到的斜率可以做出不錯的銷售預估來。

期別：	X1	X2	X3	X4	X5	X6	X7	X8	X9	X10	X11
各期銷量：	A	B	C	D	E	F	G	H	I	J	K
換算三個月移動平均：		(A＋B＋C) / 3	(B＋C＋D) / 3	(C＋D＋E) / 3（以此類推…）							

表6.2　移動平均計算法

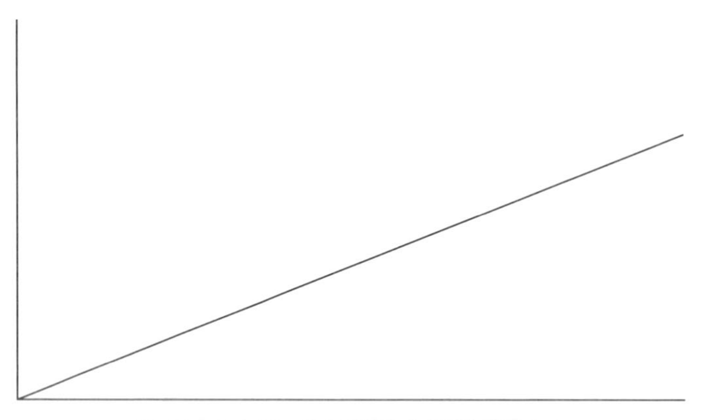

圖6.3　依三個月移動平均銷售趨勢

（3）市場操作法

本書先前曾介紹過，任何品牌之建立過程不外：試用、重覆購買、忠誠使用三階段。對一些毫無歷史（資料）的商品要來做銷售預估，唯有大膽假設、小心求證地用此觀念來進一步做預估。請看以下個案：

◆愛視潔保養液

由於眼鏡店在消費者選購隱形眼鏡後都會贈送一套保養組，內含鏡片消毒清潔盒、一週用的藥水，有的廠商還會提供去蛋白或額外的清潔液。也正因為如此，一般保養藥水業者皆堅信在推廣藥水時，提供這種免費的贈品給消費者是絕對必要且划算的。問題在於有不只一家廠商提供這種贈品，而眼鏡店在贈送時都會隨心所欲地給，不論來者是新配或已配者，且有時還應顧客要求給二、三個。

愛視潔的套裝樣品目前正可算是炙手可熱，雖然套裝每個月都發出去將進一萬組，但還是不夠用，業務員抱怨不夠，客戶打電話來也說不夠，但到底每個月送出去那麼多真的很有效嗎？有多少是浪費的？並且愛視潔本身只有藥水，並不像其他大廠還有鏡片，所以該如何重新評估並運用這筆預算呢？

根據公司目前手邊的資料及成本概況，每個保養套組的成本及藥水售價是：

- 套裝成本：65元（可用一週）。
- 藥水售價：公司賣給眼鏡店約170元，平均每瓶240c.c.，約可用24天。

品牌經理提的直效行銷案簡要如下：

- 給願意配合的眼鏡店，只要針對「新配」隱形眼鏡者就贈送一組愛視潔套裝。〔不論多寡、不限數量〕
- 但這些新配者的資料要按月提供給愛力根公司，由公司進行售後服務。
- 拿到資料後，公司洽請藥學系學生利用白天及晚上打電話給這些配戴者，一方面教導他們如何保養隱形眼鏡，一方面教其正確使用藥水，同時詢問其使用後的感想，並問他是否會購買同一品牌的保養液等等。

進行這套計畫需要外界資源。品牌經理找了一家行銷服務公司，告知其目的，請對方提出需多少費用來執行。對方報價如下：

- 電腦程式設計費：100,000元
- 電腦硬體保留空間給愛力根：600,000元

●每筆資料費用：

a. key-in：2元

b. 電話費：20元（不論遠近，不計時間），以打通為準。若撥二次均找不到人則放棄，亦不計費。

c. 每通電話工讀生費：30元。

●報告每月提供：免費。

公司決定先試行三個月，這三個月中全部原始資料共1,200位，其中有90%可以順利找到。在這些使用者的評價上，幾乎近95% 都說愛視潔藥水很好。有85% 說會購買使用。而據另一份市調結果，消費者使用藥水的品牌忠誠度有70%，其中使用愛視潔的忠誠度高達80%。

現就以此做練習，看如何應用TRR這市場操作法做預估：

◆試用量

（1）試用人數：1,200×90%＝1,088

－可用全部的1,200位 （因為90%的回答資料應可代表母體）當然，如果要保守計算，用90%的比例也行。

（2）第一次購買者比率：85%

（3）第一次購買量：

1,080×85%×1（瓶）＝918瓶

◆重覆買第二次

（1）第二次購買人數：734人

1,080×85%×80%＝734

（2）第二次起的購買量：8,074瓶

－假設每瓶可用一個月，第一次購買用一個月，再次購買的人會有80%（因為平均愛視潔的忠誠度有80%，而非70%的數字），估計他們已經有忠誠度了，所以就先估計頭一年的量，也就是第二個月起一直到12月止：

734×11瓶（第2～12月）＝8,074瓶

◆忠誠使用

計算到此是一種算法，所以累計銷售量為：

（1）累計第一年銷售量＝918＋8,074＝8,992瓶

（2）但這種產品的忠誠度實在很高，消費者一般習慣使用後是不會輕易轉換的，所以建議可以再多估兩年，計算第二及第三年的銷售量：

- 人數＝734人
- 連續兩年使用，每人24瓶，共計：17,616瓶

734×24＝17,616瓶

以上就是憑藉對市場的了解所做的市場操作法演算。（至於本案是否可行？那是無庸置疑的。）

（4）個人專家判斷法

如果真是毫無資訊，只有依賴個人主觀判斷做銷售預估。要注意的是，個人主觀判斷不是老闆說了算！而是真正應用專家的判斷來對市場進行推估。請看下例[1]：

◆個人專家判斷法舉例

在一項有關銷售預測的談話中，可以看出預測人員如何巧妙地取得專家的估計。

預測人員：你認為明年銷售額會有多少？

公司主管：我一點概念都沒有，我只是認為那個地區的銷路會不錯。

預測人員：你認為那個地區的年銷售額會超過一千萬元嗎？

公司主管：我不認為如此，太不可能了。

註

1.黃俊英，行銷研究——管理與計術，第六版。（台北：華泰文化事業股份有限公司，1999年9月）PP. 524－526。

預測人員：你認為年銷售額會超過八百萬元嗎？

公司主管：有可能。

預測人員：年銷售額會低於四百萬元嗎？

公司主管：絕不會那麼低。如果那麼低的話，我們就無須開拓那個地區了。

預測人員：銷售額在六百萬元是否較有可能？

公司主管：很有可能。事實上，六百萬元還是稍微偏低了些。

預測人員：那麼，你認為銷售額會有多少？

公司主管：七百萬元左右。

上例中，公司主管（專家）一開頭就表示他對未來的銷路一無所知，預測人員先點出銷售額的上限和下限（一千萬和四百萬元），然後逐漸縮小預測的範圍，取得最後的預測值。

預測人員：剛才你預測明年銷售額約七百萬元（點預測），現在你能不能再估計一個樂觀數字，而明年我們只有10%的機會可能超過這個數字。

公司主管：這個很難說。

預測人員：你認為明年我們有10%的機會銷售額會突破九百萬元嗎？

公司主管：不，我不認為能達到那麼高。

預測人員：那麼你認為應該降低到多少呢？

公司主管：我想大概八百五十萬元吧！

預測人員：那麼你能不能再估計一個悲觀數字，而明年我們只有10%的機會會低於這個數字。

公司主管：大概四百萬或五百萬元，最多不超過六百萬元，我看大概五百五十萬元左右。

預測人員經由上述對話，終於巧妙地取得該主管的區間預測值：有80%的機會銷售額將達到五百五十萬元到八百五十萬元之間。

這個方法有幾點非常值得學習：

◆它巧妙地估計出點估計值：一個數字。

◆它巧妙地做出區間估計。

◆它巧妙地得出區間估計的把握度：80%。

在實際應用時，最好再做以下調整：

◆多找幾組做，不宜只做一組。

◆各組得出的點估計及區間估計，依各組成員的資歷背景給予不同的權數。

◆將各組數字與權數相乘，加總即得最後數字。

若問，各組的加權權數又是從何而來？這只能請專案主持人（或有關人士）就當時狀況做估測，但畢竟這是比較好的調整方式。

第07章

預算編訂

- 審視過去
- 累積資產與負債
- 今年計畫預期成效
- 公司目標
- 三～五年損益預算格式

在許多人眼中，總是認為行銷預算是花錢的，是費用，一遇到經營數字不漂亮就想砍行銷預算。他們也很奇怪地認為行銷預算是產品經理口袋的，總是以為，只要把行銷部的資源縮減，那麼公司就好過一些！真是令人無法理解！

以市場為導向的企業，銷售預測及預算編訂，都應由產品經理為發起者。產品經理做好銷售預估後，他應繼續完成其細部的行銷預算，包括廣告費用、消費者促銷費用、通路促銷費用，及偶而需要的市場調查費用。生產部門依照銷售預估，可著手進行生產及採購計畫，連帶地採購預算及原物料費用、成本等也由其負責。若公司還有研發單位，自應由其擬出（或公司投入）一定的研發預算。整個人事、管理、財務會計等人員單位的支出，就可由財會單位進行。整合以上各部門的支出，就完成企業整體的預算計畫。

至於銷售單位的預算，其促銷費用支出一般是放在行銷總體預算中的通路促銷費用，其人員費用則與其他單位一樣歸到人事支出費。

一　審視過去

預算與銷售預測永遠都是一個整體，無法一刀兩切。之前也提過，產品經理甚至該先擬出大略的預算支出並估測可能的銷售收益，這樣做出來的兩套數字才會更有一致性。然而實務上碰到的，多半還是先把銷售數字給拼湊出來，再依企業慣性做各項費用的分餅式切割法。

不論怎麼操作，產品經理在做自己部分的預算計畫時，首先先回顧過去的數字永遠都是正確且必須的第一步。

過去銷售歷史

看看過去的銷售狀況，目的是要找出一些關鍵數字。

表7.1是一模擬公司連續三年的損益表分析，下半段為常見的損益表格式及損益科目。在這些數字中，除了絕對數字外，也應該以相對數字（比率）做比較分析。基準點的選擇，可以從由通路收回的貨款為起始點或是扣掉一些退換貨（銷貨退回）後的淨銷貨收入為原點。

產品經理不論背景為何，對於下頁的表7.1的格式及由來一定要精熟，即使沒修過會計學也要想辦法給補上。

		Y2008	Y2009	Y2010
市場規模 (打)		5,000,000	5,600,000	6,440,000
年成長率		10%	12%	15%
占有率目標		25%	27%	30%
- 銷售打數		1,250,000	1,512,000	1,932,000
- 銷售瓶數		15,000,000	18,144,000	23,184,000
銷售收入 (NT$. 百萬)		150	181	232
- 零售價 (NT)：		20	20	20
- 計算自零售通路：		15	15	15
- 計算自經銷通路：		12	12	12
- 計算自批發通路：		10	10	10
成本估計		45	51	58
製造成本/瓶		3.0	2.8	2.5
(平均成本：NT/瓶)				
損益計算 (單位 百萬台幣)				
計算自批發通路之銷售		150.0	181.4	231.8
銷貨退回	2%	3.0	3.6	4.6
淨銷售收入		147.0	177.8	227.2
製造成本		45.0	50.8	58.0
倉儲運輸	5%	7.5	9.1	11.6
邊際貢獻		94.5	117.9	157.7
廣告		25.0	30.0	30.0
消費者促銷		20.0	25.0	25.0
通路促銷		15.0	18.0	18.0
固定費用		25.0	30.0	31.0
銷貨毛利		9.5	14.9	53.7
稅後淨利	25%	7.1	11.2	40.2

表7.1　三年損益表

二 累積資產與負債

同樣參照表7.1，面對過去這一大堆成本、費用、收益數字，腦中應該將這些數字區分成三大類：資產、負債與變動類。（這裡所謂的資產、負債，或固定、變動費用，並非如會計學所定義的，只是借其觀念及名詞。同樣有關資產支出及現金流量等偏財務面的預算分析，暫不在此討論。）

1. 資產類

過去所有的支出，累積下來對公司會有正面助益的，都屬於公司的資產。在編新年度預算時，可先判斷，如果今年什麼事都不做（指不做行銷活動、產品研發、通路擴張之類的）而只仰仗過去的「祖產」，那會得到什麼結果？屬於資產類的預算科目大致上有以下幾項：

（1）廣告支出

過去的廣告花費，多少都會在消費者腦中留下印象。所謂的廣告知名度、記憶度與偏好就是指正面的公司資產。即便新年伊始，完全不花一毛錢的廣告，但總會留下些什麼。而如果持續投入，效果是否會更好？或是邊際效用呈遞減？

（2）促銷費用

不論何種型式的促銷支出，也都和廣告支出一樣會有品牌資產效益。（所以這些支出就同時對另外兩項無法在預算或銷售預估上顯現效益的科目產生默默累積的效用——商譽、品牌）

（3）客戶

公司過去的投入，有一大部分是在累積客戶。如促銷費用及業務人員的投入等。它的效果也會持續一段期間，如果持續投資當然還是會對企業有所助益。

（4）關係

與客戶同性質的就是關係。但這裡所指的關係就包含更廣泛的層面，包括產業的上游及協力廠商，也包括外部往來的非客戶型人際網路，如媒體及社會大眾。公關投入也會對這些產生遞延效果。

（5）經驗

泛指企業所有各功能部門人員所累積的經驗。公司對過去這些的各項支出也同時在培養並深化各領域（人員）的經驗。

2. 負債類

對於企業經營，無法省去的必須支出，也不妨看成是公司預算的負債科目。因為就算不做生意了，這些費用還是會支出一段時間。

（1）人事費用

剛才所舉的關係、經驗，反過來看它也是負債型的支出，因為就算生意再差、銷量是零，都必須支付人事費用。

（2）辦公室租金

包括公司營業處所及生產廠址等等，這些租金或折舊都屬於不可少的支出。

（3）管理費用

如一些固定的辦公費用等。

3. 隨銷售而變動

除了資產及負債類，另一類支出就應屬隨營業規模或銷售活動而變動的預算科目，像是：

（1）製造成本

即便其中還可拆成固定或變動，但基本上它還是隨銷售多寡而增減，做預算時其實倒還好估。

（2）倉儲運輸

有些企業有自己的倉庫或運輸車隊，有些運輸則是委外處理。所以在做預算時也可視為隨銷售而變動的科目。

三 今年計畫預期成效

看過去走過的痕跡，再將各科目予以歸類，接下來建議產品經理在編預算之前，應該擷取「零基預算」的精神與做法一一檢視每個預算科目，一切從零開始。要做哪些計畫？它是必須的嗎？亦或是負債類科目？它會帶來效益嗎？帶來何種以及多少效益？是立可兌現的效益還是對長期資產有幫助的？透過這樣自我要求，所編的預算才是真正該做的項目而不是信手拈來或只想消化預算而已。在產品經理所負責的預算科目中，先前幾章也略有提到費用編列的要點，在此不妨來個溫故知新。

1. 廣告費用

一個已投入多年廣告費用的品牌與新上市品牌的廣告投入，所得到的單位效益一定不同。雖然這部分的確很重要，也的確不好算，但請還是參考GRP與SOM、SOV的介紹，一步步估計該投入多少廣告費用及可能帶來的效益做初步的預算。

2. 促銷費用

請參考第六章愛視潔直效行銷的個案。如果照此計畫去做而會得到很好的回收效益，那這計畫肯定值得去做。所以該計畫應列入今年（甚或未來）的預算科目，費用加總就是此計畫的預計支出。

其他各種促銷計畫也應秉持這樣的思路：先做計畫、驗證可行性、估計費用投入、列入預算。

3. 業務及通路費用

這一部分，有些效益是在客戶及關係上，真要做效益評估確實有難度。比較好的做法是參考過去的經驗值，找出一適當比例，依照今年可能的銷售計畫做一大致分配。

至於像新品上架費、新鋪貨點獎勵費及業務激勵獎金等，就可一項一項依目標、進度，分季、分月編製。

四 公司目標

本文先前曾大力反對用激情、老闆指派式的方式來做銷售預估，做預算亦是同樣道理。但作者卻贊同，一旦對銷售及預算有了初步數字之後，必須要給財務主管及高階人員做複審及定奪。畢竟公司除了產品經理要過日子外，其他人一樣會有許多壓力與目標必須對數字負責。對公開上市公司來說，股東會的壓力、財測準不準的壓力、市場對目標達成的壓力、對企業控制成本的壓力等等，都是企業（經營者）必須面對的。所以在綜合各部門的預算後，一定要讓公司掌舵者再檢查一下數字，如果有所增減，當然也期望那是不得不做的舉措，但絕不是官大學問大。

在此也不妨說個切身實例。

作者在服務某美商跨國公司時，為讓全球數字好看，公司有次打算刪減亞洲各分公司的行銷預算，因為這是最簡單可看到數字美化的動作。但當時作者敬告主事者，台灣地區正值快速成長階段，公司不但不應刪減台灣的預算，反而應該多給，這樣反而能給母公司更好的財務回報。筆者曾對老闆說以下這一番話：

「老闆，如果預算少了五百萬，到了年底數量做不到，你可不能怪我喔。因為我們的銷售預估都來自很紮實的行銷動作。（可是話鋒一轉，我接著說）但如果公司能把大陸省下的七百萬拿過來用，我保證可以幫公司多成長10%，淨利還能超過七百萬許多，老闆，怎麼做你決定囉。」

你猜如何？七百萬如數撥來。結果呢？還超過當時誇下的數字。產品經理如果這輩子有過一次這樣的經歷，雖死無憾。

五 三～五年損益預算格式

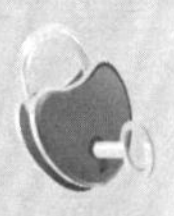

在整合各部門預算時，應該要做到三~五年的損益預估表，正如同表7.1的格式。這樣表達的方式有幾個優點：

（1）它能反映中長期計畫

預算不光只有當年計畫，也應同時考量企業中長期的發展計畫，而這些計畫也起碼有數字做基礎，而不只是想想而已。固然在做中長期計畫時也無法確保數字準確，但關鍵是，這些計畫都確實被公司高層考慮過，也都有數字做依據，即便要修正也都有所參考而不是隨興之所致。

（2）它能同時讓各部門做共同基準

預算不是你做你的、我做我的。而應該有整合作用。完整的預算起碼要看出幾件事：

－行銷與銷售一體

－銷售與生產一體

－生產與採購一體

－採購反映原物料及庫存

－原物料及庫存一定反映在財務數字上

－所有重大投資、支出，全都在一張表上

－一定能看出損益結果

A&P預算表

除了表7.1外，產品經理又該如何把當年的行銷預算完整展現呢？這就要做張廣告與促銷費用預算表，簡稱A&P（Advertising & Promotion）。

對本部門的每項支出，產品經理必須做非常細的預算編列。它的原則有：

◆科目要詳盡，並且保留幾欄以備突發狀況

◆必須分月，再分季，再做年度加總

◆除了數字加總，再做比例分析

下頁的表7.2即是一張完整的A&P預算表。

在科目上，依次為媒體廣告費、消費者促銷及通路促銷。每大項裡，又有許多小項，如TV電視預算、網路廣告等，並且把廣告公司所收的服務費也一併顯示。每大項中又保留幾個欄位，萬一有些其它費用發生也能放到適當位置。在最下面再做大項加總，看起來會更明確。

橫項中，把年度分成12個月，每三個月再做季度統計。在最右邊做年度加總後，同時做個比例分析，可以看出哪些費用佔多大比例，以便重點管理。

這樣的格式應該跟隨產品經理一輩子。只要第一次辛苦點把格式做完整、公式設好，以後隨手編來就能事半功倍。

廣告促銷預算表		1	2	3	Q1	4	5	6	Q2	7	8	9	Q3	10	11	12	Q4	全年合計	比率分析
媒體廣告=A																			
A1	TV																		
A2	TV 服務費																		
A3	報紙																		
A4	報紙 服務費																		
A5	雜誌																		
A6	雜誌 服務費																		
A7	廣播																		
A8	廣播 服務費																		
A9	戶外廣告																		
A10	戶外廣告 服務費																		
A11	印製物																		
A12	印製物 服務費																		
A13	Other-1																		
A14	Other-2																		
消費者促銷=B																			
B1	折價券																		
B2	紅利包裝																		
B3	折扣獎金																		
B4	樣品																		
B5	抽獎																		
B6	加量不加價																		
B7	贈品																		
B8	Other-1																		
B9	Other-2																		
通路促銷=C																			
C1	合約金																		
C2	特殊折扣																		
C3	抽獎																		
C4	禮品																		
C5	樣品																		
C6	Other-1																		
C7	Other-2																		
媒體合計 SUM(A1..A15)																			
消費者促銷合計(B1..B10)																			
通路促銷 合計(C1..C8)																			
廣告促銷預算合計A+B+C																			

表7.2 A&P 預算表

第08章

通路行銷2.0

- 如何面對通路變化？
- 通路行銷1.0
- 通路行銷1.0 vs. 2.0
- 如何一步到位做到通路行銷 2.0？
- 將通路行銷2.0轉成競爭優勢

現代化通路崛起，使得通路掌控的時代來臨。平心而論，現代化通路對消費者而言是個福利，節省購物時間又省錢。但對廠商而言卻是甘苦參半，好的是省掉自己配送的辛苦，苦的是被通路剝削。

面對通路的崛起，通路行銷已經在很多消費品產業以及跟現代化零售通路打交道的企業內形成共識，許多公司也成立通路行銷部門，有的隸屬於行銷部，有的歸到業務部。至於像「大客戶經理」（Key Account Manager）或是「通路行銷經理」（Trade Marketing Manager）的職位也越來越常見，這些都是應變局勢的產物。可以說這些企業是預見趨勢、趁早行動。筆者把它歸類於「通路行銷1.0」。

然而，在觀察許多「有遠見」、早已操作通路行銷實務之企業後，發現一件很弔詭的事：為何這些有先見之明之企業其經營績效並不令人滿意？也就是其營業額或許提升，但營業利潤卻未見起色！原來，把通路行銷動作做得越多，通路商的各種費用其實並未減少，而營業額上升的背後還是要靠頻繁的通路活動來支撐，這就是費用，並且還要多付年度回饋（所謂扣趴）。不止如此，企業內部為了操作1.0的通路行銷，也要設立新部門、設置新職位（而且是有經驗的行銷或業務人員出任），也都是不小的花費，以致年度結算後利潤反而比不做通路行銷還要少。

另外，通路的概念也應該延伸到不只是零售業而已。作者鼓勵企業把通路的概念延伸到所有與顧客接觸的接觸點上並給顧客留下美好體驗，作者稱之為「通路行銷2.0」。

一 如何面對通路變化？

零售之輪的演變，讓我們在看待通路的變化時有所警覺；網路的廣被採用，網路銷售、網路拍賣與電子商務大行其道，迫使產品經理有必要重新檢視通路變化的內涵以及對通路重新定義。

1. 通路之起伏

約莫三十年前，現代化的通路業者開始出現，統一企業投資了7-11與統一麵包店，味全投資了松青超市與安賓（am pm）便利商店。香港商來了兩家，頂好惠康與百佳超市。過了幾年，萬客隆進駐台灣，接著引發各廠商對量販店壓低價格的不滿，對通路商上架費、贊助費等等苛捐雜稅的痛恨與懼怕，都在在宣告由通路掌握的局面已悄然成形。

新通路的崛起，自然也意味著舊通路的衰亡。

不只是雜貨店／零售業有這種轉變，連居家裝潢、維修都竄出像特力屋這種量販店。演進勢頭絲毫沒有停止之跡象。在行動電話開放後，新業種的零售通路更是快速繁衍，除了賣的東西不同，每家店的經營模式似乎是傳統的雜貨店與7-11的混合體。更離奇的是，記憶中，電腦是多麼專業的東西，而現在每條街都可見到幾家電腦專賣店！電腦＋行動電話＋無線通訊，還有最新的家電、VCD／DVD與數位相機，3C通路竟成了另一業種，而且還做到半夜開幕、24小時營業。如果還認為不過癮，上網購物吧，上網搶標吧。上網不只可以在國內購物，還可以跨越地理疆界到任何地方購物。想找絕版書？請到.COM的世界裡搜尋，意外驚喜正等著你。

2. 通路之間的競爭

通路起伏，對消費者來說，未嘗不是一件好事。除了方便、可選擇的多樣性、不錯的購物環境，還有經常可見的特價和贈品。這不得不感謝通路間的互相競爭。

通路為了占有率，拼命向廠商壓低進價，以吸引更多顧客。或許身為廠商身分的你覺得通路太狠，但換個角度，這對消費者來說可是功德無量。他們一年到頭舉辦許多的促銷活動，還有超低價的自有品牌，讓消費者感受到在他們家買東西是越買越划算。

他們和廠商之間的聯合又對抗，逼迫廠商價格上不去，還多花費用。而通路彼此之間的競爭，傳統通路式微，一些小規模的通路也生存不易，或者縮減規模、或者互相合併，甚至昔時龍頭老大如今已消失無蹤，譬如萬客隆、譬如頂好惠康。等到通路之間的版圖再次重整，他們的市占率更集中在少數幾家，這幾家又憑藉新勢力再向生產供貨廠商施壓，使得價格更有利於消費者。幾番來回，通路之間的競爭必定出現幾家領導者，或許正跟品牌領導廠商一樣，而低價勢必成為其競爭武器。

3. 通路力量變強

雖然通路的許多動作都很可能反應出低價來，但低價，絕不是通路業唯一的競爭武器。

（1）可怕的採購規模

看看量販店以及連鎖超商的營業規模，都是以百億台幣為單位，而靠這些賣場才能做生意的廠商其營業額相對來說卻小得很。當通路規模越來越大，他們向廠商施加的壓力只會有增無減，迫使廠商再次調降，或至少不敢調升價格。通路在獲得更低的採購成本後，又回饋給消費者，藉此吸引更多的顧客；有更多的顧客，顧客就購買更多的商品，通路的營業額又再次上揚，整個過程又重來一次。

（2）通路的自有品牌

其實，如果通路只想到、做到規模經濟一項，做供貨廠商的還有機會偷笑。等到通路商開發自有品牌時，廠商的日子就會越發難過。自有品牌就是殺手。包裝水、果汁、家用紙、洗髮精、文具，這些通路的私品牌已經頗具品牌架式。加上全球通膨、新興經濟體參與世界工廠生產，低價品更加盛行，私品牌肯定還會加溫。7-11推出的便當、茶葉蛋、關東煮、咖啡更是動用廣告媒體大打品牌。這樣做市場，你還認為7-11只是通路嗎？

（3）通路形象廣告

通路也開始打廣告了。全聯社、家樂福、特力屋，都投下不少的廣告投資。不但如此，通路自己也會投入大手筆促銷費用舉辦各種吸引顧客上門的活動。這樣做下來，裡子（營業額）、面子（企業知名度）兩者兼得。

4. 新通路興起

沿著通路轉動的軌跡，或許可以這樣宣告：

- ◆傳統的零售業通路，勢必以目前的軌跡發展下去；量販店所占有的份額，還會繼續成長。傳統的零售商店將成為稀有動物，而超級市場極有可能僅圖個自保而已。
- ◆專業性強的通路興起，如行動通訊、個人電腦、影音家電，或通稱的3C賣場絕對更形蓬勃；甚至其它產業都會衍伸出各自的新型通路型態。（DIY的特力屋，全台各地的家具量販店都是現成例子。）
- ◆ 網路通路已成氣候，其所占有的購物比重將只增不減。
- ◆這麼看來，每家業者都應該把通路行銷當作必備功課，甚至於以更前瞻的眼光來創新通路行銷。

二 通路行銷1.0

1. 通路行銷簡史

「通路行銷（Trade Marketing）」的觀念有所考的先驅，應該是已經被購併的美國通用食品公司（General Foods）所首倡。約在上世紀80年代中期，現代化的零售商，如量販店、超級市場與便利商店正如火如荼地急速擴張，且都是特大坪數、連鎖方式經營。這些新興的通路業者挾其規模的威力不斷壓迫廠商以低價供貨、配合促銷活動，還要求新品上架費、年度新開點贊助費等等苛捐雜稅，來緊縮廠商利潤，整個談判局面就由過去廠商主導移轉到通路業者手上。為回應這種注定成形的大趨勢，通用食品公司就展開所謂的「通路行銷」專案。

通用食品先鎖定當時的大客戶，主動提出一整年的方案，包括設定年度銷售目標，每年做幾檔大活動來帶動銷售，目標達成給多少退「趴」等等，再配合陳列活動與貨架空間管理，來與通路業者合作。我們現在耳熟能詳的名詞，像是陳列管理、Key-Account Management、品類管理（Category Management）等，都是由此衍伸出的工作項目與內容，甚至相對應的職位與部門，如Key-Account Manager、Category Manager與Trade Marketing Manager都由此而來。當時的觀念把「通路行銷」定義成「以通路為主體，雙方在通路、賣場上合作展開廠商的行銷活動，例如在賣場作廠商或產品的廣告、現場做第二及第三點的陳列、為通路客戶訂製促銷活動等以帶動消費者，共創業績。」各位現在隨便走到任一賣場，不論是頂好惠康超市或是大潤發，7-11或是家樂福，目不暇給的陳列架、陳列物、樓地陳列，還有降價式、贈品式或是第二件八折、六折的促銷，壁面或燈箱廣告，都是通路行銷的展現。這是1.0 版的通路行銷。

 2. 通路行銷何以有效？

或問，廠商做原本的行銷工作做得好好的，何必又來個「通路行銷」？是否多此一舉？絕不。通路行銷之所以日顯重要，主因是：

（1）產品同性質越來越高

從古早的肥皂、洗衣粉，到最新流行的行動電話或液晶電視，同類產品的數量早已超過消費者負荷的程度。但這還不打緊，你可想見通路商所面對的廠商及品項數目已膨脹到何種程度！如果廠商不做點什麼不一樣的事，對通路商而言，他為何要對你的產品投下關愛的眼神？你又憑什麼能在眾多對手環伺之下突顯自己？

（2）談判力量已從供貨廠商轉移到通路商

隨著「零售之輪」的運轉，消費者感受到的是現代化、大型、方便、全年無休的通路經營型態。但與此同時，供貨廠商所面對的卻是威力強大、集體採購、苛捐雜稅、不留情面的新型採購者。不知有多少供貨廠商還懷念當年可以對某某通路採取不供貨做為要挾或迫其接受公司政策。美好情景，如今已灰飛煙滅。只要某家廠商在年終與大型通路商議合約時一不留神，明年銷售額少則短少3～5%（通路扣點），多則公司有10～30%的營業額就此消失！（因為根本談不攏，廠商也不要想再賣了。）

（3）廠商必須調整其行銷計畫以配合通路商之銷售計畫

對那些不重視產品管理制、不稱職的品牌人員來說，這也未必不是好事一樁。反正只要輪流與各通路配合活動，要上促銷DM就上DM、要贊助就贊助，反正品牌一年四季不閒著。身為產品經理的你，甘心嗎？

就光這三點，通路行銷就必須深植廠商的管理操作體系中。

3. 何謂「通路行銷」？

本書的「導言」篇，開宗明義就對「行銷是什麼？」下了個定義。

那，什麼又是「通路行銷」？

通路行銷就是把行銷操作那一套運用在通路上，並且幫助通路把東西賣掉，幫他們賺錢，同時把品牌做出來。

原始通路行銷的主要功能，即在與通路的互動中互相合作以創造雙贏。作者當年剛去做麥斯威爾咖啡時，公司先叫我們預備做產品管理的新生到統一的業務單位實習。統一業務銷售有兩個系統，一是當時傳統的零售通路，雜貨店；另一則是當時新興的通路體系，如超級市場、便利商店。雖然心裡很不樂意，但看在這個品牌份上，還是先忍下再說。

等到實習結束，開始接觸點正規的行銷工作，中途又穿插進一個計畫。事後回想，這件事還有那段實習過程，在日後對行銷領域接觸得越多，感受越是彌足珍貴。

原來這個計畫叫做「通路行銷」。在當時我們母公司的老家——美國，現代化的通路型態已然成形，並且通路商的力量及私有品牌已漸漸有了氣候。母公司就從本土開始創設及推動通路行銷。亞洲的菲律賓在1988－89年時，雖然經濟情況不如台灣，但在推動通路行銷時卻取得很好的效果。在這背景之下，公司看筆者剛從業務單位實習回來，意見很多，就丟出這套方案，希望筆者能跟統一的業務夥伴也做點什麼出來（當然，就是叫筆者少抱怨、多做事的意思）。

把整套計畫消化完之後，不禁自問，通路行銷要做得成功，至少要做到哪幾件事？

問：誰是通路行銷最能發揮效果的對象？

答：現代化通路，如連鎖超級市場（當時還沒有量販店）。

問：在這些市場裡，誰是接觸的主要夥伴？

答：採購人員（總公司）、各店店長

問：他們為何會對我們的通路行銷感興趣？

答：因為每家公司的採購部門都是地方狹小、人潮擁擠，各個採購人員起碼都負責上百項的產品，更別提他們的主管。所以囉，哪怕他們每天只想一個品牌就好了，大概一年也不見得輪到各個品牌一次。因此，領導品牌就佔了上風，畢竟廣告常打，品牌有名，應該比較會跳進他們的腦海。

問：可是如果被動地等他們來，誰知道有誰（對手）曾主動地去找過他們？還會有啥好東西留給我們？

答：主動出擊，不必猶豫。

問：主動是沒錯，那要談什麼？做什麼？

答：首先要站在通路商的立場想，他們的工作職責是什麼？譬如他們也會承受內部壓力，要做業績、要吸引來客。但他們只懂零售，對各品牌春夏秋冬的行銷訴求不可能比我們清楚，所以應該由我們廠商主動幫助通路做生意。廠商應該主動提出配合計畫來協助通路，也是協助我們的夥伴，這才是建立長期互惠關係的根本之道。

問：廠商有什麼資源在手上？

答：我們有品牌，永遠不要忽視自己的力量。我們有行銷預算，能創造銷售績效。（即使沒有正規預算也不必恨！因為只要能創造業績，預算自然出現。）我們懂消費者，起碼懂本產業的消費者。以及最重要的：我們願意幫通路做事，這才是最最關鍵的成功之道。

在仔細思量這些背景因素後，筆者跟公司提出討論，獲致極大的認同，於是就把當時的松青超市及百佳超市交給筆者，和統一負責的業務同仁共組一小組來進行。

由於先前曾和業務人員共事過，對通路的竄起及應對也交流過，於是我們共同擬出年度計畫，目標就是希望通路照章全收。這份計畫的重點有：

◆針對咖啡的重要季節，在端午、中秋及農曆新年，主打麥斯威爾禮盒。

◆針對連鎖超市的週年慶及新店開幕，麥斯威爾都提供隨身包做贊助。凡在當天來店購物的顧客，每位贈送一包隨身包；而原先每盒售價180元（20包入）的也特賣一週，每盒159元。差價部分，我們以產品做交換補貼。

◆我們自請工讀生在賣場做免費試喝活動，由我們事先安排，每個週末假日輪流在各店舉辦，所有費用都由我們吸收。

◆我們要求要在正常的咖啡陳列區，放上麥斯威爾完整的產品線，並且以照片為證。

◆在終端陳列架，每年至少要有三個月擺放麥斯威爾全產品，並且我們特地量好貨架尺寸，在上端放置大型海報板，藉以宣示主權。（這點他們通路有困難，因為這區位太搶手，被我們一佔三個月，別家肯定會抗議。協商之後，買一送一，我們可以要三個月，但要支付一個半月的租金。成交。）

◆如果通路在上述所謂的週年慶、新店開幕而有製作DM，一定要放上麥斯威爾咖啡訊息，而且，免費。

◆在這些計畫下，看看去年我們跟他們分別做了多少業績，算算今年的投入，雙方議定要成長50%，年度合約贊助金比例維持原狀。

計畫一提出，幾乎沒更動任何事（除了終端陳列架外），通路照章全收。但我們確實做好服務：

－每家店的終端陳列，事先講好在租約開始前一晚，星期五晚上九點，我們把商品及POP帶去自行擺設，不麻煩現場人員，只要跟店長打個招呼。做好陳列，拍照存證。日後業務去巡店，甚至試飲小姐、公司任何人來看都以此照片為憑，有何不對的地方，他們來找筆者，筆者就去找店長。（日後筆者所負責的超市就自動成為陳列樣板店）

－各項活動開始前一週，我們都事先傳真出貨單給客戶，因為貨量多了許多；在他們簽字確認後，各店的正常陳列及額外陳列、貼POP等，都是我們自己去做。

整個計畫的效果如何？舉兩個例子。

一次是我們亞洲總裁要來台灣看市場，他一定要看超市的情形。這時樣板店的功效就發揮出來了，筆者直接打電話給百佳、松青，尤其是百佳，因為他們在香港很有名，大老闆一定知道、也一定會要求去看，就算我們主動帶他去看，他也一定認為正常且有參考價值（看看香港分公司做得怎樣！）。電話重點只有一個：老闆要來，要做陳列給老闆看。對方二話不說，叫我們隨便擺。那還客氣。除了正常陳列區，把雀巢擠得看不見之外，各走道、出口要道等，專挑雀巢有做陳列的，把他們給團團圍住，讓消費者根本拿都拿不到。

另外一次是他們找我們。有次百佳採購主管主動打電話來，本來只是純聊天，後來聊到雀巢要做一大型活動，問我們知道否？我哪裡知道！可是時間也來不及了，就隨口跟他說，這樣，我們也做促銷，方式就跟上次一樣做特賣，給我個樓地陳列，但臨時來不及，可否請現場人員幫忙把陳列做好？一句話，沒問題。隔天去看，排得整整齊齊。

依此看來，通路商的需求，就是通路行銷的重點。那通路商要什麼？

（1）完整之產品線

通路商是靠服務客戶、服務消費者而生存。誰能服務最多的消費者、誰能以最經濟方式服務消費者，誰能提供最好的服務給消費者，誰就是通路贏家。要做到這些，擁有完整的產品線無疑是第一要件。

（2）主流商品

最多數人要的商品，就是主流商品。各行各業中排行前幾名的商品，是通路一定會要的，因為他們能帶來銷售量、能帶來營業額、能帶來利潤。

（3）來客品

雖各行業中都有排名前三名的品牌，但卻只有少數商品是通路眼中的「來客品」——吸引人潮。只要被列為來客品，就算少賺、不賺、甚至賠本賣都行！因為它能吸引人潮，人一來，就不會只買一樣就結帳走人，少說順手帶幾個走。通路就算準顧客會這樣，所以來客品就變成其策略武器。不論什麼時候，衛生紙永遠是家家必備的，所以舒潔是幸也是不幸，永遠是通路眼中最佳來客品之一。颱風季節前後，泡麵、礦泉水、蔬菜、罐頭、電池，就變成季節性來客品。Chivas原本是名列洋酒之列，一旦被某通路定個799元大賣之後，後面一家再來個499元特賣，Chivas就注定淪為平價酒了。

（4）形象品

通路也很注重形象的。什麼是通路的形象？市面上強勢品牌、領導品牌就是通路一定會進貨，以證明我這家通路是銷售有品牌的。消費品中的國際品牌不可能被摒棄在通路門外，所以它的進貨條件絕不會和其他廠商一模一樣。百貨公司一樓一定是化妝品，而且不能沒有那幾家國際名牌。如果那家百貨公司想突破傳統、不靠這些大牌，那他們的營業額也一定會叫他們悔不當初。

（5）服務性質

一旦設定要提供（儘量）完整的產品線，要服務最大多數的顧客，通路也會接納一些銷售可能不是頂高的商品或服務但卻能彰顯為客人服務的美好形象。修鞋服務即為其一。

了解通路的需求後，通路行銷該怎麼做呢？這就要從了解個別產業及其價值鏈下手。

4. 產業別與通路行銷之關係

試舉一般消費品、工業品以及代工為主之OEM產業來說明不同產業與通路行銷之關聯性，請看表8.1。

產業別	顧客	購買決策點	KSF	廠商負責人員
消費品	消費者	消費者	品牌 行銷（廣告、促銷）	行銷部門
	中間商 零售、賣場	採購人員	利潤 服務	業務人員
			通路行銷整合服務	團隊
工業品	需求廠商	技術人員 採購人員 商層	基本品質 價格 訂製服務	業務人員 技術人員
OEM	下單廠商	技術人員 採購人員 產品行銷人員 商層	基本品質 價格 訂製服務	業務/產品人員 研發/技術人員
			通路行銷整合服務	團隊

表8.1　通路行銷與各產業之關係

一般消費品，如吃、喝、用這些，廠商所面對的顧客除了終端消費者外，也要努力「賣」給中間環節及末端的零售渠道、賣場，因為他們如果不進貨，貨就上不了貨架，即使消費者想買也買不到。

但消費品產業真正構成決戰勝負的關鍵，還是掌握在消費者手上，他們的決策，決定此產業各廠商、品牌的興衰。至於中間環節，包括零售商，他們的採購單位（人員）所做的採購進貨決定，固然可以說沒有他們就沒有銷售，但總體來說，其重要性當然不及最終消費者。

既然消費者才是真正掌握（起碼八成沒問題）品牌地位的樞紐，所以廠商的KSF就必定是品牌（權益）與行銷（廣告、促銷等）。至於廠商與通路之間是否共存共榮、相處愉快，第二順位的KSF就是各廠牌所給通路的利潤及能提供多少服務跟服務到什麼程度。掌握這兩層KSF的負責單位分別就是廠商的行銷部門與業務人員。

再看工業品。工業品產業是將其產品賣給許多不同的客戶，但這些客戶分別隸屬不同的產業，並且他們購買這些工業品只是做為生產環節之一部分或輔助完成客戶生產產品的功能。譬如台灣最大的砂輪公司——中國砂輪，他們所往來的客戶，有眼鏡業、砂石業、汽車業、及高科技業（半導體廠商）等多種產業，其所提供的產品組合在最高峰時曾多達十萬種品項！他們的客戶窗口就單純只有一兩類，選購與否，多半由這些公司的技術人員、採購人員，偶爾會加入高層人員，共同做採購決策。採購標準，永遠都是品質和價格連動決定，偶爾會加入特殊的訂製服務。中國砂輪負責客戶的人員，業務永遠是第一線，也能完成八、九成的銷售目標。若碰到比較大的客戶，其技術要求較高，需要為其量身打造，就會由資深的工程師做主軸，再看情形是否需要加入其他人員來完成交易。

OEM產業與工業品產業同中有異。雖然他們都要從協力廠商取得其產品，但OEM往往只有少數幾家來共同服務同一家下單廠商或完全只由唯一一家提供成品，只不過標籤上打的是下單廠商的品牌。下單給華碩的客戶，原先可能是用華碩的主機板，但面板或其他原件卻是由其他公司提供。等到華碩有了完整的NB之後，下單業者就可以直接請華碩代工，直接出成品，無需再結合其他廠商的產品。NIKE的供貨商也是此種型態。

如此看來，以團隊型式，結合業務、產品品牌行銷、研發及技術人員等，組成一個能提供一站解決的高績效服務團隊，做完整的通路行銷，才能立於不敗之地。

5. 價值鏈決定做法及行動

不同的產業，都具體而微地點出了通路行銷的演化因果及其必然趨勢。但產業既有所不同，其在通路行銷上的具體做法是否因其而異？根據為何呢？答案是，依價值鏈的組合而有不同的實施重點。

（1）消費品產業價值鏈

套用第五章曾介紹過的牙膏案例，廠商要將通路及消費者的價值鏈也融入自身。所以廠商在配送之後（甚至於配送階段就能想到通路需求，但現代化通路多已實施發貨中心制，只要廠商把貨送到統倉，通路商會自行分配並運抵每個零售點），通路商會有哪些與廠商銷售績效相關、與消費者購買相關的價值活動？依次有：

－配送

－進倉（零售賣場的倉庫）

－上架

－陳列

－品類管理

－促銷活動

（2）工業品、OEM產業之價值鏈

這些產業的價值鏈重點，在其「產品最適化」組合。也就是綜合考量成本、品質與特殊需求之後所提出的整體配套措施，或說Total Solution。

6. 1.0世代之標竿工具

通路行銷中幾個工作重點可謂1.0世代之標竿工具。

（1）商品陳列

商品陳列，也可看成是在賣場環境中不靠人的商品展示，它包括商品本身的陳列及輔助道具、器材及物件做陳列搭配。像是正常貨架上的陳列貼紙、彈片；賣場裡其他地方做成堆的商品擺放陳列，以及各式不同的海報、吊旗等通稱為POP的陳列物。

◆為何要做商品陳列？

因為它可以帶來幾項好處：

－陳列可降低商品上市風險。

－陳列是在銷售現場操作。

－陳列可給予商品活力。

－陳列可吸引消費者目光。

－陳列有助於銷售。

◆一個好陳列的要件

做得好的陳列，大概可以看到以下重點：

－有個主題。像是新品上市宣告、促銷活動訊息、或是與最新的廣告主題做搭配。哪怕只是純粹地把產品利益做訴求都可以。

－與眾不同。記住，標新立異、爭奇鬥艷絕對是必備而非誇張的要件。

－清潔簡單有吸引力。陳列既是商品展示，所以它絕對代表品牌給人的印象，如何製作得簡潔、大方，又能吸引注意力，肯定是陳列要努力做到的。

－展示商品用途。不論是用實體展示或影像視覺表示，陳列都應該讓人一眼看出它是如何使用的。

－配合商店形象。這點可能不好執行，因為可能要準備好幾套不同的陳列道具及陳列方式；但卻可以理解。譬如某牌子的巧克力，在超級市場裡，可能就是正常地往陳列區一放；要是放在家樂福，可能是以樓地陳列放個幾大箱外加漂亮的品牌海報板；要是擺在屈臣氏，多半看見它放在樓梯口一個簍子裡或靠牆一放，上面再加張特價貼紙。不必抱怨，這實在是為了迎合賣場的定位罷了。

－小心意外。為了達到展示效果，是可以動腦筋做點誇張擺設，但要留意一點，不要造成妨礙購物動線而可能引起摔碰而傷到消費者。

◆陳列形式

陳列有多種型式，常見的有：

－割箱陳列。以前只不過是幾箱一疊，最上面一箱給割開，能看到商品就好。現在廠商已經很厲害，整個外箱就設計成可以直接展示為一個現成的陳列架形式，只要陳列人員到賣場去把整箱抬出，順著縫線割割折折，就能成為一個立體展示架。

－樓地陳列。把商品直接堆放在空地上（地板上）做陳列。

－終端陳列。指正常貨架的兩端陳列面，通常被某個廠商或品牌包下，可將產品線做完全展示。

－第二、第三陳列。凡在正常陳列架位以外的空間做陳列皆謂之，只不過看爭取到多少額外的展示機會而已，如生鮮區擺一擺、走道旁做個樓地、收銀機旁再放個兩箱等等。

－陳列架陳列。某些商品會為自己設計專用的陳列架，小的可以放在貨架上顯示小小特色；大的則有如冰箱大小，除了可以做多種產品陳列外，外觀上還可以做企業及品牌設計，整體看來非常有美感。

－垂直陳列。當同型（同類、同口味）商品品項眾多時，在整體陳列上，會依每種系列，依瓶罐尺寸大小，由上（小包裝）而下（大包裝）陳列，謂之垂直陳列。通常廠商如能自己決定擺設方式，會希望依此原則陳列。

－水平陳列。同類型產品，賣場上往往會依各品牌不同做水平式依次排列，如洗髮精放在同一列、潤髮乳同一列。

（2）品類管理

由於同一類產品越出越多，通路商就設立品類管理的功能，職位稱做「品類經理」，由他負責所有這類商品在現場的一切工作。

◆它是屬於「產品群」之編組

像洗髮精、沐浴乳，品類實在太多，占據貨架的空間也越來越多，該如何將全洗髮精做最好的組合搭配，占有多少比例的貨架空間、以及具體的擺設位置等，都由品類經理負責。

◆它演變成賣場及廠商都有此種職能

某些廠商，其旗下同類型商品就已夠多，所以他們也設立類似職位作為與賣場品類經理的對口單位。

◆它包括銷售分析、店內管理、棚割圖以及消費者訊息的蒐集

品類經理既負責此類所有商品，自然要對這類商品的整體銷售負責並依此做銷售分析，以判斷此類中最合宜之進貨品類。依此就衍伸出這類商品在賣場內之進貨、庫存及陳列，並且模擬不同的陳列擺設方式，看某品牌該占有多少陳列面，該擺出全系列或只挑其二三，並將這些可能陳列出一張陳列圖（謂之棚割圖）讓旗下各店依此圖形照表操課。不但如此，不同的陳列會有不同的銷售反應，如何及時地蒐集顧客反應訊息以隨時將陳列面、陳列空間做更動，都是品類經理非常重要的工作。

◆它關心的是陳列效能及產品獲利率

已有太多的實證數據指出，陳列做與不做，以及怎麼做，都會有不同的銷售反應。因此，賣場及廠商才會投入那麼多資源要把陳列做好，歸根究底，就是品類管理所關注的並能看出效益的，就在陳列的效果及產品直接獲利上。

◆它也是產品經理份內工作之一

品類經理的設置，在廠商方面，往往是設在業務單位。但因為它／他所關注的以及工作重心還是品牌、商品的現場陳列及店頭管理，故產品經理一定要主動與公司內的品類經理同事密切溝通，共同發展出適合之陳列規劃；更應該與通路的品類經理協調，找出最佳方案以獲得雙贏，故品類管理絕對也是產品經理應該列入其工作說明書的項目之一。

（3）通路行銷之促銷規劃模式

不論是產品經理、銷售經理、品類經理或通路行銷經理，當他們在與某重要客戶規劃促銷活動時，格式應力求簡潔、內容力求完整，而且最重要的原則——KISS（Keep It Simple，Stupid）。它的架構應該要有：

◆活動主題

如果活動本身有個很炫的名稱，在與通路及末端消費者溝通時會讓人覺得很不一樣；即使沒有一正式的主題，也不要忘了品牌本身及活動內容就是主題。

◆促銷目標

通路永遠關心能增加多少銷量、會帶來多少利潤。產品經理自然也不要忘記，如能幫通路帶來來客，那自然會讓通路快快接受。

◆整體計畫綱要

花個小段篇幅，把整個計畫簡要說明，讓看的人能有所了解，知道這計畫在談些什麼。

◆預測銷貨（收入）

可能大家最關心的，還是這份促銷計畫會給通路帶來什麼實質效益——創造多少業績。在預測時一定先把去年同期、最近三個月平均，以及最近銷售有無碰上特殊情況（不論是過年、長假、或地震、颱風）都一併註明，這樣自己在做預測時也有個譜。記住，不必太保守，不然還做幹嘛！但也不要太自信，屆時差距太大也會留下個不好記錄。

◆活動細節

接下來，就條理分明地把活動細節一一說明清楚：

－時間

－地點

－通路誘因：給通路折扣或是贈送數量。

－消費者誘因：這應該才是關鍵。只要消費者發動購買，通路不會有太大意見。

－操作機制：如果只是單純的特賣活動都沒啥大問題。如果是買2送贈品，贈品是否當場可兌換？在哪裡換？誰幫忙兌換？要讓執行的人清楚遊戲規則。

－資源分配：有沒有動用到工作人員？還是公司自己請工讀生？有沒用到一些道具、設備？怎麼分配等等。

－廣告支持：這次活動的規模有多大？全國性還是就單點？有廣告配合嗎？電視、報紙、還是廣播、DM？有沒考慮賣場的燈箱？（因為賣場都會問這點。）

－控制機制：如果是贈品類、抽獎類，怎麼控制得獎方式？誰來監督？辦法清楚嗎？如果要對外宣傳，誰來印製、誰來發佈？之前有某家電池公司與台北市政府合辦「廢電池回收，參加抽獎，送筆記型電腦」。活動是「說」要送101台，但廠商在事後卻說，從沒答應送那麼多，只有3台。這麼一來，不是玩弄消費者嗎？幸好台北市政府如數照付，卻不知廠商最後以送幾台收場？

－成本預估：本活動所有投入的成本、費用，都不要忘了要估出個數字。倒不是要通路負擔多少，而是兩個目的：一是，如果通路嫌誘因不夠，給他們看這數字比較不會再哀兩聲；二是，讓通路知道，公司為了這活動投入多少花費，起碼感覺上要對廠商客氣一點，禮貌三分。

在此也附帶提醒，做這類計畫時，不要忘了：

- 沒指明目標及預算前，切勿隨便規劃。
- 只有慎選明確的促銷方式才能收到最佳效果。
- 一定要指出本活動的目標對象。
- 千萬不要用複雜的活動訊息。
- 在要求消費者選購時，切勿繁雜。
- 在沒有相當的品牌經驗時，切勿以大計畫來做第一次嚐試。
- 切勿等到最後一刻才動手規劃。
- 不妨找個專家諮詢一下，看有無不妥。
- 再次提醒：KISS。

（4）大客戶管理

通路行銷，有一大部分跟「大客戶管理」（簡稱KA，Key Account Management）密切相關。

客戶，絕對有大小之分。不是說在態度上分大小，因為這絕對不會有好結果；但你一定聽過80／20法則，大客戶管理就是對準這佔八成營業額或利潤的客戶，通路行銷也多半只對這總數二成不到的大客戶投入資源與心力，（當然，這是對一般零售業。對僅有幾家連鎖店通路客戶，以及OEM廠商，每個客戶都是重要客戶。）

針對KA管理，首先要做的，就是針對他們的需求，調整公司的人員與資源投人。因為，你面對的不再只是單一的銷售或採購人員，而是對方跨部門的人員組成。請看圖8.1。

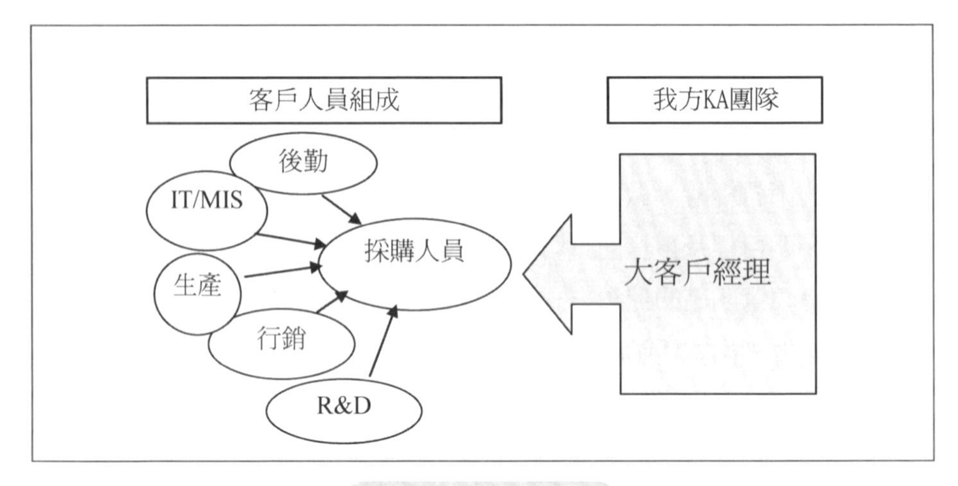

圖8.1　KA客戶管理

表8.1曾提過，在列舉的三種產業中，所碰到的決策人員會有許多。而圖8.1就清楚描繪出，企業在做重要客戶管理時，大客戶經理（KAM，Key Account Manager）所需要面對的，除了採購人員外，還會有研發、生產、行銷銷售，以及加上IT／MIS及後勤諸人，既然客戶涵蓋多部門多人員， 通路行銷應以團隊組成為先的道理。

◆與重要客戶年度回顧與議新約

提起這個，相信一定令許多人恨得牙癢癢的。就如同通路常說的那句話：「你可以不要來賣呀！」哎，能嗎？

因為他（們）是重要客戶，所以和他們每年年初所打的合約目標就一定佔了公司很高的銷售比例，萬一掉了一家，或談的結果被多要2%做回饋，結果不是業績掉10%就是利潤少了15%。既然本章再三指出通路行銷有多重要，有多神奇，那和重要客戶議約時可有良策？有，接下來介紹的流程與內容應該可以給各位好好參考。

步驟1： 先回顧（我們與）客戶去年的歷史資料	業績達成若干？實際金額、數量及百分比 促銷計畫 促銷活動效果 促銷支出、贊助費用 與競爭對手比較
步驟2： 回顧自己公司去年達成狀況	（適當呈現）
步驟3： 本公司本年計畫	年度業績目標 廣告計畫 促銷計畫（著重在消費者促銷部分，通路促銷稍後提及。） 市場占有率分析 市調計畫
步驟4： （貴我雙方）今年合作計畫	（重點在此） 雙方的期待——亦即業績設定目標。 雙方合作之廣告計畫（如果有的話） 促銷計畫（一定會有） 預估活動計畫預算 請對方全力支持之處
步驟5： （大膽提出要求）	簽字吧。

三 通路行銷1.0 vs. 2.0

1. 冷靜檢討

廠商如果看到通路演進的趨勢並及早因應，譬如成立通路行銷部門，發展大客戶管理，則其經營績效應該有所提升，並反映在營業額及利潤上。然而筆者曾經研究過一家實際操作通路行銷與KA 系統之典型飲料企業，發現一令人不解的結果：營業額是有所提升，但利潤卻只小幅上揚。如再把兩大部門（通路行銷與KA）的預算支出和人員費用算進去，利潤卻不升反降。看到這數字，筆者再深入探討當時成立兩部門的目的是否達到，發現以下結果：

◆與通路客戶的關係是否有所改善？

有，雙方窗口溝通密切，有情報也會通知一聲，但似乎都是廠商付出得多， 也幾乎都是通路佔上風。

◆與通路的配合是否更順利？

是。要做活動或是現場支援，通路會配合，但前提是要付出代價。

◆預算支出增多還減少？

兩大部門的預算佔比不小，且把各項扣點一算，幾乎很難減少。而活動費用的支出一減就表示活動檔次隨之下降，對業績會有負面影響。

◆新品上架費有無因為關係變好而少付？

想得美喔，根本不可能。

◆各種贊助費用有減少嗎？

沒。反而隨通路的新點增加還要付出更多。

◆年度退佣有減少嗎？

做夢。這點通路是不可能退讓的，難道你不知道通路的業外利潤要大於業內收益？而且年終回饋才是大筆進帳，通路怎麼可能放棄！

面對這個結果確實令人訝異。於是作者再詢問其他幾家類似企業的作法，才發現這種情況不是唯一。那該怎麼辦？

2. 重新定義「通路」

像這樣的消費品公司，以及類似操作的其他企業，筆者把他們歸類於「通路行銷1.0」：面對通路的變化予以因應，並主動出擊與通路夥伴合作以創造雙贏。

本章原本可以打住，但不禁聯想到，如果「行銷」是所有企業都該做的，那「通路行銷」是否也可比照思維？就如同顧客滿意、顧客關係管理（CRM）一般。可是有些產業可能沒有或通路並不突出啊？是嗎？讓我們自問：SPA產業有無通路？餐飲業有無通路？娛樂業有無通路？再問，誠品書店有無通路？有，實體店面就是誠品的通路；那誠品網路書店，以及天下、遠流、博客來還有亞馬遜網路書店有無通路？在Yahoo、淘寶網上面做網購的賣家他們有無通路？

越觀察各行各業做生意的模式與消費行為，越發覺得「通路」其實無所不在。實體企業當然有通路議題，虛擬企業也有。尤其是自以為可以拋掉通路束縛的電子商務業者，他們表面上是把通路外包出去，但實際上是雇人幫他們做通路動作。

剛才舉例，那些不做產品，只做服務的行業呢？他們也有通路！SPA行業的服務場所、餐飲業的現場，娛樂業、教育業，都有，也都在通路提供服務並配備負有成交責任與提供各式各樣服務的人員。

不知讀者是否也有這種體驗。到一家裝潢還不錯的餐廳用餐，總覺得跟後面的客人是背靠背一起進食！還常常一起身就被撞到？我跟他很熟嗎？才不！是因為餐廳為了多容納客人，把桌跟桌、椅跟椅的距離盡量壓縮，所以一坐下來就跟別人緊密相鄰。你喜歡嗎？到某賣場買東西，走道被隔得有夠窄！迎面如果走來一位顧客，還得趕緊側身以免被撞到。

許多創新企業都用網路銷售，他們把送貨這最後一段外包給快遞物流公司。各位是否記得，這些物流人員是怎麼完成工作的？快按門鈴、快步上來（樓上）、叫你快快簽收、然後快快走人。至於你訂的腳踏車是否有放進踏板他不管；你買的書是否破損不是他的事；你要的DVD是否被壓壞更與他無關。這些通通要你自己承擔。因為，送貨的早就走了，況且他只負責送，貨品也不是他包的、他裝的，這不是他的事，你還得自己跟廠商聯繫。聯繫也罷，但你會得到什麼結果？

「對不起，我們最近忙著出貨，要過幾天再安排給您寄去。」

「對不起，負責物流的人現在不在，你晚點再打來好嗎？」

「對不起，公司規定，請您先把物品寄回，我們收到後再跟您聯繫。」

真不懂，你們公司的規定為何要我們消費者遵守？顧客是為你們的規定而存在嗎？

筆者承認自己很龜毛。沒辦法，處女座＋A 型。但筆者的確這樣認為，通路行銷不是只有關於賣場、零售業才有重視的必要。每個行業，不論實體或虛擬，都會面對通路行銷的問題，差別只是業者自己能否體會出來而已。更重要的觀察，消費者後續購買的關鍵不只在這次買的產品或服務，還受到這次交易所感受到、接觸到的每個細節所左右。甚至還會因為某某因素而影響了對這家廠商、對這品牌的觀感而改變其後續行為。究其原因，是消費者對廠商的看法有所轉變，遂引發更多需要重視通路的課題。（關於這點，有的學者專家會稱之為「顧客滿意」、「顧客體驗」，筆者還是把這歸類到「通路行銷」，就是提醒大家把眼光放開，把通路的範圍擴大，把通路價值鏈做延伸。）

對消費者而言，雖然買了產品，但真正到手、消費的這段「過程」，譬如買冷氣機所引發出的裝機動作，線上購物所發生的產品接觸、快遞公司的配送等，消費者不會管那是不是同一家企業所做的，還是分成一個是廠商、一個是經銷商或零售商（通路）或是廠商所挑選的快遞公司所提供的。因為消費者當然是把經銷商或是服務站看成是業者（品牌）的一部分；裝修工人或是快遞當然也是這次提供服務的一員。因為消費者要的不只是產品本身啊，消費者要的是施工品質、服務人員展現的素質，以及很基本的，負責任的表現。消費者所在意的是：「誰能給我留下整個消費過程的美好體驗」。

3. 通路行銷1.0境界

一般人對通路行銷的看法是：「通路明確存在的企業，通路行銷就是把自己的產品做好，再去跟通路業者好好合作，多辦活動，維繫良好關係，共創雙贏。」至於通路不明確或是看來好像沒有通路可言的企業，那就好好做產品、好好做服務，其他就不必操心了。

這個場景讀者一定很熟悉。在台北市吉林路上有家海鮮火鍋餐廳，生意一直很興隆。有次跟一位朋友去用餐，整個餐廳快坐滿了，在我們後面有一桌坐了四位女士，前面一桌坐了兩位男士。整個餐廳都是人聲，鬧哄哄的；女士們那桌，不斷聽到她們當年求學時如何、現在如何；男士們那桌就在批判媒體不公、各有立場云云。從頭到尾，筆者根本無法跟朋友好好說幾句話，因為：實在太吵啦！筆者只想快速吃完，趕緊逃離現場。

這家餐廳提供的產品（菜色）是很好，但這次消費所感受到的經驗卻很差。實在很難說服自己再去消費，因為腦中的記憶庫只記得亂哄哄的用餐場景，這就是筆者所說的通路行銷1.0：廠商只想到把產品做好——他的菜，但廠商並沒注意到顧客所「購買」的其實是一次「用餐流程體驗」。

還記得上個世代，當我們去逛街、逛百貨公司買衣服時，售貨員或是專櫃小姐總在一旁亦步亦趨地想提供服務的畫面嗎？你我都不會認為那是好的服務，反而認為那快接近騷擾了。適當、適時地提供服務才是顧客要的。太過的服務給人的感受不是騷擾就是死要錢！

在深入探討通路行銷2.0之前，筆者再舉些對照例子讓讀者體會1.0和2.0有何差別。

有一次筆者帶孩子去台北老爺酒店吃自助餐，筆者切了一片牛排，淋上磨菇醬汁，這時才發現醬汁裡有隻蚊子。筆者手一招，來了位服務生，筆者一聲不吭地指給她看，她馬上連聲說抱歉，把餐盤拿走；隨後現場主管與主廚來到我們的餐桌旁，連聲說對不起，並表示對於廚房的疏失，感到很抱歉；令人驚喜的是，這位主管為表示歉意，主動送了兩塊蛋糕給小朋友吃，還問我們「這樣可以嗎？」

當然可以囉。筆者不在意那隻蚊子，但卻深深記得他們的服務態度。筆者會再去光顧嗎？鐵定的！而且日後真的去了好幾次。

天下叢書之前有個大優惠活動，每本只要100元。天下是以e-mail告訴筆者這個活動，因為本人是訂戶也買過書，天下自然就有我的郵址。選好了書，天下交由郵局寄送，送來那天我剛好在家所以沒漏接；因為買的書多，他們用一個紙箱幫我裝妥當。

如果你在博客來買書，買的不多他們就用塑膠袋包，但可以選擇7-11付款取書。

賣盜版VCD／DVD的，他們其實是傳統的郵購型態，但也有人用網路做生意。顧客可以用貨到付款方式以防詐騙，會有快遞的來到府上送貨。你跟他們說一個方便的時間，他們多半不會按照那時間來；等人來了，一看就像是做盜版生意的。他們是用「紙箱」，其實就是紙盒啦，塞得小小的，品質也差，裡面當然沒有塑料泡棉這些防撞填充物。

來看看亞馬遜網路書店。筆者在Amazon網站買過CD跟書。Amazon

寄件都用紙箱，不論是書或CD，不論購買10件或1件；紙箱裡面都有塑料泡棉以防止擠壓，這就是亞馬遜所營造出和其他網路購物企業的差異點。（有一點不確定的是，是否因為筆者是海外寄送所以才用紙箱？！）

4. 顧客滿意＝1.0

的確，在個人印象裡早在1993年就參加過「顧客滿意」主題的研討會。依稀記得有這些議題，如主動服務創造雙贏啦、顧客滿意等於終生顧客……等等，隨後就出來一股風潮，教企業如何做到顧客滿意，還有如何提高顧客滿意。一時間很多企業紛紛設立客服中心，設立080專線（現在改為0800），大聲疾呼要全力奉行顧客滿意。等到網路出現，e-mail 出場，大家又風起雲湧地再喊一次主動詢問、線上即時服務，然後是CRM大行其道。但親身體會後的「經驗」又是如何？想必你我都有如此經驗：客戶專線接通後一定先來一段語音錄音，開始被迫聽個90秒，再依指示按鍵走3到5個步驟；按完鍵還要等個片刻，因為服務人員都在忙！惱人的是，他們也常常無法線上及時解決你的問題，你還有得等。等的過程中，毫無意外的，會有50%的機率電話會被轉來轉去給轉掉，於是你又再來一次全部的流程。「客戶滿意？」怕是奢求。

企業都承認，要提高競爭力，似乎唯有讓顧客滿意才是正途。要做到這點，B2B的經營型態似乎比較容易進行。因為客戶不多且單純，需求容易掌握，客戶的不滿也容易偵測，一旦發現需要改進，或是要挽回客戶，企業可以很針對性地組織一專案團隊幫客戶量身打造服務計畫。且不管這計畫到底有無成效，光這份心意、這種陣仗就足以撫慰客戶的心靈。

可是B2C的業者就有難度了。不論是消費品或耐久財，銀行或軟體公司，購買的客戶數多且各有不同的需求與問題，一定也會有很多不滿產生。而業者多半提出的對策，就是成立客服中心、客訴專線和「連絡我們」的e-mail信箱來處理客戶問題。但不論多努力做品牌、造形象、投資廣告、培養客戶忠誠，最終都要在通路端讓消費者嚴格檢驗。

以買冷氣機為例。過去幾年，筆者有三次購買冷氣機的親身體驗，分別是買泰瑞、東元和日立，理由則是為了貪便宜、有促銷活動以及被「消費者心中理想品牌第一名」的訴求打動。雖然這三次購買的品牌不同、購買的通路地點不同、購買價位也涵蓋高中低，但卻有一個共通點：來裝機的工人在牆上打洞、用膠帶黏好線路後，最後都是灰塵飄落以及滿地碎屑。這些業者怎麼做呢？裝妥、試機、沒問題了，掉頭就走。至於灰塵跟碎屑？得自己收拾。

對照一下對岸的海爾集團。同樣是裝冷氣機，海爾送到府上時，工人一定自動把他們的鞋套上膠套，才不致弄髒客戶的地板；他們還會用布蓋上空調旁邊的家具，怕把你的家具弄髒；裝好後，他們會把地上清掃乾淨、請客戶簽收保證書，然後離去。等過了一小時，客戶會接到他們服務站的電話，來關心剛才裝的空調還正常嗎？服務好不好？有沒需要改進的？看來海爾真的比較了解何謂服務的真諦。（後來，全國電子就是以此為訴求。）

筆者很難把冷氣機的品牌形象跟裝冷氣機的流程給切割開，因為對消費者而言，誰管那是不是同一家企業所做，還是分成一個是廠商、一個是經銷商或零售商（通路）呢？因為消費者當然是把經銷商或是服務站看成是業者（品牌）的一部分，裝修工人當然是廠商（通路）服務的一員，因為消費者要的不只是產品本身啊，消費者要的是施工品質、服務人員展現的素質，以及很基本的——負責任的表現。消費者所在意的是：「我不只要產品滿意，我要的是整個消費流程通通滿意。」於是，「誰能給我留下美好體驗」就形成競爭關鍵。

5. 顧客驚喜＝2.0

能做到設立客服專線、客戶關係管理與追求客戶滿意的企業已經不錯了，起碼他們已經跨入1.0境界；只不過還不到2.0。

筆者曾有一次半夜三更與台灣固網線上客服人員對話的經驗，原因是為了電話費帳單的問題。當時筆者剛從大陸回到台北的家，看到台灣固網公司寄來一份一年多前就已經從中華電信撤銷線路的話費帳單。雖然已經半夜1點多，一方面是剛下飛機回到家還不睏，另一方面是想測試台固公司服務專線是否還有人值班。於是電話就打過去啦，結果還真的有人接，倒是要嘉獎一番。我們的對話如下：

（筆者）說明我早已撤銷，電話不是我打的，請你們去找現用戶……

（台固）（很客氣地說），因為當時申請這支電話的人是你，撤銷時卻沒跟台固撤銷，所以帳單還是寄給你，並且要你支付。

（筆者）為什麼？電話不是我打的呀？

（台固）我再重複一次，因為當時是你向台固申請這支電話，既然還沒辦撤銷，帳單自然還是要由你去繳，但我們會寄一份撤銷申請書，請你收到後填好寄回。

筆者相信台固有做訓練，因為他前後兩次的回答都一樣，肯定是看著螢幕回覆……

（筆者） 我知道是我沒辦撤銷。但是既然這位新用戶才剛打完不久（因為帳單顯示上月初還有紀錄），你們是否打電話跟這位用戶聯絡，說明一下情況，請他繳清這筆費用？

（台固）對不起，我們不做這項服務。還是請你本人跟他聯絡。

所以囉，我跟他講不下去了。台固（客服人員）的立場有幾個：這位客戶半夜找麻煩；這傢伙分明想賴帳；自己造成的問題為何自己不解決還要我們做？台固唯一沒放在心上的就是：「顧客講的都是真的」！台固根本不想做的是：「把老顧客再找回來，然後再去吸收那位新顧客。」

這件事過後沒多久，我跟一位朋友聊天，跟他提到這通路行銷2.0的想法，他馬上告訴我他在杭州哥哥的親身經驗。他哥有一部TOYOTA的車開進保養廠維修，等把車開回來才發現一個零件沒換，他哥馬上打電話去質問保養廠怎麼那麼疏忽，說好有個零件壞了要換，結果還要害他再跑一次！誰知當天下午，保養廠的廠長跟一位主管親自到他哥府上致歉，對維修的疏忽表示歉意，並說會親自把車開回去重新整理並且會開回來，要換的零件一定換好而且不收費。更想不到的是，連這次的保養維修費也全數退還。筆者說這可不只是客戶滿意了，這是「Customer Delight」，取悅客戶。

上述這些例子表現出的最大差別，就在於企業是否有站在客戶的角度來衡量客戶的感受。這跟企業大小沒關係，跟服務機制沒關係，唯一有關係的是「服務心態」。台灣固網有客服專線，半夜都有人員值班。台灣固網所沒有的是「顧客同理心」。TOYOTA在杭州的保養廠卻能站在消費者的角度來衡量這件事，因為道歉只是基本的，要能反敗為勝，牢牢抓住客戶的契機，唯有做到「超乎客戶的預期」。廠商不是把東西賣給消費者就算完事，廠商還要照顧到顧客後續的維修與使用感受。誰用心、誰能先體會這道理，誰就會自動想出2.0的通路行銷，然後一步到位。

6. 通路行銷 2.0 就是要留下美好體驗

為爭取消費者的青睞，廠商不能僅以「辦活動」的角度來看待通路行銷；甚至於，從整合行銷的觀點來看，最後決勝負的戰場——通路，將是業者應更加重視的競爭環節。不論是舊經濟、新經濟，實體或虛擬，賣產品或是賣服務，消費者要的不只是所購買的「標的」，而是整個「購買與消費體驗」。因此，只做到「顧客滿意」還不夠，還必須做到「取悅顧客」。從事製造業的業者不要以為自己只做產品，其實也有很多跟消費者接觸的時機跟地點。所以，業者跟顧客接觸的「接觸點」（contact points）都會是影響顧客感受的關鍵。那些為了節省成本而把很多接觸點外包出去的廠商，別以為流程減少是得意精算的結果，因為你們反而暴露了你們無法掌控的價值活動。

製造產品的是這樣，從事各種服務型態的服務業就更必須小心翼翼了，千萬不要以為我們是「服務業」，哪有「通路」呢？當然有，所有跟消費者接觸的流程都是通路的一環，尤其沒有產品做實際比較，就更需要戒慎恐懼地維護消費流程價值鏈的每個環節，留給顧客難忘的體驗——當然是指美好的那種。

四 如何一步到位做到通路行銷2.0？

1. 組織重定義

許多公司，都有一大堆不知怎麼訂出來的手冊、規章，要求員工嚴加遵守，順便也叫顧客遵守；萬一遇到沒預料到的情況，他們一定是說報告主管處理，主管不在就只能叫顧客等待。等多久呢？從沒一定。

實在很好奇，顧客為何要適應你們公司的規定？是誰付誰的薪水啊？顧客為何要管你們有多少部門、有多少階層、有多少主管又有多少非主管，因為顧客在買你們東西的時候你們可曾告訴顧客萬一有問題顧客可能要撥三次電話、轉五道手續、過濾七位之後才可能找到一位能處理的人？

組織最常聽到的藉口就是：「這是行銷部門的事」、「這是客服部門的事」、「這是物流部門處理的」以及「這不是我們部門的事」！奉勸各位企業主，只要貴公司一有這些藉口出現，就該立刻把所有部門通通歸到行銷部。其實本來就該如此。企業內每位人員都是在做行銷才是正確認知。一般的行銷部門是做行銷，其他行政、支援部門也要做、也是做行銷啊。像是會計、資訊這些部門，他們也要服務顧客——公司各部門人員，就該主動把服務做好，而不是只做份內事，電話響了好久也不去接。

把組織重界定，把工作說明書重新改寫，公司上下全體要做的就是「把顧客妥善服務好」，除此之外，再無其他。

2. 低承諾、高達成

最令顧客生氣的，就是成交前一副嘴臉、成交後馬上變臉。許多企業經常在做廣告以及銷售員拜訪客戶時把客戶捧的多高並提供許多令人難以抗拒的承諾。但一旦做成生意，後續找人、產品出問題或是有任何使用上的麻煩，這些企業就端出鑑賞期已過、保固期已過、到府維修至少三百元車資、這是業務員自己隨便承諾的公司並沒授權……等等一堆藉口來搪塞客戶或是藉故再收一筆費用。

有些客戶的訴願可能是產品問題，但也常見的是使用不當或是不熟悉引發的操作問題，也可能是很久沒用（不論是音響或是俱樂部會員證）而發生不明故障或是感覺權益受損，這些客戶的「問題」或是「困擾」可能是銷售時沒弄清楚所造成的、可能是與客服部或是維修部溝通時引起的、也可能是現場人員與客戶陳述時引發的，這就是作者所說通路可能是在做銷售動作，但卻有後續許多接觸點引起客戶服務或是客戶不滿的其他接觸點，它們應當通通歸屬於通路環節，而最重要的原則就是每個接觸點的接觸人都應該把這些事看成是份內的事，盡快處理好、盡善盡美地處理好才是唯一作業標準。而面對這些種種可能，最佳良方會是：承諾客戶一定做得到的部分，千萬不要過度承諾。售後處理一定要設身處地為對方想，如果我是客戶，我期望對方怎麼處理我的問題，然後這樣做就對了。

3. 追求顧客驚喜

至於如何「達成」，有無一個客觀準則？簡單，做到讓客戶想都想不到的滿意程度就可以了。

亞馬遜網路書店曾有過這個故事。一位女士訂了一本平裝書，但收到包裹打開看竟是一本精裝本。她想一定是亞馬遜弄錯了。正想發e-mail跟他們反應，發現書裡夾著一張便條紙，上面是這樣寫的：

「親愛的顧客您好，

我們收到您訂的平裝書訂單，但臨時賣完了。經向書商詢問後，要等三天才會進書。我猜想您一定迫不及待地想收到書，怕您久等，我於是自作主張寄了精裝本給您，希望您不會介意。您放心，您不必多付差額，在此感謝惠顧，並盼望能繼續收到您的訂單。

亞馬遜 敬上」

你如果是這位讀者你會介意嗎？當然不會。

你認為這位讀者會繼續向亞馬遜買書嗎？肯定會。

五 將通路行銷2.0 轉成「競爭優勢」

1. 通路行銷 2.0 就是定位的新契機

差異化是策略的重點，只不過許多企業要找出差異化還真不容易。看看你住的社區有多少賣早餐的，除了燒餅油條與三明治的差別外他們有何不同？再比較看看「美而美」等等有美這個字的早餐店，他們之間又有何差異？幾乎沒有。在Yahoo超級商城裡，賣涼/拖鞋的就有9,264家（2013/5/30）！你認為他們之間有多少差異性？真的很少。但提醒讀者，通路行銷2.0 的觀念可以幫大家開啟策略窗口。

退貨政策就是行銷策略的一部分。這就是諾斯壯服飾被傳為神話般的迷人原因之一。（淘寶網承諾7日內無條件退貨）追求取悅顧客當然也就是差異化的途徑，不然商品越來越雷同，黑鮪魚季節一來有多少網路公司或個人銷售黑鮪魚，但他們之間的差異何在呢？沒有差異就沒有特色，那又怎麼成為百年老店呢？

凡是老台北人大概都有幾家自家的「百年老店」，筆者就有兩家，一是新生南路的「老樹咖啡」，二是桃源街的「老王牛肉麵」。欣慰的是，每當想回味一下美好滋味時，這些老店都能夠以一貫的手藝填補腦中的記憶。只不過每次離去的時候，老是擔心老店下次不知道還在不在？他們的東西好喝也好吃，但每次去總覺得都是「老顧客」、「老店」的感覺，除了東西沒變，裝潢也沒變，服務也沒變，連收銀櫃台、收錢老闆都一樣坐在那。他們可能認為堅守手藝是最重要的，哪裡需要變呢？那些新開的店也不知凡幾，就算裝潢新、設備好、有年輕人服務，又有幾家能存活下來？

不能說他們不對。零售餐飲業也的確不斷有人推陳出新，但真能創出名號的實在不多。不說教，來看一家顛覆舊經濟思維的業者怎麼做「老行業」。

蘋果電腦，喔，對不起，他們已改名叫蘋果公司，二〇〇七年首次入選美國財星雜誌十大最受推崇企業之林。令人想不到的是，蘋果公司竟然走入零售業，並且其零售收入突破十億美金所需的時間打破過去所有零售業的紀錄。天啊，他們是怎麼辦到的？或許該這樣問，蘋果怎麼會進入零售產業？

約在二〇〇〇年時，蘋果還是非常依賴一些超大零售業者，蘋果的產品在他們眼中跟別家的沒什麼不同。CEO賈伯斯當時就想到，蘋果電腦一定得做點什麼，不然就會成為這些零售巨人擺佈的棋子；蘋果必須想點不一樣的，蘋果必須來點創新。而蘋果的創新思維就是跳進零售產業。（夠顛覆吧！）

蘋果的店一定有特色，但多有特色？店內的硬體設計自不在話下，這可從店內樓梯設計蘋果都握有專利可知一二。可敬的是蘋果能把「服務」做到令你驚嘆。因為不懂零售業，所以沒包袱。於是蘋果敞開心胸去問大家，「你所體驗過最棒的服務是在哪裡獲得的？」十有九個都回答，「飯店」。答案有點出乎意料，但的確如此。飯店大廳的服務台並沒賣任何東西，只是有人在那等著隨時提供服務而已。所以囉，蘋果就在想，「我們何不在我們的店裡提供如四季飯店（Four Seasons Hotel）般的服務呢？」

解決之道是設計一個專門提供解說與服務的櫃台，叫做Genius Bar，只見服務人員就像老師一樣地諄諄教誨，顧客的眼中則散發出傾心學習的光芒。你常在其他店裡看到的雜亂無章的存貨擺放，在這裡卻完全看不到。內部的空間分佈，只有四分之一是擺放產品，店裡也沒有結帳櫃檯，服務人員是用無線信用卡讀卡機隨時幫你結帳；內部空間設計也是儘量簡約。

蘋果已經改變人們對零售業的期待。蘋果所追求的是，讓購物經驗如同蘋果的產品一樣的好，讓它具體化，使購物成為美好友誼的開始，而非結束。對傳統零售業的操作，蘋果沒啥好擔心她有沒經驗，蘋果公司只在意能提供給顧客哪種完全不一樣的體驗。對百年老店來說，「成功經驗」才是他們最大的包袱。

2. 通路行銷 2.0 就是整合行銷的具體展現

經營企業如果只有一條原則，可算是最簡單的經營模式了吧？如果這個原則只有一句話，那可就更簡單了。那如果這句話是：「只要做出對顧客有利的決定就可以了。」會對企業的經營產生何種迴響？

老闆敢接受嗎？

公司敢接受無條件退換貨嗎？

公司敢授權給每位員工做所有對顧客有利的決定而自己吸收費用？

公司會謙虛地隨時檢視所有流程務必給顧客美好的消費體驗？

我不知道有多少企業能做到這境界，但我確實知道有企業能做到。

3. 通路行銷 2.0 就是在做品牌

網路企業的網路機制或有差異，但他們有個共通點——欠缺信任。在貨品沒到手前總是忐忑不安，就算貨到手上也不見得心安；所以，設計遞送的流程以及貨物呈現的方式讓顧客感到心安，應該是很值得去爭取的差異化以及價值來源。

有一次蘋果（電腦）公司負責原物料採購的主管很得意地跟Steve Jobs說，他找到好方法可以省很多錢。一，把iPod的外包裝盒換個材質，不要用那麼好的，反正就是外包裝而已，顧客買回去就會扔掉，何必用那麼好的材質！二，不要用彩色印刷，改用黑白色，理由相同。這兩招一出手就可以幫蘋果公司一年省下好幾百萬美金！Jobs聽到後作何反應？讀者不妨猜猜：一是採行此建議，並且大大誇讚他一番，能想出那麼好的點子幫公司省錢。其二呢，是叫他走路，因為這真是糟透了的主意。

越是虛擬企業，越該投注心力在與顧客接觸的每個機會上，藉此突顯特色以創造差異化。網頁的設計容易模仿也容易加強；交易機制的設計容易模仿也可以有樣學樣；產品上的差異化其實也有限，也容易找到更便宜的供貨商。既然如此，如何才能讓客戶黏在你的網站又經常下單呢？應該是把重點鎖在競爭者不容易模仿也欠缺想提供完整服務的這種意識上，想辦法讓消費者記住你提供服務的方式（流程），讓他們感受到你的價值（送貨的人、產品包裝、質感等等），不斷累積下來，品牌資產就會開始浮現。因為虛擬業者也要靠實體通路來完成交易，趁早體會2.0的通路行銷該是他們必上的一課。

對了，Jobs是選擇第二條路。

第09章

E行銷

- 網路PK賽
- 搜尋引擎優化
- 關鍵字與關鍵字廣告
- 如何在網路上做廣告？

讀者是否感覺到，網路的興起對你我造成了哪些影響？

首先，我們每個月多了一筆網路費支出，而且還是終身被綁，難以擺脫。

其次，我們現在每天花在網路上的時間，有沒有以小時計？並且在抱怨時間耗費、眼睛疲累的同時，如果網路斷線又讓我們混身不自在？

第三，我們現在不論是購買什麼產品或服務，不論想蒐集哪些資料，從中學生想了解基測與學測、大學生要報考研究所、畢業生找工作、上班族想換工作，還有，老人家想跟國外的孩子、孫子聯繫，「上網」這個動作似乎已成為第一要務？

以上這三種影響，又似乎越來越深陷其中而難以忽視？承認吧，網路已經成為我們生活的一部分。想躲？別痴人說夢了。

有鑑於此，不論做哪一個行業的產品經理、不論做了多少本書所認為該做的行銷工作，有一件事一定跟產品經理脫離不了關係，那就是——網路（行銷）。從架設公司網站、把產品資訊PO上網、作活動網頁、建立訪客及顧客資料庫以及做關鍵字（廣告）等等這些網路基礎工作，產品經理不論懂多少網路的知識，這些都需要產品經理的參與。趨勢如此的話，產品經理該對網路行銷知道多少、該做哪些必要的網路行銷工作才能讓網路成為提升績效的工具，這就是本章的主要內容。

一　網路PK賽

1 網路排行榜

先請教讀者，你們公司或是你個人的網站或是部落格，目前在網路上某個搜尋項目（譬如「民宿」、「麻辣鍋」、「東京自由行」）排行第幾？如果在查詢的第一頁出現（表示10名以內），你可以不必往下看了。如果在前三頁都看不到貴家寶號蹤影，那就請靜下心來往下看，本章是專門為你們所寫。

（1）排行榜的重要

為何要那麼在意排行？實在是不在意不行！想想看，不講全球，光講台灣就好。以全台灣為根據地的網站、網頁及部落格有多少？全台在網路上做生意的又有多少？以網拍為例，光在Yahoo拍賣網站上做生意的賣家有多少？筆者特地做個小範圍調查。

Yahoo拍賣網站有24大類，每一類又細分許多細項，以「女裝與服飾配件」為例，就有24小項；「食品與地方特產」也有19個細項。點選最前與最後的兩項來看，會有多少賣家在做這項生意？答案在表9.1[1]。

註
1.資料來源：Yahoo網站。

女裝上衣	雨傘雨具	茶葉茶包	烘培原料
T恤（115075） 針織衫（19332） 襯衫（20916） 背心（45641） 小可愛（15660） 有領休閒衫／POLO衫（6834） 棉麻衫（13799） 雪紡上衣（19388） 毛衣（3194） 其他上衣（29570）	直立傘（984） 折傘（2641） 紙傘（35） 雨衣（300） 其他雨具（237）	台灣茶／中國茶（9976） 日本茶（185） 西洋茶（868） 花草茶（767） 果粒茶（135） 養生飲品（850） 健美茶（243） 茶具禮盒（93） 有機茶@（733） 茶梅／茶食@（127） 紫砂壺@（7386） 茶具／茶盤@（2974） 其他茶品（90）	有機烘焙粉@（408） 其他烘焙粉（172） 麵粉（72）

表9.1　Yahoo拍賣網站賣家家數隨機查詢

如果讀者中還有人想做女裝T恤網拍的話，請先想好擊敗115,075家競爭對手的妙計；如想縮小競爭範圍，那不妨賣麵粉，因為只要擊敗72家就好。你說難不難？

2. 網友瀏覽行為

讓我們再來分析網友瀏覽行為。

（1）網路影響你的行為

先問問自己，你現在的各種採購（決定）有多少比例跟三年前一樣是直接去賣場現場買，還是到你習慣的網站選購？這兩個數字在這幾年下來是上升還是下降？你做各種購物決定是否越來越依賴網站提供資訊？網路對你的購物行為是否影響力越增？再問問你自己，當你搜尋完任一項目點進去後，你一般會看到第幾頁才停？綜合幾個網路調查數字後，大約是：

◆第一頁點閱率：65%

◆第二頁點閱率：25%

◆第三頁點閱率：5%

這數字跟你的習慣差多少？排名如果在第三頁，也仍高居排行榜第21到第30名，但竟然只攫取到5%的瀏覽，你說網路排名重不重要？

（2）網路排名影響你的生活

你是否計算過，你現在每天上網的時間大約幾小時？這個數字今年以來是上升吧？上升幅度呢？那是減少哪些時間來補足網路增加的時間？是以前的傳統媒體？譬如電視、報紙、雜誌？還是廣播？不但你上網的時間增加，你上的網站數目是否也增加？不論什麼動機，你是否緩慢或穩定地增加新連結的網站數？你又是如何知道他們的？還有，你平均停留一個新網站多久時間？你為什麼停留？什麼原因讓你多待一會兒？你是否開始有比較同類網站的優缺點，然後不知不覺偏好某站又遠離另一站？

將這些問題的答案匯集，相信你會同意網路排名有多麼重要。

3. 力爭進入前兩頁

既然網路排名如此重要，是否該想想如何進一步為自己公司、品牌、產品的網站（當然包含部落格及所有網頁，本書後面都以網站總括一切）訂下奮鬥的目標且是階段性目標，它應該是——提高指名點選次數，與提高關鍵字搜尋排名：

（1）提高指名點選次數

◆運用一切方法，讓更多人可以直接鍵入或直搜名稱來找到你。

（2）提高關鍵字搜尋排名

你所要做的就是：

◆擠進選定領域前100名（絕對可以衡量）。

◆擠進搜尋結果前兩頁（更可衡量，也可以有不同定義的衡量方式）。

◆維持排名。

至於力爭搜尋排名的步驟則如圖9.1的流程。

（3）先做好SEO

◆做好網路架構、網站內容等等，讓你的網站值得網友點選與流覽。

◆做好所謂搜尋引擎優化，簡稱SEO（Search Engine Optimization）。

◆讓網站更容易被搜尋引擎找到。

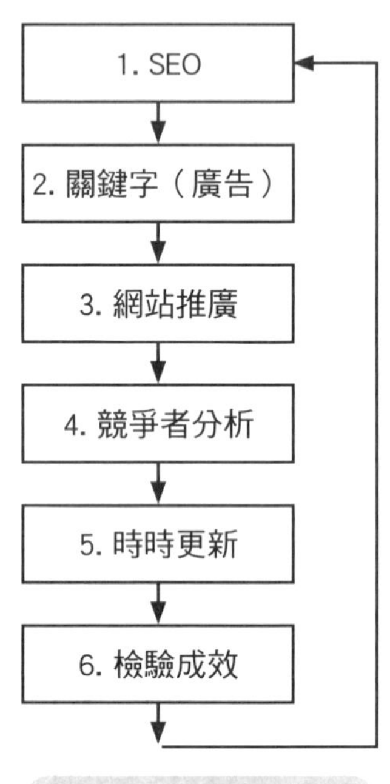

圖9.1　力爭排名流程

（4）選定合適的關鍵字好讓網友容易找到

◆仔細思考你們從事什麼行業，也就是行銷所說STP：市場區隔、區隔評選、定位。

◆找出一句「定位陳述」（Positioning Statement），網路所謂「關鍵字」與「關鍵字說明文案」。

◆有餘力，再做關鍵字廣告，讓更多人可以輕易找到你。

（5）推廣你家網站

◆想辦法讓更多人知道你家網站，沒人知道的網站做得再好都沒用。

◆推廣方式可用傳統媒體與傳統行銷手法。

◆網路推廣手法當然也不要忘；不會沒關係，馬上開始接觸你就會了。

（6）分析競爭者

◆分語言、分地區，透過你設的關鍵字找到跟你同樣訴求的競爭對手並查看其排名。

◆要對競爭者深入剖析，找出你和他們之間的差異。

◆向其看齊，修正你家網站。

◆然後再重複步驟（1）～（4）。

（7）時時更新

◆網站要鮮活，表示新鮮與活躍。

◆新鮮表示網站要時常更新，且是有意義的更新。

◆活躍表示讓更多地方能搜尋或連結到你的網站。

◆持續且不中輟此步驟。

（8）檢驗成效

◆每天查詢排行結果。

◆同時了解競爭者的排名。

◆再重複步驟（1）～（6）。

清楚訂下目標，當然要全力以赴。可是在過程中，也要有心理準備。這就是：

◆你可以提高網站品質，有益排名。但不要忘了，網路排名就如同品牌排名，它是依賴歷史資產的，而非每天或每年重新評比，全部歸零來比賽。一些成立已久、品質又好且排名在前的網站是不容易被你擠下的。

◆要有耐心，排名不會一夜之間扭轉，也無法確定多久會有變化，但馬上做一定沒錯。原因很簡單，因為總會有人犯錯，只要不是我就好。

二 搜尋引擎優化

1. 何謂SEO？

SEO, Search Engine Optimization, 所謂「搜尋引擎優化」，它並不是電腦程式，它也不是一套軟體，它表示的是一個觀念：讓搜尋引擎輕易地找到（你的）網站並獲得領先排名，就稱做SEO。不論查詢什麼項目，網站排在越前面的就表示搜尋引擎對你評價越佳，也就因此更能被網友所找到。沒有一家網站會不想讓更多人知道的，這就是我們必須對搜尋引擎優化進行了解且加以行動的根本原因。

2. 搜尋引擎的排行道理

（1）Google、Yahoo的搜尋排名機制

不論是坊間已出版有關搜尋引擎優化的書或是網路上成篇累牘的文章都有提到像是蜘蛛程式、關鍵字密度、Page Rank或是網站架構等為Google 或Yahoo搜尋排行的依據。不過筆者的看法是，Google 或Yahoo也沒公佈他們搜尋的依據或是排名的公式，去猜測這些然後再以猜測為果去找出原因實在意義不大。還不如設身處地想想，如果你是他們的程式設計師，你會以什麼為依據來做搜尋排名。

（2）先「想當然耳」

如果讓讀者來判斷誰的網站有資格排在前面，我想一定會看這個網站：

◆是否被人知道？

◆是否被很多人知道？

◆是否會讓訪客停留久一點的時間？

◆是否會被人轉介紹？

◆其他因素

像這些思考，只是最基本的。而身為Google或Yahoo的程式設計師，想必具備高超的程式能力，對軟體或是網路有更多的理解，且集合眾人之腦力，他們所設計出來判斷網站排名的標準當然是更深幾層。

（3）猜猜Google、Yahoo工程師的想法

既然是做網路世界的網站排名，且這排名會讓全世界的網友知道，那總得讓網友覺得客觀公正、心服口服，找不出瑕疵才能顯出我們全球最大入口網站的功力與公信力。按此思維，Google以及Yahoo的工程師除了上述這些平民百姓都知道的評估標準外，一定有許多他們自認更客觀且夠公正的評估準則。就讓筆者這IT的門外漢試著揣摩一番。

◆首先，網站首頁一定讓人一目了然知道是做什麼的。

◆其次，這個網站本身的架構一定完整。

◆再來，這網站一定容易瀏覽，不會讓人等太久。

◆這個網站的內容一定跟所搜尋的主題有高度相關。

◆網站的內部連結一定順暢，不會自己找不到路。

◆這網站的流量一定不會少。

◆這網站在其他的網頁想必也有連結（或是所謂介紹），且連結越多表示越受歡迎。

◆網站的成立時間越久想必越經得起網友考驗。

◆網站的內容很新，且時常更新。

◆然後，這網站不能作弊，藉由程式或搞小動作來欺騙搜尋引擎以提

高排名。

（4）搜尋者方便性為首要標準

姑且做個結論，相信Google及Yahoo的程式設計師也會同意，就是越以搜尋者方便性為考量的網站就一定會被搜尋引擎所認同。能符合這原則，網站排名一定不錯。

3. 要選定搜尋引擎嗎？

搜尋引擎不只一個，在各國家地區也互有擅長，譬如Google在許多國家都是第一選擇，而在台灣及香港，Yahoo則略微領先；到了中國大陸則一定不能忘了百度。因此，該以哪一個搜尋引擎為目標，還是全部為目標去爭取排行就值得考慮。

（1）先選誰？

建議讀者在考慮先選哪個搜尋引擎為標的時，最好是看你在哪個地區國家為標準，畢竟你的目標消費群都在這裡搜尋啊。當你先滿意所選定的第一目標後，再去第二選擇做提升排名的動作。因為兩個搜尋引擎在做排行依據時會有所不同，畢竟是兩個Team在做，怎麼可能一樣！不過可稍微放心的是，在其中一個有好名次後，在另一個也一定不會差很多，因為英雄所見略同。

（2）其他聯播網

以台灣為例，Google或Yahoo是台灣最受網民偏愛的兩大搜尋引擎，所以讀者可依各自特性或偏好決定該在哪裡先做優化排名。至於其他入口網站呢？也要去找出適合的規律然後做優化動作？應該不必操這個心。台灣其他常見的入口網站不是跟Yahoo就是跟Google聯播——表示他們採用同系統的搜尋，譬如PChome跟Google聯播，亞太線上跟Yahoo 聯播，所以鎖定Google或Yahoo就等於同步鎖定其他幾個入口網站。

 4. 先求自然排序

不花錢就有好成績才是真本事。對搜尋排行而言，讀者要先把心力放在「自然排序」上才是優化的首要工作。

花不花錢的結果是什麼？自然排序又是什麼？圖9.2可加以解釋。

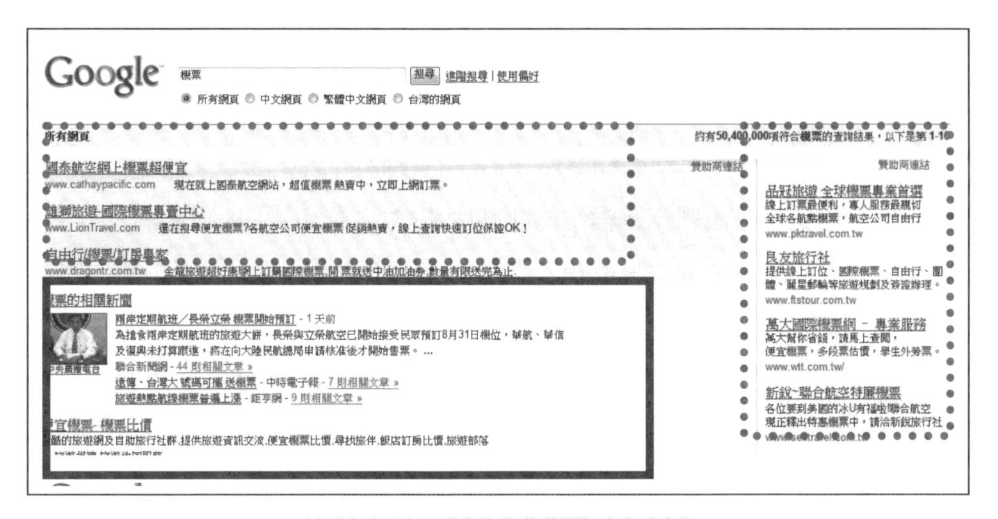

圖9.2　自然排序與付費廣告排名

（1）網站排行

圖9.2是一個搜尋【機票】後出現的查詢首頁面。上半部跟右邊用虛線框起來的是所謂關鍵字廣告，在框裡的右上角可見到「贊助商連結」字樣。真正的網站排名是實線框框部分，這就是「自然排序」。各家網站所追逐的就是這部分的排名。也就是前面所說力爭進入前三頁、前兩頁的說明。

（2）排行依據

相信每位讀者都會好奇，自然排序的依據或說標準是什麼？這個答案大概只有搜尋引擎他們自己才知道，但筆者把它想像成市場占有率同樣的觀念，暫稱之為「搜尋引擎占有率」，SES（Search Engine Share）。就像市場上各家品牌排名，以占有率高低來排最容易理解也會被廠商及消費者接受。占有率的依據不外是銷售量或銷售金額佔所有總量的百分比，網站排名應該也類似此方式，表示一個網站在總領域的份量，再依此做排行依據。

（3）SEO因素分析

筆者去請問一些典型的網路使用者，且多是Heavy User，請他們憑其親身使用經驗說出他們認為網站的哪些因素會受搜尋引擎所重視而依其品質來做判斷、排名。筆者將這些因素整理並加以主觀判斷而得出所謂SEO因素分析，如表9.2所示。

集群因素（Group Factor）	個別因素（Individual Factor）	個別因素解釋能力	累積解釋能力
1.網站架構	網站架構		
	網頁階層		
	網站隱私權政策		
	網站成立時間		
2.網站內容	網域名稱		
	首頁標題		
	Meta說明		
	網頁最下方公司名		
	網頁項目標題		
	文章標題		
	網頁實質內容		
	網頁數目		
	網站內部連結		
	網站聯繫資訊		

3.網站基礎結構	獨立網址		
	程式語言		
	主機地點		
	頻寬		
	使用語言		
	內文複製		
4.網站推廣	傳統媒體		
	網路推廣		
	對外連結		
5.網站維護	網站更新頻率		
	更新內容豐富性		
6.其他因素	搜尋引擎公式		
	作弊因素		
	其他因素		100%

表9.2　SEO因素分析

筆者的假設是，搜尋引擎其實是看一個網站的內容組成是否夠優，而決定優質與否是由許多因素決定的，姑且稱之為「集群因素」，每個集群又是許多個別因素所組成，稱之為「個別因素」。每個集群因素之間互不相關，表示各為獨立。每個個別因素都對整個網站的優質程度有所貢獻，又稱之為「個別因素對整體網站優化之解釋能力」，簡稱「個別因素解釋能力」，於是每個個別因素解釋能力加總就是集群因素之解釋能力，再把這些集群因素解釋能力相加就是整體解釋能力。也就是說：搜尋引擎在評判網站時看其是否優質，而優質是由許多因素所構成。每個因素的重要性不一，但可按其解釋能力由最高依次往下排列，但總解釋能力一定為100% 。所以，要做SEO，其實就是把這些集群與個別因素好好關注並做到高水準，那你的網站排名一定不差。

5. SEO流程

有了表9.2的假設，筆者再提出圖9.3做為符合搜尋引擎思考的一套步驟，並就其中「網站架構」與「網站內容優化」做說明。

(1) 網站架構優化

SEO的第一步，也應該是所有網站設計的第一步，就是做好系統分析，把整個網站架構羅列清楚，盡一切可能把這網站的目的、功能、想提供哪些內容、該如何呈現等等完善規劃，因為一旦架好要再更動又是一樁工程。

圖9.3 SEO 7 步驟

(2) 網站內容優化

架構設計好，再來就是內容了。

◆網域名稱

網域名稱（Domain Name）最好能和所經營或所強調的主題有所關聯，如此一來在用關鍵字查詢時就能較方便連結到。只不過網域名稱還多為英文，在用繁體中文查詢時發揮不了作用，這只能對有使用英文查詢時多點幫助吧。

◆首頁標題

網站首頁最上面出現的標題就應該要跟查詢關鍵字密切相關，能夠完全吻合那是最好，譬如筆者公司名及首頁標題是有「行銷顧問」這字串，在搜尋引擎查【行銷顧問】時吻合度百分百，當然有利於排名成績。

如果公司登記是用一個名字，而經營項目或銷售的品牌、商品，是用另一名字，則網站標題該如何下？稍後的關鍵字內容會做深入討論，在此筆者先提出約略看法，那就是盡量從使用者的角度做判斷，看哪個名稱標題最能被使用者容易查詢到就是好標題。

◆Meta說明

Meta是在網頁上看不到的，你可在任何網頁上點擊右鍵，選擇「檢視原始檔」就可看到這網頁的程式碼，裡面有幾欄註明是Meta。搜尋引擎都必須要以一些關鍵字當作媒介來「抓」到你的文章，所以，在自己的網頁中，加註上Meta的語法就能協助這些搜尋引擎，找到你網站的關鍵字，增加你的網站流量。Meta 裡面的說明可以把所有你認為這個網頁跟你訴求的字串或關鍵字有關，你就把它們通通列出，甚至還可以把網友可能打錯字的可能字也給列出來，務求一網打盡。這有一個實例。

```
<meta name="description" content="Plustek, Inc. world&acutes #1 provider of net
<meta name="keywords" content="Mail Server, Web Mail, Anti-Virus, Anti-Spam, F
```

圖9.4 Meta 說明

圖9.4是一家科技公司的網頁Meta 說明[2]。他們銷售一款Server，在介紹Server這網頁的Meta說明中，就列出許多會跟Server有關的關鍵字，如Mail Server, Web Mail, Anti-Virus, Anti-Span, Firewall以及很多其他的字，甚至有Soho這字，因為Soho族就是Server的潛在顧客。一旦有人搜尋Mail Server或Soho時，就會被搜尋引擎找到，所不確定的是在第幾順位出現。

◆網頁下方公司名

一般網站不知是基於什麼原因在網頁最下方寫了一大堆內容但就是沒註明這是哪家公司，筆者倒是認為除了有個「連絡我們」項目讓網友知道你們公司資訊外，在最下方把公司名稱寫出來應該不是壞事。

註 2.請參見台灣精益科技公司網站：www.plustek.com。

◆網頁項目標題

進入網站首頁一般在上下方或左右側有選項資訊，而這些選項的標題也應該以主要查詢關鍵字為主做延伸，這樣會易於搜尋引擎作搜尋。

◆文章標題

除了標題要跟關鍵字有關，如果網站內有其他文章，或說有各式各樣的說明資訊，也都要取個小標題且也跟關鍵字相關才是。

◆要有實質內容

網站要有好的排名成績就一定要有大量原創內容，並且也要出現關鍵字。請切記，不要到處引用別家文章放到自己網站，這有可能被視為小作弊；更要不得的是引用一大堆而相關性卻低的資料內容，這樣更會被搜尋引擎列為黑名單網站。

◆網頁數目

網站頁面數量不要太少，千萬不要一頁就了事。至於該有幾頁才好，就沒有定論，總之像樣點吧。

◆網站內部連結

網站內部如有連結，一定要確保連結順暢且不會出現死連結、無效連結以及假連結（該有連結的地方卻沒有），因為這樣一來會被搜尋引擎視為無效而留下不良紀錄。

◆網站聯繫資訊

網站中的「關於我們」或是「與我們連絡」這部分要寫得詳細，提供完整的聯繫方法，如地址、電話、e-mail、傳真甚至聯絡人等等以提高信任度。

◆不要硬塞關鍵字

上述提到許多地方要注意放入關鍵字以利搜尋，但也不要硬塞關鍵字進去，這會被搜尋引擎誤為作弊，而讓你被列入黑名單的。

三 關鍵字與關鍵字廣告

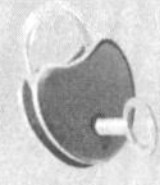

廣告文案發想史30年來歷經三階段：第一階段是USP（Unique Selling Proposition）的天下，每位廣告人拚命要想出一句話來讓產品大賣。其後是「創意策略」（Creative Strategy），也是一句話，但思考就較具策略性，要想到Benefit跟Support Reason. 如今進入第三階段，所謂「關鍵字年代」，它更富創造性，因為用詞更精簡；它也更富挑戰性，因為這真的是屬於先說先贏，模仿者是注定白做工的；但它也更具有趣味性，因為我們終於可以看到比較式廣告了。

1. 趨勢如此

關鍵字當道，趨勢如此。

傳統的電視及平面媒體現在都不多說什麼，你既看不到企業識別也很少再聽到叫你打0800專線，而是引導你去查關鍵字。

銀行要吸收存戶，叫你去查【Direct】；第一次看到【殺很大】的廣告，筆者真的以為那是某家企業大打折的廣告。抓盜版的業者要你查【買正版】，不解的是難道【買盜版】也很可觀？（網路筆數14,000,000 vs. 4,160,000）「有沒有」的電視廣告常看到，但去查網路反而沒看到廠商連結！敗犬風行，【敗犬女王】也有2,930,000筆，連【敗犬公主】、【敗犬小姐】也都有991,000和938,000筆；好奇之下搜尋【我要當敗犬】，竟高達5,960,000筆！真是佩服。（讀者別被唬了，這其中有許多是重複的。但【當敗犬】確實是有的。）

不只是關鍵字風行，連做關鍵字廣告的業者都用關鍵字叫別人去搜尋到他，你只能說滿天下都是關鍵字了。

（1）何謂關鍵字？

關鍵字真的很像黃頁（Yellow Pages）廣告。以前有本黃頁在手，要修電視，可翻「電器修理」，裡面登載許多原廠跟電器行的廣告說他們專修各廠牌電視、冰箱、冷氣。找搬家、找補習，通通在黃頁裡找得到。

關鍵字其實就是分類查詢，在搜尋引擎搜尋長條欄裡看你要搜尋什麼，是某個主題還是某事件。譬如「新疆餅」、「夜市PK」。你也可以搜尋個人或搜尋產品，像是汽車與3C商品。關鍵字就是網路搜尋指南，看你要找什麼，只要你寫得出來，搜尋引擎就找給你看。

網路關鍵字出現，就整合了黃頁跟分類廣告，但網路更厲害的是它把地理範圍也一網打盡，只要在地球上有資料跟這項目相關，網路會把它們一一給搜尋到你的螢幕上，不怕你找不到，就怕你看不完。

（2）關鍵字要用買的嗎？

不必。關鍵字是免費的網路搜尋，搜尋引擎把所有在網路世界的資料當作原始資料庫，透過超強搜尋及分類能力，把相關主題給整理出來，再依搜尋引擎的排行機制依序顯示。

（3）何謂關鍵字廣告？

前面介紹過自然排序。如果有業者想要立刻出現在跟他相關的搜尋頁，他可以採付費的方式排在自然搜尋的上面或是頁面右側，請讀者再翻回圖9.2看看，這就是付費的「關鍵字廣告」。關鍵字廣告就像是買個特權插隊一樣。如果老老實實排隊，不確定你會出現在哪一頁，但花個錢買個插隊特權，你就可以排在前頭，讓網友馬上看到你。

簡單說，當搜尋引擎收到網路使用者所輸入的搜尋字是符合客戶所設定的關鍵字或有相關連的時候（如剛才所舉【我要當敗犬】為例，有敗犬兩個字出現的訊息也會被視為相關性高而被搜尋出來），此時搜尋引擎會將客戶的關鍵字廣告帶出並顯示在搜尋引擎結果頁的上方或右側。關鍵字廣告有幾個特點：

- ◆關鍵字隨你選，你愛選什麼字就什麼字。（只要不亂吹牛說自己第一啦、最棒啦等等，因為Google要你舉證，不然不讓你登）
- ◆出現廣告不必付錢，當有人點進你的網站才要付費，且不論在一天當中哪個時段點選，所付的費用是一樣的。
- ◆你可以為你的關鍵字設定基本費用。每個點選都由你決定你願意付多少錢。
- ◆如果有人跟你競爭同樣的關鍵字，付費高者會排在你前面。
- ◆你可以決定你的每日、每月預算，預算滿額後你不必再付費，但點選你也連結不到你的網站。
- ◆關鍵字刊出的時間、地理範圍可由你決定。譬如你可決定上一個月或六個月；是出現全台灣或台灣北區，那住在高雄的人就看不到你。所以時間跟地理的彈性都可以由客戶自定。

2. 如何下關鍵字？

讓我們先來看不必付費屬於自然排序的關鍵字查詢。

一家企業如何讓自己的公司或是品牌或是產品能在網友搜尋相關字串後出現甚至出現在很前面，一部分是上一章所介紹的SEO，另一原因就要看企業所選定的關鍵字跟網友的搜尋字相關性有多高。這就要回到企業的網站剛架好時在網路搜尋引擎所登錄的類別。登錄什麼日後的搜尋結果就出現什麼，讓我們來看看企業都是怎麼思考的。

（1）企業網路登錄初步

一般企業在做登錄時都以傳統公司登記式的思考模式做登錄，舉個例子，如果有一家新公司從事企管顧問業以及企業訓練業，那他會如何登錄？筆者把企業的思維劃分為三類，看看一般是怎麼登錄的。分類表見於表9.3。

第一類是傳統的公司登記型，他們最在意的就是公司名稱。在這階段，許多準老闆不去擔心該如何決定從事什麼「行業」，反而先去想轟動武林的公司名字，他們會去打聽已經有哪些名字被登記，再去找算筆畫的，還不能東剋西剋，務必吉利最要緊。找好名字，他們才去思考該登記哪些營業項目，這就是新公司成立最優先的事項。

取名當然不能重複，能有個獨家專用名稱當然更好；沒有獨家，攀龍附鳳也可接受。取一個還不保險，再多取幾個以防別人抄襲。等名稱搞定，再來就是營業項目。想想自己可以做什麼，再把未來可能的或是有相關性的通通登錄，這就是公司行號的營業範圍。

比傳統第一類公司登記型好一點的是創業型公司，意思是這群人有不一樣的思維，想把他們的夢想付諸實現而身體力行者。這類型公司在一開始會想到幾個根本問題：我要賣什麼？我是從事哪一行？能從這出發，會比較清楚自己具有何種特色，以及為何這特色有市場，並且能和對手有所區分能獲得消費者青睞。至於公司名稱就變為第二順位，反而不是那麼關鍵（當然也有人還是會去算筆畫）。

比第二類還更進一步的，是完全從市場做一切思路的起點。誰是我們的顧客？他們需要什麼？他們還對什麼感到不滿意？那我們能提供嗎？我們能做的比現有業者好嗎？這一連串的思考完全是先想好自己的「定位」。首先想到的是：客戶是企業還是個人？這就逼迫企業先做好選擇。如果選企業，那企業客戶裡面我要服務誰？是做行銷的人還是選定老闆？因為不同對象會有不同的服務方式與產品組合。決定好服務對象再來才是

1.公司登記型：	2.新公司創業型：	3.定位型：
● 競爭者分析 ● 公司名稱 ● 營業項目	● 我賣什麼？ ● 我從事哪一行？ ● 競爭者分析 ● 公司名稱 ● 營業項目	● 我的顧客是誰？ ● 客戶需求為何？ ● 競爭者分析 V.S. 我的特色 ● 我從事哪一行？ ● 公司名稱 ● 營業項目
舉例： 步驟一 ● 獨家or（不勝枚舉） 步驟二 ● 傑希公司 ● 捷徑公司 步驟三 ● 管理顧問 ● 教育訓練 ● 廣告代理 ● 設計製作 ● 出版印刷	舉例： 步驟一 ● 知識 ● 經驗 步驟二 ● 教育訓練 ● 管理顧問 ● 企管顧問 ● 行銷規劃 ● 整合行銷 步驟三 ● 了解競爭者	舉例： 步驟一 ● 企業 ● 行銷人／老闆 步驟二 ● 行銷經驗 步驟三 ● 企業顧問 ● 管理顧問 ● 教育訓練 步驟四 ● 行銷顧問 ● 產品經理訓練

表9.3　企業網路定位分類表

思考顧客需要哪些需求？他們是否還有沒被滿足的需求？我們可以提供哪種服務來滿足他們？是企管顧問還是財務顧問或是行銷顧問？如果做教育訓練，又該提供哪方面的訓練？在思考的過程中，對自己以及競爭對手的經營也同步考量，想得越透徹，該做什麼自然就越清楚。

關鍵字的原始來源就看你是哪類型的企業，以及你思考的結果而定。

(2) 關鍵字類別思考圖

就如同筆者一直主張，定位是可以學的；同理，關鍵字的下法一樣有脈絡可循：可以垂直思考，以經營的立場來逐步推演；也能參考多種實務所見，做水平思考。結合這兩種思考方式，筆者提出「關鍵字定位圖解」，見圖9.5。

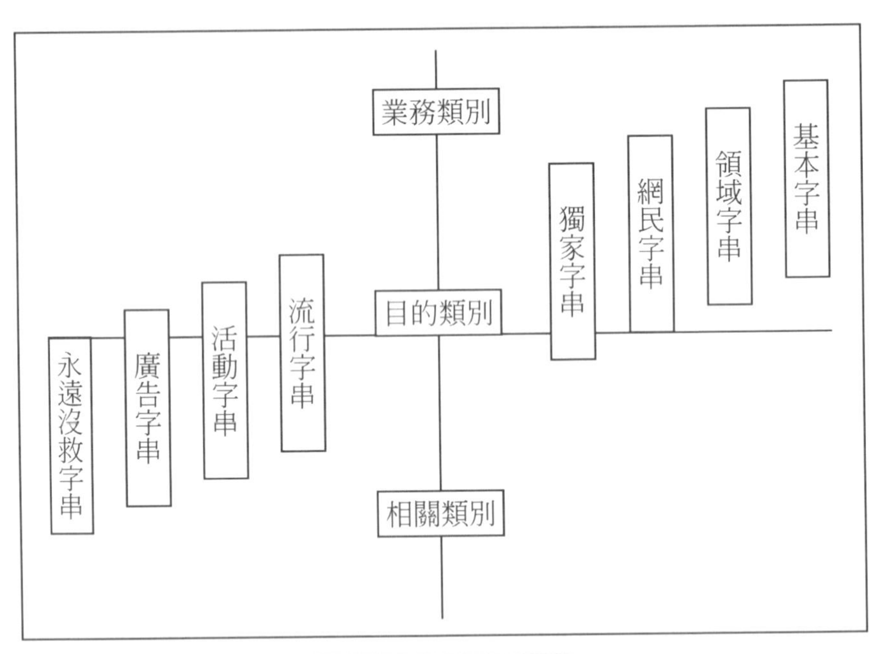

圖9.5 關鍵字定位圖

（3）經營者垂直思考法則——業務、目的與相關法則

首先，任何業者或當事人都可以從本身所經營從事的業務逐步推演出合適的關鍵字。推演流程可分別從經營的業務、網友搜尋目的以及相關類別這三層著手，然後再加以排列組合。試以一家旅行社為例。

◆業者經營業務類別

一家旅行社所經營的業務類別可能有機票銷售、國內外飯店住宿、跟團或自由行以及熟悉的景點旅遊。因此可先就「業務類別」選出四項在行的，或是主要經營項目。我們就選出機票、飯店、自由行及景點四類。

◆網友目的類別

第二，接著要想出網友如果上網搜尋跟你的業務相關的項目，那他主要目的是什麼？如果是機票，很可能是想詢問票價，會不會是想找「廉價機票」？「特惠機票」？如果他搜尋飯店，想必是要問飯店資訊，所以地理位置會有高密合度，是不是要找上海飯店或西安飯店？要是問自由行資訊，多半也會先想到要去哪裡自由行，東京還是舊金山？至於景點就更容易了，一定是某個城市或某個著名景點，像是九寨溝。那他是問九寨溝的機票呢還是九寨溝的飯店？

◆相關類別

有了業務跟目的，第三順序就是想出哪個細節會跟目的相關。剛才我們提到廉價機票，但機票一定跟地點相關，於是看我們是要選【北京廉價機票】還是【北京萬元機票】；如果我們要出清機票或是想爭取兩人以上，則可用【機票買一送一】。

這三種類別也可做排列組合，看哪個結果正符合我們這家旅行社的業務或是看關鍵字搜尋的結果有多少筆出現、都是哪些資訊？是業者還是新聞？新的資訊還是舊的？看結果再加以判斷選定我們要的關鍵字。圖9.6就是這種垂直思考的推演實例。

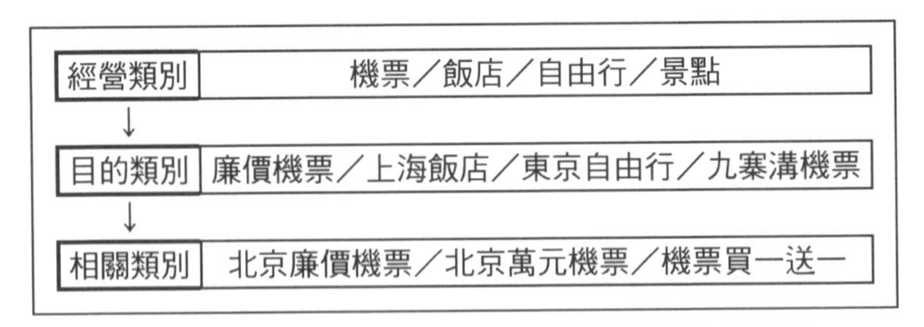

圖9.6　垂直思考關鍵字推演——以旅行社為例

我們可以試著對這些列舉的關鍵字做查詢，看看會有多少筆。查詢結果請看表9.4。請讀者注意，機票買一送一是真的有那麼多筆，想撿便宜的請趕快上網。但也請注意，北京萬元機票其實是一筆也沒有！起碼第一頁是完全沒有真正的萬元機票！第一頁只是跟北京機票相關而已。這告訴我們：北京還沒有萬元機票上市，別開心太早；這也告訴業者，這真是個不錯的關鍵字，誰推出誰就搶第一，因為吻合度你最高。

關鍵字	搜尋結果
廉價機票	690,000
上海飯店	9,740,000
東京自由行	6,920,000
九寨溝機票	1,310,000
北京廉價機票	261,000
北京萬元機票	11,400,000
機票買一送一	104,000,000

表9.4　旅行社相關關鍵字筆數

（4）網友相關性水平思考法則

除了垂直思考外，水平思考也是切入方式。這種方式唯一要記住的規則就是緊緊抓住網友（上網搜尋）的相關性。行銷的區隔與定位告訴我們要以人口統計變數或是生活型態做區隔與定位的基礎。但在網路，尤其是網路搜尋，首先該應用到的是相關性，也就是對同一主題感到興趣的網友，他們就構成一塊市場區隔。筆者以目前常見的搜尋關鍵字歸納出八種下關鍵字的途徑，以下就一一說明。

◆基本字串

第一類是基本字串。「基本」有兩種，產業是基本，經營領域也是一種基本。先說產業基本。如銀行業一定會跟利率相關，要吸收存款戶，一定會想到存戶最關心的就是利率，所以利率這關鍵字當然會是選項。但利率是每家銀行都有的，以這為關鍵字就是最大銀行或最悠久銀行先勝出，那其他銀行呢？如要吸引新存戶且提供有吸引力的利率，那存戶一定對【存款最高利率】或類似字串有興趣，所以其他銀行不妨考慮用【存款最高利率】當作關鍵字。（本章以下查詢皆以Google繁體中文網頁數為例）

● 「利率」vs.「存款最高利率」

關鍵字	搜尋結果
利率	7,120,000
存款最高利率	820,000

可以看到，條件一變，搜尋筆數就降低許多。

● 「咖啡」vs.「25元咖啡」

關鍵字	搜尋結果
咖啡	11,900,000
35元咖啡	713,000
25元咖啡	1,080,000

同樣的方式搜尋咖啡。總筆數高達千萬筆，但如果是問35元咖啡呢？馬上掉到只剩713,000筆。筆者本以為更便宜的咖啡是否會少很多，結果以【25元咖啡】一查，竟比35元的還多一點。哼，真不知他們都在哪裡開店，筆者怎麼都不知道？

◆領域字串

第二類基本是領域基本，是看哪個經營領域。譬如筆者所經營的也屬企管領域，但細分出其中的行銷領域做營業項目。理財顧問不知何時也屬顧問業，但它的查詢想必不少，讓我們看看。

●「企管顧問」vs.「行銷顧問」vs.「理財顧問」

關鍵字	搜尋結果
企管顧問	1,400,000
行銷顧問	5,980,000
理財顧問	10,800,000

如筆者所料，理財大行其道，跟此相關的關鍵字竟高達千萬，是行銷顧問的兩倍，企管顧問的七、八倍。

●「宅經濟」vs.「宅配」

宅經濟當紅，你可說它是個產業也可歸為一種領域。宅配也雷同，且宅經濟似乎又和宅配相輔相成。讓我們來看看跟這兩個相關的字串在網路上有何種結果。

關鍵字	搜尋結果
宅經濟	18,100,000
宅配	68,100,000
一日宅配	10,900,000
當日宅配	2,680,000
最快宅配	583,000

宅經濟已經有高達18,100,000筆資料，而宅配更是嚇人。但也有好消息，「最快宅配」的筆數對網路世界來說算是小兒科了，但光看第一頁，並沒有完全比對項目出現。又是一個機會。

●「線上遊戲」

且不管是宅經濟引發線上遊戲還是線上遊戲帶動宅經濟，線上遊戲這陣子確實風光。不論是電視廣告或是股價都是話題，其針對「宅男」的表現手法還引起NCC的關注，本來不知道的還特地留意一下看究竟是怎麼回事！

線上遊戲已經可以說是走市場完全區隔手法。有針對男性、有專給女性的，當然還有男女老少通吃型。他們以「遊戲名稱」為廣告標的的手法真是一絕，因為這剛好符合線上搜尋的關鍵字密度，比光稱自己為線上遊戲那是更容易被搜尋到。筆者以線上麻將做搜尋，試試幾個真的和虛擬的遊戲名稱看看結果如何。

關鍵字	搜尋結果
線上麻將	2,910,000
老麻將	1,840,000
真人麻將	77,700
三娘教子	17,900

【線上麻將】的筆數有2,910,000筆，但要是以比較帶點技術性的【老麻將】為遊戲名，搜尋會立刻減少許多。（要知道何謂老麻將嗎？請看看網路上可有教材與教法說明）強調真人陪打的只有77,700筆，這已經更精準了；如再針對想吸引的牌友類型為訴求，不妨看看【三娘教子】，竟「只」有17,900筆，且幾乎都是跟國劇曲目相關的查詢。這真是一個好機會，有興趣的業者真可試試推出三娘教子型的真人麻將，保證能吸引大批宅男。

◆網友字串

第三種水平思考法是直接從網友下手，看如何針對你要的網友類型做關鍵字。前面有提過像是「敗犬」，真想不到在網路上已經如此氾濫。不得不好奇看看跟「宅男」相關的搜尋。

宅男出現江湖的歷史可比敗犬早多了，由這引伸的關鍵字想必驚人。讓我們試試幾個搜尋。

● 「宅男」vs.「捷運男」

關鍵字	搜尋結果
宅男	7,240,000
宅男經濟	467,000
宅男線上遊戲	5,360,000
宅男電玩	510,000
宅男麻將	159,000

讀者可參考這幾項結果，你會看到【宅男麻將】最有機會，它只有159,000筆相關搜尋。以此為關鍵字不是好很多嗎？

台灣沒電車，但有捷運，如果想針對【捷運男】以及類似相關對象做電子商務，可以用哪些關鍵字？這裡有幾個參考。

關鍵字	搜尋結果
捷運男	1,880,000
捷運型男	698,000
捷運正妹	806,000
捷運小子	95,200

看結果說話，創造另一個網友名詞也不會很難，因為可用關鍵字宣導。只是看看有沒有針對新網友的生意可做，且不會有太多重複或雷同的搜尋。

◆獨家字串

創意是永遠讓人驚喜的。「殺很大」單挑「線上遊戲」就是絕佳創意。「Direct」可說是正統學院派的創意，結合產品利益、媒體策略以及大量的媒體預算，成績自然不俗。但正如剛才所言，以媒體廣告狂打專屬關鍵字絕對會風行下去，因為專屬才是自有資產，別人很難抄襲。

◆流行字串

以當下流行話題、時事、節慶為關鍵字主題在節慶期間應該是不錯的促銷招式。以父親節為例，那網路上已經有哪些相關關鍵字呢？

關鍵字	搜尋結果
父親節	2,560,000
父親節蛋糕	301,000
父親節大餐	226,000
父親節禮物	295,000
父親節領帶	147,000

如果要主打一項有特色的商品，現在上廣告應該剛好。領帶？父親大概都不缺了；鞋子？讓La New傷腦筋吧。

◆活動字串

如要推動潮流或說以活動來帶商品，那NOKIA的「音樂讓我說」很有意思。這個詞應該是NOKIA獨創，但如果這五個字不好記或是記錯了，會搜尋到別家廠商嗎？讓我們來試試。

- 「音樂讓我說」

關鍵字	搜尋結果
音樂讓我說	13,100,000
音樂聽我說	9,210,000
聽我說音樂	9,070,000

前兩個雖有一字之差，但大體上都還是NOKIA的搜尋，但第三個就差異很大，其筆數也不少。

◆搭配廣告告知型

雖說網路越普及越會影響傳統媒體與傳統廣告的生存，但以目前來看，如要快速讓網路產品增加知名度，電視媒體還是很好用的。並且如果你的關鍵字很獨家，那藉由電視廣告來加深印象還是會有效果的。譬如「A咖」這個字，網路搜尋有1,480,000筆。結果勞委會職訓局推出「青年人才培訓深耕方案」，用廣告宣傳他的活動：職訓參一咖，讓你變A咖！

於是【職訓A咖】有多少呢？只有22,100。其實有多少筆不重要，只要前四筆都是他的就夠了。

◆永遠沒救的字

前面所提到過的垂直思考型與七種水平思考型其實已經夠用了。那為何還要再介紹一種呢？因為最後一種是屬於沒救的一種！表示這種關鍵字真不知有啥好宣傳的，而且還做電視廣告！【買正版】就屬於這一類。

至於說到沒救的反向，就表示只要你做就一定很能激起話題、很可能小兵立大功或是小錯一犯就會激起大錯。凡是抄襲、攻擊以及比較式廣告或關鍵字都屬此類惡搞字串，亦屬沒救型，純屬好玩。（但誰說不能當真呢？搞不好真能一炮而紅，網路不就都這樣！）舉例：「殺很大」vs.「殺搖搖」

● 「殺很大」vs.「殺搖搖」

關鍵字	搜尋結果
殺很大	11,700,000
殺搖搖	856,000

3. 關鍵字廣告規劃

本章一開始就有介紹關鍵字廣告的一些特性，在討論過關鍵字的思考邏輯後，現在我們可以來談談如何做好關鍵字廣告的規劃。

關鍵字廣告的規劃就像行銷計畫中的媒體計畫一樣，因為網路就是所要藉助的媒體，關鍵字就是創意文案（Copy）。關鍵字廣告就是規劃一筆預算讓你想吸引的網友對你設定的關鍵字有興趣而點選進入進而轉換成你的粉絲或顧客。這個流程如圖9.7。

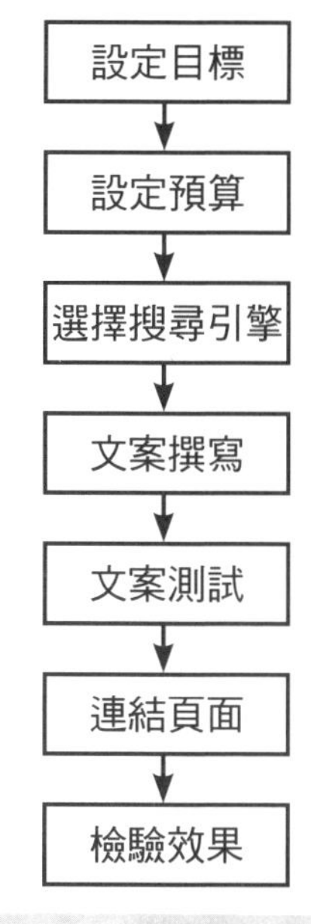

圖9.7　關鍵字廣告規劃流程

(1)設定目標

點選才付費這個特性，可說是關鍵字廣告最吸引客戶的地方，客戶完全可以事先設定目標再依次評估效果以為下次做準備。

◆點擊率

當有人依你所設的關鍵字進入搜尋結果頁面並點擊你的廣告，或是連結網頁時，就稱這為一次點擊，所謂Pay Per Click就是此意。這就是所謂點擊率目標。在Google系統，每當有人點選客戶的關鍵字廣告，Google就會發送一個Cookie，你可將此Cookie看成是參觀者持票入場的標記，上面清楚標示："Hey，我點了你們的廣告"。（這些紀錄，Google都會提供程式頁面，下亦同。）

我們還可以把標準訂得更嚴格點。因為在廣告期間內訪客可能有新有舊，也會有自己進入自己的網站情形，所以點擊率這標準可再嚴格訂為只計算新的IP為準，就把自己點擊與重複點擊剔除。

好，既然網友看到你的關鍵字廣告才點擊你，那你認為多少「圍觀者」會點擊你才是可接受的？

◆轉換率

當有人點擊並進入你的網站，然後進行你所希望的活動，如報名參加講座或是加入會員等，就叫做一次「轉換」。

點擊率可視同「知名度」（Awareness），但轉換率才是客戶最在意的試用及購買（Trial & Purchase）。然而，正如同以前在操作廣告時所經常聽到的，廣告只能吸引目標群的注意，是否採取購買行動還是要看商品本身的產品力。同樣邏輯，點擊率可能很不錯，但是否會有很高的轉換率那就要看標的物本身的實力了。

對這兩項目標，即使有程式頁面工具可用，還是建議你針對採取行動者直接做個小小調查，看他們是如何知道你、如何找到你；以及是哪一點吸引他們而採取行動。

(2) 設定廣告預算

◆總預算

一旦你決定要做關鍵字廣告，就可連絡代理商，聽聽他們完整的簡報，你也開始想想如何訂定下點擊率與轉換率的目標，再來就是安排你的預算。因為是由你決定願意出何種價格，也先由你決定下哪幾個關鍵字，你就可依照初步想法看看多少預算是可負擔又有效果的。假設你願意為每次點擊付10元，第一個月目標上限是1萬次點擊，所以你的預算就是10萬元。廣告總預算也跟你如何規劃這次活動的細節有所關聯。

◆廣告期間

不要設定太短期只做一個月，因為你還是需要一段時間或是有一定的瀏覽量才能知道初步反應。當然也不需要一次做一年，因為只要你想再做隨時可追加。一般是建議先做第一波二～三個月，然後視結果再做調整。這樣可能剛好可以得到夠多的點擊來做測試並修正。

◆設定語言、地區

因為在台灣經營，自然選擇繁體中文做關鍵字搜尋。如果是跨國經營，就看是在哪裡有業務就下那個國家語言的關鍵字廣告。以台灣為例，如果賣伺服器Server這項產品，可選擇繁體中文，因為你在台灣；但也不妨考慮加一個英文關鍵字「Server」，理由是台灣的資訊業很發達，所以很多人直接說Server或以Server做搜尋。

◆設定時段

這就跟電視或廣播廣告一樣，時段也反應出觀眾習性或說網友習慣，你可把關鍵字廣告時段訂在你認為會有最多網友上網的時段，雖然你是付點擊費，但點擊者的品質可能也是重要的。

◆競爭、排名考量

如同電視廣告檔的第一支出現率一樣，關鍵字廣告也是有排名的。以Google為例，它是依照「符合關鍵字的品質分數」與「每次最高點擊成本」的乘積來決定。雖說都會出現在廣告區塊，但總想排在第一的心態相信是絕大多數人的目標，所以如何提高排名就跟預算與關鍵字的關聯性密不可分。

（3）選擇搜尋引擎

要在哪個搜尋引擎下關鍵字廣告呢？以台灣為例，最重要的兩家是你要優先考慮的，也就是Google 跟Yahoo。 其他入口網站也跟這兩家聯播，所以就看你的預算囉。筆者會建議這兩家都做，同時先做兩個月然後看效果再做單家或是輪流。

（4）文案撰寫

除了預算要夠之外，關鍵字的標題與內文介紹是點擊率高低的一項重要因素。我們先討論標題跟短文。如果這些客戶都買【自由行】關鍵字，讀者會認為哪一個是他們最想點選的？

◆定位陳述

其實這百分之百是有關「定位陳述」的議題。產品經理或廣告公司的文案人員依照這個精神重新改寫一句文案，就是標題了。

◆**12** 個字以內的標題

標題當然不能長，要在12個字以內。標題下得好則點擊數一定高。所以如果要做關鍵字廣告，請一定要捨得花錢找一位文案高手，千萬不要說找自己公司同仁文筆好的來寫就好，記住，錯誤往往從第一步就開始。

◆介紹短文

介紹的短文，分成兩行設定，每行最多17個字，在這個空間內看你如何想出打動人心的妙語來吸引點擊。同理，花點錢、花點時間把文案寫好絕對沒錯。（相關細節，讀者不妨參考筆者所寫的「一毛不花」）

（5）測試

一旦決定要做關鍵字廣告，千萬要記住的那就是測試、測試、不斷的測試。

在SEO有提過，標題跟關鍵字的密合度至關重要。這定律在做關鍵字廣告時一樣適用。但除了這一點，筆者也提醒你，關鍵字廣告的文案絕對不可等閒視之，一定要再三琢磨，一個不佳的廣告文案是沒人會點選的，我們再拿筆者這個例子做說明。

產品經理第一講師
華人第一本產品經理著作
兩岸最負產品經理盛名
www.jcpm.com.tw

這個文案，包括標題與內文描述的優點，是與關鍵字的密合度極高，且與目的網頁的關連度也很高（讀者不妨去試試。就怕書出版時筆者的廣告費已用完，那就看不到了。）可是它的缺點卻是一大致命傷。讀者認為是哪一種缺點呢？

這個文案，以及其他類似文案，所犯的最大錯誤就是只以自己立場來陳述，完全沒想到消費者立場！

◆第一道測試：消費者利益明不明顯？

每個東西、每件產品，都要想到它的「差異點」，也就是問自己：消費者又不認識你，那他為何要向你買東西？是解決消費者的問題呢？還是提供消費者利益？以此例做拆解：「華人第一本產品經理著作」，跟讀者有何關係？既沒解決問題又沒提供利益。至於「兩岸最負產品經理盛名」，除了自大，看不出有何道理。

◆第二道測試：自己跟自己比

剛做關鍵字廣告，總要經過學習才能得知何種方式才是最佳方案。建議讀者可以另外寫個文案然後一起貼出，看哪個點擊率高就採用哪個，效果不好的趕快捨棄。譬如有以下方案：

	原方案	新方案
標題	產品經理第一講師	產品經理創造競爭優勢
說明行一	華人第一本產品經理著作	產品經理立即提升經營績效
說明行二	兩岸最負產品經理盛名	客制化輔導訓練且保證有效
URL	www.jcpm.com.tw	www.jcpm.com.tw

新方案就是從消費者利益出發，且馬上告訴你會帶來何種效果或好處。兩個對比之下，點擊率高的、轉換率高的當然就是正確方案。

◆第三道測試：不斷比下去

只有經由不斷的自我比較測試，你才會發現哪個廣告文案才是理想方案。只有經得起市場考驗的才是你的正確決定。不要沒耐心，因為這都是為你的預算做最佳搭配。你總不會跟自己（的錢）過不去吧？

◆注意樣本數

在做自我挑戰時也要留意樣本數多少的問題。如果比較的時間不夠長或點擊數本來就不多，譬如兩個方案分別只有八次跟十次，那你怎做決策？這個問題牽涉到樣本數大小，跟統計顯著檢定有關，如果樣本數未超過三十次，建議多給點時間累積多一點次數才好做比較。

◆不同搜尋引擎比較

如果你要在兩個搜尋引擎投下關鍵字廣告，也一定要利用這方法在兩邊做測試，看哪一個效果好，就用哪一個。也許原方案在Yahoo好，新方案卻是Google好也不一定，讓市場告訴你答案吧。

（6）連結頁面

關鍵字廣告的設定會出現兩個網址，一個是你的官網，另一個是你希望網友一連結，就看到哪個訊息的網頁，也稱做目的或實際連結網頁。

◆目的網頁

目的網頁多半是為了特定活動或特定訊息而設計，譬如筆者剛才的例子，連結到特定課程網頁去，因為網友不會花太多時間東找西找才連到你的目的頁，你應該直接把他們帶到你要他們看到的網頁上去。

◆活動網頁

既然不一定要首頁，那也就不一定非要是官網上面的頁面囉，所以也可以專門設計一頁活動告知頁，讓活動像一個廣告或說一頁傳統DM一樣，你把DM發到路人手上希望他們直接看到買一送一活動訊息而採取行動，活動頁就如同此理。舉個例子。莉莉在網路上看到「持中信卡，屈臣氏週三九折」的一個關鍵字廣告，點選後進去一看，發現是中國信託的沒錯，但不像官網，它長的樣子如圖9.8，就是所謂的活動頁。它的正常官網是圖9.9。

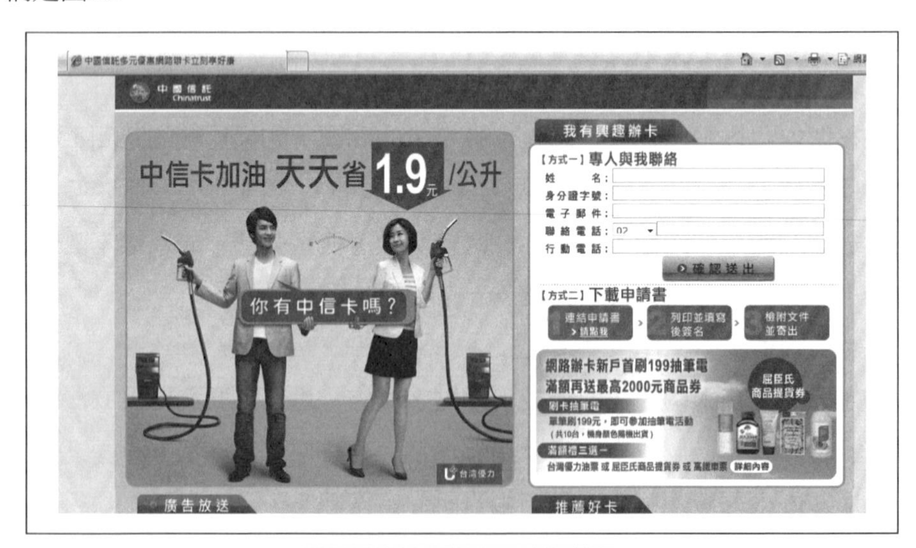

圖9.8　中國信託活動網頁

圖9.9　中國信託官網

（7）檢驗效果

關鍵字廣告不只能讓你隨時測試文案精準否，它讓你也能隨時做效果的測試，相信這對小預算的廣告主來說是更加符合需求。

流程一開始就設定可量化的目標，如點擊率與轉換率，如果是做電子商務，就能算出在一段期間內所投下的廣告預算可帶來多少收益，再做仔細的損益分析，就知道關鍵字廣告值不值得你繼續投入。所以我們建議讀者，不要一開始就把預算通通砸下去，最好是先以小預算做第一波，來觀察搜尋引擎它所能提供的網站訪客流量到底有多少，其中又有多少的比例轉換成網站客戶，而這些客戶又帶來多少訂單、多少銷售金額與多少利潤，讓你有完整的資料做評估。

四 如何在網路上做廣告

實體報紙為何一一敗下陣，不是結束營業就是被收購？

－因為年輕人都不看報了。

那麼年輕人的訊息、資訊都是從哪裡得知的？像某人發新專輯、某人摔傷、某人跑步受傷，某人又失戀？

－他們是看網路報紙知道的。

那年輕人不看報對實體報紙有那麼大的影響嗎？

－說給你聽。他們不看報，廣告主就不上廣告；報紙沒廣告就沒收入，沒收入就賠錢，所以只得關門！

那廣告主不登報紙廣告，他們都在哪裡上廣告呢？

－好問題。

1. 該在網路打廣告嗎？

在回答「該不該在網路上做廣告?」這問題前，讓我們先看看整個環境。根據IAMA所提供的研究數據顯示[3]：

“2008年台灣整體網路廣告市場規模達到59.76億新台幣左右的規模，較2007年成長20.72%，其中網站廣告部分為38.94億新台幣，成長16.0%，佔整體網路廣告市場總額的65.15%，關鍵字廣告部分則成長30.64%，達到新台幣20.82億元的規模，佔整體網路廣告總額34.95%。”

再根據Yahoo!奇摩的「2008年度企

註 3.資料來源：http://www.taiwanpage.com.tw/new_view.cfm?id=20577

業行銷大調查」[4]，結果發現：

“85%受訪企業認為網路廣告是必備的行銷工具，近6成（56.42%）2007年曾投入網路行銷，其中使用過關鍵字廣告高達62%……過半數（55%）企業主的客戶都是透過網路獲得公司的資訊，其中高度仰賴網路傳遞行銷訊息的產業包括「資訊業」、「傳播／公關／廣告／行銷」、「娛樂／出版」、「房地產」、以及「金融／保險」五大產業。……

根據台灣尼爾森公司發布的媒體廣告量監播調查，2007上半年電子及平面媒體的廣告量較去年上半年減少了2.6%，其中無線電視就下滑了19.5%。而網路廣告去年則成長三成多，是唯一成長的媒介。

在2007年最熱門的網路行銷工具中，關鍵字廣告以62%的使用比例奪魁，投資報酬率也奪下所有網路行銷工具的冠軍（37.62%）；六成七使用關鍵字廣告的受訪企業表示每月預算在三萬以下，對於行銷預算有限但要求高效益的中小企業而言，關鍵字廣告可說是小兵立大功的最佳典範。”

答案很清楚了。

2. 廣告手法輪流轉

不只是量的變化，讀者也一定注意到在廣告製作播出的內容和形式上，傳統廣告也有很大的轉變。最明顯的兩個變化就是秒數減少與關鍵字當道。

（1）秒數減少

最近半年看到電視廣告，總覺得怎麼都是短秒數？不是20秒，就是15秒。仔細一想，大概有兩個原因：

◆經濟因素

從2008年夏天開始，美歐的金融業先出狀況，接著引發普遍的經濟衰退，

註 4.http://www.nownews.com/2008/04/07/320-2256905.htm

這一定直接影響到企業的廣告支出水準。就算還是要打廣告，也會想方法縮減秒數，只要訊息帶到，省下的時間就是省錢。

◆有網站做輔助

那企業又如何斷定在快速播出的電視廣告時段中，既能省秒數又能順利溝通？答案就是企業有網站，網站訊息更多，而台灣上網普及率又非常高，這就給企業一個很好的輔助工具來傳遞訊息。但網站這件事也不是今年或去年才普及，為何今年特別明顯？筆者認為，這多虧另一項網路工具引起普遍注意，它就是背後的推手——關鍵字。

（2）關鍵字當道

從第一代的網路廣告很無奈地必須趕快唸出網站名以引起注意，到近幾年的發展趨勢來觀察，網路的使用性讓傳統廣告與網路廣告雙雙發生量變與質變。聽聽廣播廣告，已經很難得再聽到0800的電話專線，而更常聽到的卻是請上某某關鍵字。正如前章所提的，關鍵字廣告本身的特性讓各類型企業都可利用，所以每個月只要花三萬塊（或更少）你就可以做廣告了。

3. 網路廣告模式

網路廣告正符合那句話：只有想不到的，沒有做不到的。而不論是企業的規模或預算多寡，也總是能在其間找到適合自己企業的特性來執行網路廣告。觀察各式各樣的網路廣告後，筆者將他們分成四類，分別是傳統曝光型、市場區隔型、競爭對抗型與模仿追隨型。

（1）傳統曝光型

最常看到也就是一開啟網路瀏覽器就很難不看到的廣告類，筆者將其歸類於傳統曝光型。因為播出這類型廣告，基本思路還是把網站看成是媒體，如同電視或報紙，所以它出現的位置與大小也跟電視或報紙廣告有所雷同。

◆典型網站

入口網站是這類網路廣告最常出現的地方，在台灣所見，除了Google外幾乎所有搜尋引擎或入口網站都是一進入首頁就看到許多廣告。這些網站不只是首頁有許多區塊可挪出來上廣告，其內頁（如同報紙）也一樣有地方讓你上廣告，跟傳統報紙廣告真的是非常相似。

Yahoo不但在首頁有廣告、在內頁有廣告，Yahoo在它的「網路商城」也一樣可以讓你做廣告，Yahoo的經營模式就是把自己當成入口加內容網站，然後每一頁它都要想辦法挪出空間以方便適合的企業上適合的廣告。

Yahoo這種模式在稍為小一級的入口網站也如法炮製，舉PChome為例。你進入PChome的首頁、線上購物頁甚至想看看氣象，都躲不掉它的廣告蹤跡，它也是一份網路報紙所以也有廣告版面。

◆廣告費級距

如果企業要想在這些類型的網站上廣告，可要有心理準備，因為這些位置的廣告費可不便宜，是所有網路廣告標價中最貴的，跟你以往記憶中的報紙廣告費用頗有得比。但它也有道理。

還記得台灣以前兩大報、三大報獨霸的時代嗎？它們在當時都號稱發行上百萬份，還三不五時拿ABC 稽核的數字互相打個筆戰。發行百萬就可以收那個費用，那入口網站呢？Yahoo難道每天沒有百萬人上去？Youtube? Facebook?

◆主要目標

既然這類型廣告最貴，可以猜測上廣告的企業主最大的假設就是網站能吸引最多的網友，所以要爭取品牌（產品）最大曝光機會，也就是所謂的爭取最多的眼球機會、爭取最多的點擊機會。

◆適合企業型態

適合上這些廣告的企業基本上應該符合下列若干條件：

- 產品線廣
- 產品或服務不需太多介紹
- 目標市場廣
- 經銷通路廣（不論是傳統通路或虛擬通路都很普遍，但更多的可能還是在傳統通路）
- 規模經濟是其考量重點
- 銷售地理範圍廣
- 預算夠

所以，中大型企業或消費品公司可能還是最適合這類型的網路廣告。

◆競爭關鍵

既然這些網站很像報紙，其廣告的露出也如同此理：互相競爭消費者的目光。有競爭，就會比資源的多寡，如：總預算、總廣告量、總露出、露出的版頁、廣告的（面積）大小以及廣告創意。

◆該留意之處

凡事有利有弊。在這上廣告或說這類型廣告有幾點應多加考量以免資源誤用。

想清楚，網友上這些版頁的原始目的不是要看廣告的。雖然筆者說了幾次它很像報紙，但它畢竟不是報紙，網友在小小螢幕上瀏覽可能就是不同於看報習慣，你的廣告就算很大也根本不會引起注意，只因他心不在此，他上某個網頁、去查內容、去搜尋，是有其他目的才去的，以至於根本不會對廣告稍加留意。就算眼光掃到，他也不會點選。這跟報紙廣告是有很大不同的。

一定要追蹤效果。網站的追蹤技術現在超級厲害，所以廣告主一定要追蹤網站流量與點擊率，順帶做個效果驗證來找出最後成交量中有多少是來自網路廣告。

與其他網路廣告效果互相比較，找出成本效益最佳者。（其他類型廣告請看下文）

（2）市場區隔型

攻佔市場不用散彈槍就用來福槍。在整個網站世界，任何企業一定可以採用市場區隔的觀念找到適合自己的網站、找到對的網民族群，然後對他們說他們有興趣聽的事，這樣一套做法就是市場區隔型的網路廣告手法。

最適當的區隔型網站，馬上想到的是部落格跟臉書Facebook。部落格是絕對的個人化，如果能在一個部落格網頁待上五分鐘，那你一定是他的粉絲了，你一定被他吸引，雖然不一定是崇拜。如果你有經常上某個部落格，企業一定也該想到這個部落格就是一個族群，同質性極高而不一定是人口變數穩定集中。舉作家張大春為例。如果你會上張大春的部落格那你一定會是他的讀者。你如果喜歡張大春的書，那你一定也是同類型書的潛在顧客。所以出版社應該考慮在張大春的部落格上廣告來接近潛在讀者群。

除了部落格外，還有一種區隔型廣告也值得關注，因為他也是緊抓住消費者的相關性為考量重點，這種廣告也可稱為內容聯播廣告。

筆者有一次在看商業周刊的網站，然後往下瀏覽時忽然看到一個補習班廣告，筆者就感到很好奇，這明明是商業性質的官網，一家開補習班的怎麼來這裡登廣告呢？請讀者看圖9.10。

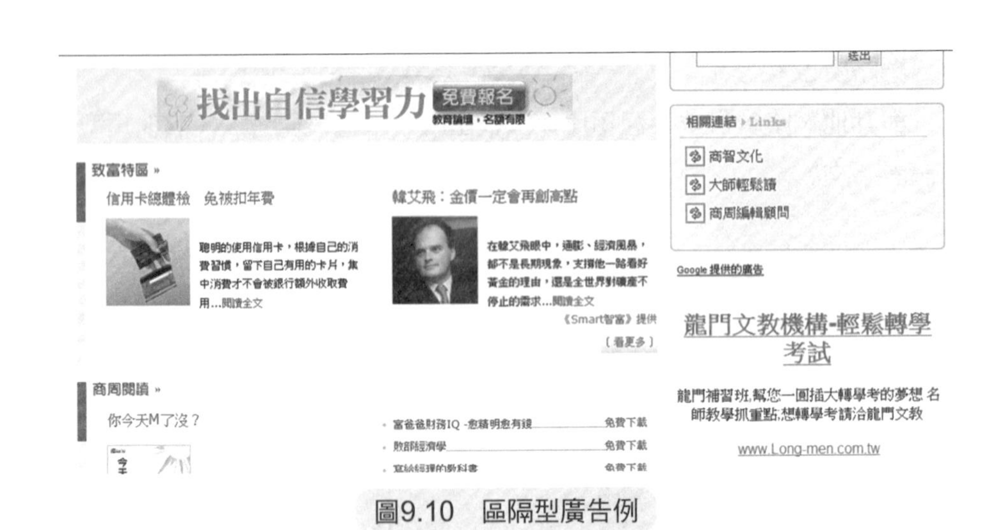

圖9.10　區隔型廣告例

但一想就通，因為廣告主所想的是網友的相關性（希望他是這樣想），會看商業性質雜誌線上版的網友也可能是學生或是年輕上班族，因為他們不想花錢訂閱或購買紙本所以來看免費網站內容，這很符合這群人的習性。那這群人既有年輕網民的習性又想趕上商業潮流，就假設他們還是想充實自己，不想落後於人，那其中如有在學大學生或離開學校一段時間想再進修的，就是這家補習班的目標客戶。嗯，很合邏輯，符合區隔的道理。

◆廣告費級距

部落格或是內容聯播網的廣告費用當然跟部落格主人本身、此部落格受歡迎的程度以及內容網站的流量成正比，只不過這是沒有標準的，但一定會比入口網站便宜，如果有合適的目標那就去談談看囉。

◆主要目標

上部落格打廣告最重要的目標應該是透過對此部落客的欣賞而延伸到對產品的欣賞，因此，這有點像古典制約理論的認同或是品牌延伸的認同。而選擇內容聯播網當然是看上網友關聯性而做的判斷。這兩種情況都是針對市場區隔的同質性並吸引同質的顧客群為主要目標。

◆適合企業型態

適合上部落格以及聯播廣告的企業應該還是很多，但就如同筆者剛才所提出的，或許下列型態的企業或品牌會更適合：

- 品牌個性符合部落格主人的個性
- 品牌延伸型產品
- 企業自動認定部落格也是一個潛在代言人（雖然沒正式簽合約）
- 部落格訪客有造訪習慣，所以可以慢慢發揮影響
- 目標市場容易界定
- 產品屬性正切中關心聯播網內容的網民
- 品牌個性符合或想親近聯播網站

◆競爭關鍵

企業所中意的部落格應該也會有其他品牌想爭取，這就有點像同類型產品同時競爭一位消費者一樣。因此競爭的重點會是：

- 要定位明確
- 要凸顯品牌個性
- 消費者利益點要強
- 要一眼就看出特色
- 廣告文案會是創意重點

◆該留意之處

提醒讀者，避免選擇個性極端型的部落格。部落格因為有個性才會吸引人，也吸引你去上廣告，但應避免極端型或是有可能引起爭議的部落格，你不該讓品牌去冒潛在的風險。當然，站在引起話題的立場來看，沒爭議的話，網友還不想去呢！這就只能看各家企業的取捨了。

再來，如果某個部落格已經有領導品牌上廣告，那你就沒必要去硬碰硬。也不要在部落格長期刊出廣告。上一個月就停，看效果如何。就算效果好也不必馬上再上，因為讀者群還是那一群，新增量應該不多，因為這

很像雜誌廣告，長期訂戶都是那一群，可以上幾次後停一段時間再做決定。

(3) 競爭對抗型

競爭、對抗，是這類廣告的原始目的之一，卻也是重要目的，因為他們不怕競爭，他們怕的是根本就連入圍的資格都沒有——進不去消費者的選擇集合。如果連入圍的機會都沒有，那還談什麼銷售機會呢？

◆典型網站

這種廣告露出的場景最明顯的就是關鍵字廣告。我們可以立刻找出一個例子來證明「不怕比」才是硬道理。圖9.11是在Google搜尋英文補習班所出現的關鍵字廣告，我們來仔細分析他們的內容。

華爾街美語送英語簡報課程
英語簡報破兮兮，老闆聽了傷腦筋，
華爾街美語幫助你！立刻預約免費課程
www.wsitw.com.tw

學英文送家教英美說的
學英文常半途而廢找對方法很重要外還
需要專屬英文教師就是i-Tutor 智慧筆
www.elts.com.tw

想找英文補習?非貝立茲莫屬
優良師資以漸進式課程及有趣的教學
學語文零負擔！充分體會語文學習樂趣
www.Berlitz.com.tw

菁英國際語言教育中心
語言認證. 全美語會話,寫作,文法,多益
TOEIC,IELTS,托福,全民英檢,商用英文
www.Language-Center.com.tw

巨匠美語 - 每天只要66元
限量學美語優惠專案，全台最殺
多種課程任你選，天天有課上哦！
www.soeasyedu.com.tw

JOY 佳音英語
學習成效一致肯定！佳音英語，
孩子學習英語的領導品牌。
je.joy.com.tw

圖9.11　Google搜尋英文補習班關鍵字廣告結果

我們來看前六家有放這個關鍵字廣告的英文補習班都是如何訴求的。

第一家為了降低門檻，他提供一個免費課程。所以「讓消費者試用」是它的銷售手法。有自信、不怕比。

第二家拿什麼出來比呢？他們用這招：學英文、送家教。雖然細節不清楚，但意思可知大概，就是有一位專屬家教老師，很個人化服務的。

第三家的文案就遜了，又是老套，什麼優良教師啦、漸進教學啦、有趣教學法啦，雖說有講三個重點，但都不夠切中消費者要害。他想比，只是說法不好。

再看第四家。嗯，什麼都教，但什麼

利益點都沒！太可惜了。

第五家直接打價格戰，每天66元。這可能是講最清楚的，而且也是最不怕比的一家。

最後一家自稱是領導品牌，有自信，那就看消費者信不信了。

還有一種關鍵字廣告更是無所畏懼，雖然筆者不知詳情，但其意思卻很值得拿出來探討。

如果一位消費者在網路上搜尋自己名字的話，只要網路有你的蹤跡，那你自然就出現在第一名的位置，除非有另一位同名同姓的，不然你不必擔心被擠到後面去。這種情況對企業來說相對好很多，因為凡是被允許登記設立，都不會有同名情況發生。現在問題來了：競爭者如果要攪局，或是想出現在潛在消費者的參考集合中，那他是否該擠進以對手為搜尋的網頁上？就好比說，如果從事房屋仲介行業，那搜尋房屋仲介這關鍵字大家一起競標、位置一起出現沒啥好怕的，你也躲不掉跟同行一起出現，這沒什麼問題。可是如果有消費者直接下【信義房屋】的關鍵字，我如果是競爭對手，我要不要出現在這個搜尋頁？也就是說，永慶房屋該不該下【信義房屋】這個關鍵字廣告？請看圖9.12。

請讀者注意看，搜尋字串明明是「信義房屋」，結果信義房屋自己的廣告也會出現！照說都直接找信義房屋了，為何信義還要下這個關鍵字呢？再看第二及第三個廣告主，竟然是永慶與東森房屋，他們為何要買信義房屋的關鍵字？

看到這個例子，倒是讓筆者更加體會到這是正確舉措。為什麼呢？因為我們（信義房屋的對手）不能讓消費者忘了我們的存在。消費者心目中的第一印象品牌是信義房屋這點競爭對手沒異議，但就是不能讓消費者就因此忽略我們！於是就要想辦法把自己擠到顧客面前，爭取一點點的露出機會都好。這就是競爭對抗型的重要考量。再看圖9.12，不只上面而已，右邊廣告的還有其他賣房子的，還有其他仲介的，他們為何出現在信義房屋的搜尋頁？基本假設與猜測會是，既然你搜尋信義房屋，那你就有可能會想買屋；那既然我要賣屋，我管你是不是已經洽定、認定信義房屋，我就是要讓你知道我也在做這行！不怕競爭才是重點。

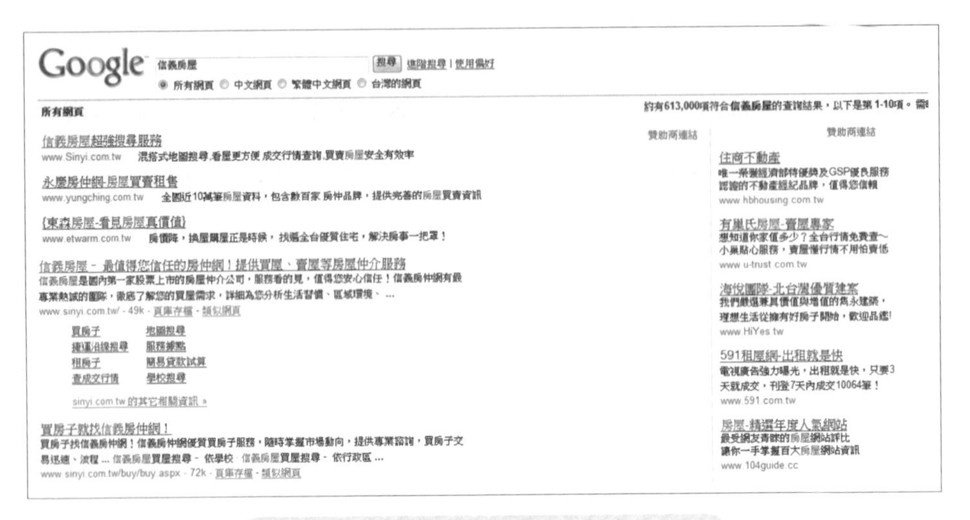

圖9.12　搜尋信義房屋關鍵字出現結果

◆廣告費級距

在上一章已經介紹過關鍵字廣告的預算標準，讀者應該還記得。不過競爭型廣告的支出水準會比一般的關鍵字廣告多出許多，因為你會出現在很多地方、被點擊的次數會增加、但成交率（轉換率）又不會等比例增加，這主要是因為領導品牌應該還是占多數（這是從市占率的觀點來看）。不過也不要太擔心，因為你可以追蹤效果，只要邊際利潤還是正的就值得繼續投入。

◆主要目標

這種極度競爭型的廣告有兩個很特定的目標作為準則：務必要成為消費者的考慮與選擇集合以及維持一定的曝光度與知名度。

◆適合企業型態

適合上這些廣告的企業基本上應該符合下列若干條件：

- 產品單價高
- 產品毛利高
- 目標市場廣
- 規模經濟是其考量重點
- 銷售地理範圍廣
- 預算夠

◆**競爭關鍵**

既然都不怕比了，那就要準備好一較高下：

- 預算要夠
- 產品（服務）要經得起考驗
- 總要有自己的利基點
- 廣告創意

◆**該留意之處**

一旦要做這麼「敢」的廣告，請先確定以下幾件事，以免傷很大：

要經得起考驗。不怕貨比貨。如果沒準備好豈不是自毀前程？

要確定自己有特色能被一部分市場接受。你可放心的是，沒有一家企業能把整個市場吃掉，總有其他消費者會選擇其他提供服務的企業，你只要接收這群人就好了。

要能突出自己的特色，讓一部分消費者能辨認出特色為何，並願意嘗試。

（4）模仿追隨型

第四類網路廣告可稱為模仿追隨型，筆者舉兩個為例，一是網路拍賣，但它也是一種商業模式，網路商城也屬於此種型態。另一個就真的是網路黃頁了。為何筆者會說網路拍賣為一種網路廣告呢？

—他們多在入口網站內架網頁，而不是用自己的網站；嚴格說，它也不是網頁，只是向Yahoo租一個格位吧。依前章所述，這對累積自己的品牌資產是完全沒用的，所以稱其為廣告而非別的。

—再者，他們的內容多是比價格，而非做更多消費者生活型態與消費者利益的訴求，只能算是廣告了。

讓我們來看一種商品，手機保護貼。

◆典型網站

筆者在Yahoo拍賣上鍵入「手機保護貼」後，出現一堆相關產品的訊息，如圖9.13。

其實乍看之下，這也是關鍵字廣告的一種變體，但多了個相片。可除此之外還有什麼重要訊息嗎？有，就是價格。再看看內容。特意進到中間那個強調日本品牌的網頁去看，還是Yahoo制式的拍賣網頁展示，毫無特色也毫無值得觀賞之處，它就只是個廣告嗎？

圖9.13　Yahoo拍賣手機保護貼相關訊息

再一種可稱之為網路黃頁。如果有一個網站他下關鍵字為【產品】，那你期待會看到什麼？各種產品？每一樣產品？還是千奇百怪的產品？圖9.14就是他的首頁。

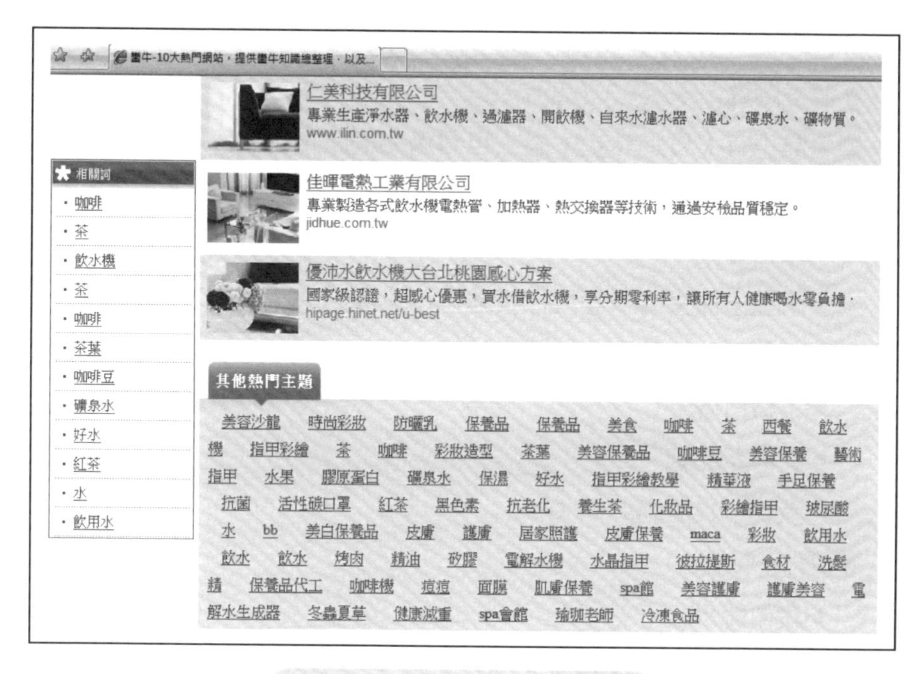

圖9.14　一家「產品」的網站

看到這網頁，筆者就把它歸類到模仿追隨型網路廣告。

◆廣告費級距

網路賣家在拍賣網站賣東西，所付的費用就依照Yahoo的規費，所以賣家也就把它視為廣告費，費用不算高，但在滾滾黃頁中亮相，效果要自行評估。

◆主要目標

選擇在這裡亮相，其實目標也不能期望太高，就是獲得一個在網路現身的機會。

◆適合企業型態

這種廣告基本上是為符合下列條件的賣家而設：個人或微型企業、嘗試是其優先考量、不做過多投資、產品或服務不需太多介紹、目標市場廣、想要擠進號稱有廣大流量網站的企業行號。

◆競爭關鍵

擺地攤也有人日進斗金。過去也看過從網路拍賣起家的企業，所以倒也不能輕忽它。然而初期的競爭關鍵應該會是：

- 價格導向
- 讓買家從交易中發現你其他特色或優點
- 掌握住每個顧客，培養忠誠度
- 累積口碑
- 延伸產品線
- 減少不良服務的缺失

◆可能的缺點

- 殺價競爭
- 很難被看到
- 很難顯示出特點
- 越是後進者越難出頭

第10章

高明定價

- 實務上的怠惰與無助
- 定價流程
- 定價決策樹
- 定價情境
- 價格、成本、銷量與利潤之糾葛
- 產品經理不負責價格與利潤之缺失
- 價格可以是一競爭武器
- 如何高明定價？

價格，非常不適宜直接就拿「成本定價」、「競爭者定價，或是以「奇數定價法」、「N000……－1＝（N－1）999……」來做為產品定價準則。因為這些實在都太低階了。

價格，既是策略決定的結果（定位決定售價），也受到行銷活動的影響（價格就是促銷手段）；價格會受到競爭的刺激而變化，甚至價格本身就能作為競爭武器（每日最低價）。並且，價格的決定，對銷量、占有率、利潤以及投資報酬率都有立即且重大的影響，所以，價格決策不可輕忽。

一 實務上的怠惰與無助

每家企業都深知價格的重要，因為它的決定，會立刻由市場、顧客的反應來告訴你價格訂得（不是對不對，而是）好不好。價格水準會立即在顧客腦海中形成一個印象，這印象會跟顧客所認知的（對你家企業的歷史、品牌威力、顧客關係等）與顧客所接觸的（很難找到沒有競爭對手的產業，所以可以參考和比較的比比皆是）產生立即反應——買不買。越多顧客買，銷售量自然增加，占有率也會提升，到此為止似乎一切都完美進行；但銷量多卻不代表利潤最大化。而以經營角度來看，利潤考量應大於銷量虛增。這就是在企業實務上所看到的第一個普遍現象：為了達到業績目標（雖然企業中老是為這點爭執，到底目標是怎定出來的！）就以降價（或促銷）為手段來爭取銷路，但卻很少企業在當時仔細推算這決策到底對利潤會造成什麼結果，畢竟占有率與利潤是極少能兼顧的。

價格屬於4P之一，但企業花在這個P上的時間，與其它事項相比（或與另外三個P相比），實在少的可以。企業很可能為了包裝與logo的設計、或是網站設計的格式來來回回討論多次卻都還敲不定，但對價格這重大決策卻往往忽略它的重要性。有些企業把「定價的決定」交給財務或工廠部門去計算，在採取利潤中心的企業因為要顧及到生產單位要有貢獻，就「決定」凡是生產出來的產品在計算所有變動與固定費用後再往上加個20%（舉例）作為內部轉撥計價去「賣」給行銷或業務部門。這個假設就是：只要生產出來的東西就一定有利潤！還有的作法是把價格決策交給老闆決定，原因可能有幾個：行銷部門不知成本，故無法決定。或者應該說得更白話一點，這根本不歸行銷部門管！那老闆又怎麼訂價呢？好問題。

（筆者下一本書：《爛決定為何老是贏？》將提出解答。）

另外，看到怠惰的現象倒是最可以諒解的，就是價格實驗。用實驗法或調查法為價格來進行消費者測試或市調。關於市調的可行與否與一些注意事項請讀者翻閱前章，就知道為價格做市調或是消費者實驗其實是有困難度的，就舉兩個吧：凡是問消費者哪個價格合適，很少人不選最低價的！這點可以理解，因為你我皆然，東西當然是越便宜越好，這還有什麼好問的。另外就是回答問題但不必行動，對價格的設定也沒啥幫助。問消費者的看法然後得出一個價格，但消費者真的會掏錢買嗎？未必。因為企業只是做調查，消費者沒有義務要去買，是你自己要問的，消費者可沒說一定要買啊！這也是為什麼多年來（筆者經驗）從沒看過任何企業為價格進行任何市場調查或是用實驗法測試價格水準。（那麼，那些餐廳或是食品業者用「試賣」做開幕活動算不算實驗？筆者認為他們多是把它當成開幕活動而不是為價格做任何調查。）

上述這些現象並非筆者獨具慧眼，而是在企業運作上讓人根本上就產生無力感。最明顯的無力來自於行銷部門根本對成本與利潤不負任何責任。既管不到價格（不是由財務部就是由老闆自己決定）、對成本也不知一二（公司不讓行銷部門知道成本）；可能會知道廣告與推廣預算，但又不清楚業務與通路的各種費用！這種運作方式，就算有所謂的「產品經理」，卻又不讓產品經理管控到產品的損益（俗稱Profit & Loss，PL），於是賺不賺錢這件事，老闆雖說知道答案，但對前因後果以及整個經營細節，可說是完全忽視。表面上經營者是知道，但實際上則是完全脫節。不讓長工（PM）管的結果，就是無人能回答下列兩個基本問題：價格到底訂得好不好？利潤到底是不是最大利潤！

實務上價格制定的作法也確實有所依據，許多教科書上也常看到的一些定價方法，如表10.1所整理的，有成本導向法、價值導向法與競爭導向法這三大類：

成本導向	1. 成本加成 2. 目標報酬率定價
價值導向	1. 認知價值定價（看消費者怎麼看） 2. 價值定價（物美價廉） 3. 附加價值定價（爲高價解套的說法）
競爭導向	1. 現行水準定價 2. 拍賣定價 3. 投標定價

表10.1　定價方法

因為有這些方法做依據，以致生產導向的企業就把成本算好，再加上個毛利目標就是成品最後的定價。而奢侈品的價格（不論是耐久財或是消費品）就不必管成本，訂個高高價就行。對不低不高的業者，就追隨競爭者的價格水準，如果有行銷投資，可貴個10%；相反地，沒品牌、沒預算做行銷但產品還不錯，就比競爭商品低個10%，以示公道。

至於所謂心理定價、奇數定價（999元，89元等）或是去脂定價等等，其實是在一特殊情境下可考慮的定價思路。本章後文會再做深入解釋。

既然價格如此重要，似乎應該要更深入探討來理解到底該如何決定一最適價格。因為價格絕對不是一單獨決策。

二 定價流程

價格不應只是價格，而應該拉高到策略層次。既然走差異化策略，表示廠商投入許多資源想要與競爭對手作區別，如高級轎車一定有它的可貴之處；新加坡航空不太打折，那為何老是領先其他航空公司？就連大陸的海底撈火鍋提供了那麼多額外服務，那它比別家火鍋店貴上一點相信也會被消費者接受。

塑造品牌威力當然也是價格的一堵牆，可以讓其他業者難以跨越。iPhone價格昂貴，沒辦法，因為她是Apple的。有本事你就做一支芒果手機看看能賣多少。

全世界走向國際化，一些國家因為歷史背景與國籍因素以致號稱來自這些國家的產品都能獲得加持。手錶要來自瑞士；歐風家具一定比大陸家具貴；歐洲啤酒都會比南美洲啤酒有價值感。想想看這個情景：烏拉圭皮包、墨西哥汽車、孟加拉服飾，再來一個：越南跨國律師。即使現在Made In China 隨手可得，可其價值感還是很難提升。

由此可見，上述這些舉例的產品或服務就不能只是以前文表10.1所舉的定價方法來設定價格，而應該從企業整體高度來思考該如何定價才是企業的最適決策。因此，價格這決策應是一個流程而不是單獨思考。

Robert J. Dolan 以及Hermann Simon 介紹一個定價過程[1]，筆者把它稍加整理並擴充為「定價流程」，展示如圖10.1：

註 1.Robert J. Dolan, Hermann Simon, 著，劉怡伶等譯，「定價聖經」（台北，藍鯨出版，2004年7月），P.12.

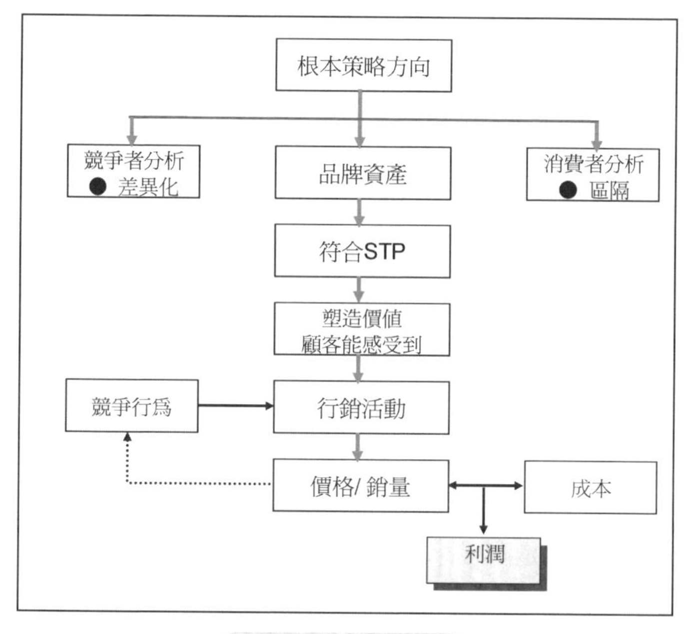

圖10.1　定價流程

實務上在為一項產品或是服務訂定該以什麼價格來出售時，思考的順序與考量點應該要符合圖10.1的次序來進行：

1. 企業根本策略為何

這是企業自身的大方向，也是自我評估，顧客或是市場怎麼來看待我們（品牌或產品）。在這起步階段，企業不應該以封閉式的思考來要求基本毛利而不管市場上的競爭強弱與消費者忠誠度。只要能客觀的檢視，相信一定對所處的位置有很明確的認知。

2. 品牌資產（來源國知覺）

檢視企業的策略方向後，接著應該對自家品牌在幾個方面做客觀評估，來對價格做進一步的市場地位分析。

首先，對鎖定的目標市場（國家），我們的品牌是進口還是國產？（讀者請同時翻閱第二章「定位」的內容）不同的產品，對不同的國家，其進口與否不一定是高階的同義詞。對日本國民而言，所有的進口品大概都是低階，少數幾個還能排上中階，當然，對精品的評價，日本人還是會認為他們是高階的。（LV全球的銷售以日本排名第一）

品牌的評估是非常客觀的，想騙自己都不容易，只要去問問地主國的人民對某國品牌的看法，答案一問便知。為何到了五一長假大陸觀光客要在香港以及其他國家狂掃奶粉？行動已說明一切。

即便是進口品，不同的品牌也還有高中低之分。以精品而言，LV、Gucci、Coach也不是同屬一個檔次。汽車市場也同樣明顯，對台灣人民而言，Benz跟BMW是同級車，VW則低一階，Scoda則又低一層。冰淇淋也是一樣的，美國的、蘇聯的與日本的冰淇淋讀者會怎樣歸類呢？

任何產業、任何產品，經過這樣客觀的產品來源國檢視就可得到初步的市場階梯，產品就自然地分屬在不同的價格級距。

 3. STP的選擇

來源國檢視的是客觀的分類，廠商當然可以主動地向所屬意的目標市場做訴求，去塑造品牌印象，這就是先前所說，「定位」是廠商可以採取主動的，關鍵是當地消費者信不信，當然，這也跟業者的投入有正向關係。

筆者還是要再次強調，定價不是對不對的問題，定價本身是定位的延伸。Starbucks咖啡（星巴克）在亞洲非常成功。但Starbucks咖啡的價位雖然高，卻不是最貴的咖啡。台北市成都路的蜂大，新生南路的老樹，甚至雲林的古坑咖啡都比她來得貴，可是論室內裝潢與風格，Starbucks顯然贏過蜂大跟老樹，但比較其消費的客層與去店內消費的主要理由，去蜂大的顧客不是比較老就是許多香港、東南亞觀光客去消費。蜂大與老樹訴

求的是對高品質咖啡、對手工調煮有偏好的消費者。Starbucks則走都會、時尚跟方便地利，兩者各有特色，就看顧客的偏好了。

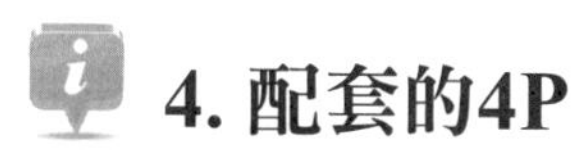

4. 配套的4P

既選擇了差異化就會有差異化的行動。要想突顯品牌個性與定位，就會投資在品牌形象、通路建構與推廣活動等來讓定位得到認可。於是價格一旦設定好（不論是高或低），就會看到有高調或低調的其他P來搭配。廠商如果認為產品很優，沒理由不賣高價，但又捨不得投資在品牌、通路或溝通活動，那這高價的基礎就如同建構在沙灘上，缺乏厚實基礎來頂住競爭者或消費者對其高價的質疑。

5. 做了多少具有吸引力的事

價格定好之後，除了營造品牌個性要有其他P來烘托，也要看其他輔助動作是否跟上。舊經濟時代要比經銷商、零售點與業務團隊（第八章通路行銷的範疇），新經濟時代也要比誰的機制可親、誰的客服好、誰有更便民的退換貨、誰又有更多的網路正向回應（第九章E行銷的內容）。所有這些都意味著成本的上升，價格自然會做回應。

6. 競爭評比

即便上述事項都做到、都做好，也無法保證銷量，因為還有一個最不能預期與克服的問題，那就是競爭者反應。

競爭者會主動出擊來反制你的行銷投入，不論是比品質、比通路、比廣告、比促銷，他們還會比價格。沒有人不喜歡低價的。所有的努力極可能因為價差個5%甚至幾塊錢，就眼睜睜看著顧客去買對手的產品。而又因為自身成本已經為了差異化而墊高不少，又捨不得降價，於是競爭關係影響銷路，銷路不夠多又無法享受學習曲線與規模經濟的好處，成本自然下不來，價格空間自然就小。如果為了拉高銷量而降價，毛利就低，就必須賣出更多才有夠多的利潤來持續營造差異化以便正常營運。這種因為市場實際競爭的關係，使得定價、行銷投入、對手反應、成本考量等互相激盪，因此價格的訂定更難以成為單獨決策。

7. 企業利潤要求

用毛利定價法有個基本理由筆者完全贊同，那就是要確保有利潤。只不過這個利潤應該是站在營運結果來衡量。廠商除了要精算直接變動成本外，更不能少算間接的固定成本分攤。行銷導向的公司之所以採用產品經理制度，是為了讓產品經理控管到PL，也就是損益底線。因此，每個產品做了銷售預估還不夠，還要做PL損益表，不但要精細到行銷預算的支出，還要將通路費用一併算進去（第七章預算編訂）。並且，利潤也要與企業長期的目標相掛鉤，因為沒有利潤，企業就很難營運下去；而長期來看，利潤不夠，企業也沒有資源做持續與更多的投資。

針對上述解說，筆者把定價流程規劃出一個定價決策樹（Pricing Decision Tree），並以九陽豆漿機在台上市為例做一實例說明。

三 定價決策樹

筆者一直強調價格不是單一決策，要做多方面的考量。圖10.2是將定價流程展開來做一步步的推演，來判定價格到底該怎麼制定。很湊巧的，大陸九陽豆漿機來台上市時，筆者正巧有機會在杭州幫他們團隊上課，就以此模式與九陽行銷團隊探討他們的豆漿機一台平均在台灣售價NT.4,200到底好還是不好。

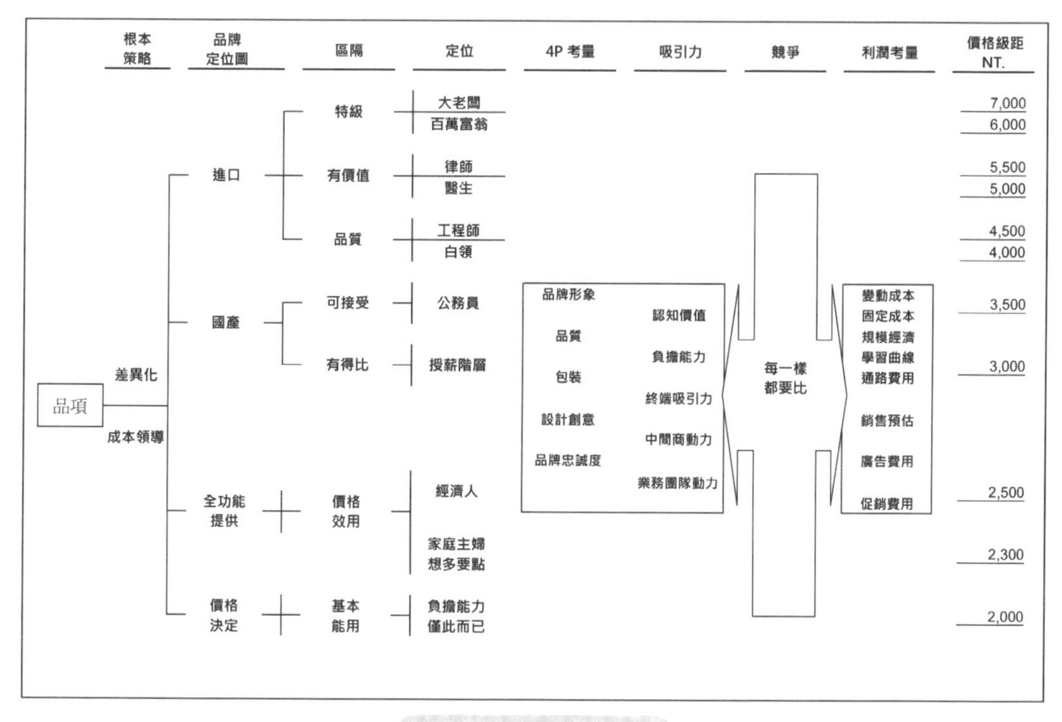

圖10.2　定價決策樹

1. 步驟一：最左與最右

價格決策樹的應用是，先把品項放最左，然後看市場上相似產品的價位，把他們由高到低排列，並為了避免有的品項沒查到，可再往上延伸高價位做一參考，或是設定此類產品的天花板價格（表示沒有更高的可能了）作為參考指標。（這步驟有點類似用價位做品牌定位圖的Y軸，但是要在圖上做擴充分析，而不單只是把價格描上而已。）

筆者當時以網路搜尋方式，找到幾款類似產品並將其行銷活動也整理出來做為參考，如表10.2。

品牌、品名	照 片	售價 NT$	知名度	媒體廣告	鋪貨
PHILIPS 超活氧果汁機		3,988	全球知名	有家族廣告，無產品廣告	廣、 百貨公司、 家電通路
超淨 養生豆漿機		3,580	低	無	（不知、 網路銷售）
大家源 五穀養生豆漿機		3,290	小小知名、台灣廠商（飲水機起家）	無	（不知、 網路銷售）
三洋微電腦 全自動豆漿機		2,290	三洋為知名品牌	無	（不知、 網路銷售）

表10.2　豆漿機競品市場調查（資料來源：作者網路搜尋，2011）

當時筆者做網路搜尋，豆漿機產品搜尋到三個品牌，有兩個是台灣品牌，第三個是日本三洋，其價位分別如表10.2所示，從台幣3,580到2,290，令筆者好奇的是，三洋這麼有品牌的竟然價位最低，不知功能上有何特殊沒有的。

在搜尋過程中，查到飛利浦有一款果汁機，售價3,988元，雖然不是豆漿機，但作為參考價格，所以也放上去，因為飛利浦的小家電相當有口碑，價位經常居高。在這調查的同時，台灣豆漿機產品不多，為了把價位充實，故放了一個NT.7,000做為天花板價位，最低價就設為NT.2,000。這麼做的目的就是認定豆漿機產品在市場上的價位應該是2,000～7,000之間，沒道理再貴、也找不到更便宜的了。

2. 步驟二：刪掉50%的範圍——根本策略研判

第二步，先判別這個品牌要走差異化還是低成本。判別出來，就可刪掉其他不必討論的價位，所以筆者說把步驟二做好就省掉一半的工作。

當筆者在台灣自己做練習時，因為是先看到電視廣告，又看到特力屋獨家販售，而筆者之前的腦海中沒搜尋到有其他豆漿機產品打媒體廣告的，可筆者知道這是大陸品牌，但其他台灣消費者不一定知道它來自對岸，於是下個結論：九陽可能是跟特力屋獨家合作，想塑造在兩岸都是豆漿機第一品牌的印象。（事後跟九陽團隊討論，他們也說當然不走低價位，還強調這是為台灣市場專門生產的。對啦，起碼用電是110V的。）

3. 步驟三：再刪掉50%——品牌、區隔、定位

有了廣告宣傳，筆者特地走訪一趟特力屋，想親自到賣場見識一下。正好看到九陽豆漿機在賣場有推廣小姐，攤位擺設出來三款，並現煮豆漿給消費者試飲，且推廣小姐還賣力介紹使用方式，操作簡單，可以把黃豆

打得又香又好喝。如果當場買，還贈送一個大壺與一包有機黃豆，價位在3,900～4,200之間。筆者把包裝仔細推敲，再依其文案說明，判讀九陽是要賣給家庭使用族群，對健康有意識且會願意花時間為家人準備新鮮、營養又好喝的豆漿。這個定位，筆者就把九陽判定為走中產家庭、中價位的定位。

九陽雖是來自對岸，但台灣消費者應該還陌生；它是進口，但不及歐洲或日本這種等級的小家電。它雖來自大陸，但在區隔與定位上它又企圖定在中高階，以圖10.2來看，九陽應是要擷取工程師、白領、公務員與一般授薪階層為其目標消費群。

4. 步驟四：4P考量

九陽豆漿機橫掃大陸市場，是大陸豆漿機領域的第一品牌。但是在台灣，九陽還是新品牌，但九陽專為台灣打造一款，其外型雖跟大陸款差不多，但包裝、材質是有所不同，且有特力屋獨家販售，加上是唯一有廣告支持的豆漿機產品，所以對其定位企圖應該是很有利。

5. 吸引力考量

豆漿飲品在台灣是如此熟悉，永和豆漿更是無人不知。家門口的早餐店賣豆漿更是天天幫襯，黃豆打出的豆漿雖說營養成份不怎麼清楚，但它比其他含糖飲料營養這點相信是大家公認的。因此，豆漿機的價值隨著豆漿這產品一併出現，其認知價值是有的。有廣告支持的小家電產品，價位在台幣四千元上下，相信一般受薪階層都還買得起，所以消費者負擔能力也沒問題。特力屋獨賣，優缺點都有，但起碼有一家知名的家用品專門量販店支持，爭取到一定份量的零售業者合作是站穩的第一步，規模應該夠了。就吸引力而言，九陽豆漿機的起步是穩的。

6. 競爭、利潤與費用考量

豆漿飲料在台灣實在太方便、太普遍了。不論是打著永和豆漿的旗號有豆漿，一般早餐店不論有沒賣燒餅油條都有賣豆漿，就連超商都買得到有品牌的豆漿飲料，且價錢就跟一般飲料一樣的大眾化。可能也是太容易購得，所以就很少看到豆漿機品牌大力推廣自家的豆漿機。就競爭而言，應該不算激烈，也有可能是一般消費者不想那麼麻煩買個機器回家自己做，反正要喝隨處都買得到。

產品來自大陸，且在對岸早已達到經濟規模。雖說是為台灣專門生產，但想得到只要改改電源，其他的都應該可輕易取得零配件。因此就成本而論，產品成本應該不會增加太多，要增加的成本就是運輸與報關。

另外考慮費用攤提。主要就是行銷費用，如廣告、推廣，這部分無法得知。

若是反向思考。九陽豆漿機以人民幣600元的價位在大陸市場就已經是很好的款式了，換算成台幣（1RMB=4NT，2011幣值）也不過2,400元上下，注意，這是售價，不是成本。加上運輸與報關和相關的稅，台幣3,000元的零售價應該到頂了吧。即使把其他費用算進來，售價約3,000元至3,500元之間也應該很有利潤吧。

7. 價位決定

價格決策樹走到這裡，九陽可以把自己在市場上的位置操作成豆漿機的高階，唯一的弱點是九陽品牌沒背景，但有背景的三洋又不貴，所以參考市場同類品最高價是NT.3,580元，這就給九陽做了個參考定價，高到3,600元是沒問題的，如還想再高，難度就會增加。但低也不至於太低，參考價位在3,000元以上應該可接受。

若問，不做定價決策樹分析，直接看競爭水準也得出【3,000，

3,600】級距！筆者說，這是不一樣的。決策樹分析可讓一個品牌或是產品能很清楚地走到他歸屬的領域與級距，對新產品來說會更容易制定並刪除不該考量的價位。在對應競爭對手時，也能更清楚自己所處的位置與搭配的資源，不會盲目設定。

現在來回顧跟九陽團隊的實際討論。筆者當時在課堂上就提出【3,000，3,600】這級距，但九陽當時卻賣4,200元！九陽的說法是產品成本有點高，且通路費用也有很多要支付的。雖不知細節，但對於4,200元這個價位筆者認為是高的。

筆者認為定價決策樹的功用在幫助我們從廣瀚的市場中快速地找到適合自己條件的一個最適價格區間。這區間不至於太寬以至對決策產生不了助益，如60吋電視機價位在【45,000，90,000】，茶飲料一罐在【18，30】；但決策樹也不會告訴我們一個確定的價格，如60吋電視機價格為NT.58,900。實際要訂多少，還是要細算之後再決定。

本章一開頭就說到，所謂流行許久的定價方法如心理價位、奇數定價或是去脂定價法，其實不是決定價格的方法。筆者提出一個觀點，把這些以及其他很多定價招式稱之為「定價情境」，Pricing Contingency，意思是，價格一旦定好之後，會遇到很多演變的情境，而順應情境改變，價格也做浮動調整，這就是筆者對價格情境的解釋。

四 定價情境

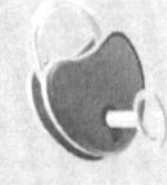

所謂「奇數定價法」，是說為了讓消費者覺得不怎麼貴，故意把價格從原本103降到99，從看似三位數的價位調整到二位數的價位，感覺上好像便宜許多。這在零售業是經常看到的價格花招。

「去脂定價法」是說產品一出來先訂個產業最高價，讓需求最大又付得起高價的顧客先享受它的好處，也趁機大賺一票。等到能付得起錢的顧客差不多都買了之後，廠商就針對第二層付得起錢的顧客以稍低的價格出售，又可以再次吸引一批顧客來購買，而廠商也再賺一票。而由於第一次的市場購買價格毛利很高，可以把研發經費及設備投資先賺回來，這樣第二波的銷售價格沒第一波價格高，但毛利不必再分攤大筆費用，所以利潤還是很好。這一妙招，教科書稱為「去脂定價法」；有個市場經典實例，源自於Intel，號稱「摩爾定律」。

除此之外，還有許多定價方法，譬如產品做延伸，價格維持原價還是做調整？母親節到餐廳請母親吃飯，餐廳業者以此為名目要在當天加價10%，這有道理嗎？雀巢膠囊咖啡機把機器訂得很低價，但咖啡膠囊卻一點也不便宜，這是為什麼？可口可樂在一般通路都是低價位台幣15～20元，但在機場餐廳卻要40～50元？去看NBA或是演唱會，票價有最高的10,000元一張也有800元一張？這些都是相同商品或服務但因為種種不同情況產生差異，而讓業者拿來做為價格調整的切入口。總而言之，是因為「情境」不同，所以價格自然有所變化，這就是筆者說的：「定價情境」。筆者整理出許多常見的價格變動，其中包含傳統所稱之為定價方法的，也有許多促銷手法的特價法，都被筆者歸之為「情境」，如表10.3。

價格情境	定價方式
產品組合定價	1. 產品線定價（價格帶） 2. 選配產品定價（汽車＋音響） 3. 搭配使用產品定價（印表機與碳粉匣、遊戲主機與軟體） 4. 副產品定價（生產時的副產品） 5. 產品包裹定價（整組、整套包裹）
新產品定價	1. 市場去脂定價（先推最高價再逐步下調） 2. 市場滲透定價（一推出就以低價打開市場）
差別定價（同一產品以不同價格出售）	1. 以顧客區隔為基礎（電影票、大眾運輸） 2. 以產品形式為基礎（精裝vs.平裝書） 3. 以形象為基礎（包裝、品牌差異） 4. 以通路為基礎（夜店的飲料、酒品） 5. 以地點為基礎（演唱會、NBA門票） 6. 以時間為基礎（尖峰vs.離峰）
心理定價	1. 聲望定價（LV） 2. 奇數定價（99、199、499、4590） 3. 參考價格（比較性價格、折扣）
推廣定價	1. 特價品定價（今日特賣） 2. 特殊事件定價（週年慶、清倉拍賣） 3. 分期優惠 4. 保固與服務契約 5. 心理折扣（高價＋／－折；家具業、燈具業）

表10.3　定價情境

1. 產品組合定價

有些產品做了產品線延伸或是產品跟其他附件一起包裹出售，稱之為產品組合定價。當品牌出了第一個品項後，不論有沒有深思熟慮，後續又出了許多小改良的品項，譬如口味多做幾種，顏色多做幾樣。有些改變的幅度略大，如包裝容量出了大中小款，口味變出低脂或原味，汽車也出2WD／4WD，像這類就屬於產品線定價。

產品線定價通常衍伸出一個價格帶。快速消費品的價格基本上不會有變，他的目的其實是為了佔領更多貨架空間。唯一常見的價格改變就是因容量改變而價錢產生變化，通常是容量越多價錢會有優惠，因為廠商希望忠誠顧客買大包裝而不要買競品。

一些耐久財如汽車，往往同一品牌因為內裝或幾輪驅動而出了幾款車型，這就出現了一個價格帶。福特的Escape有2WD，有4WD，排氣量從2000cc到2300cc，內部配件有基本款也有精裝，價位因此就延伸上去。

產品除了原有的，但多一些選擇讓消費者搭配，如汽車加裝音響，音響的價錢就跟汽車做組合銷售。其它還有印表機跟碳粉匣或是墨水，PC跟Windows軟體，這些都是屬於產品組合定價。組合定價一定比個別購買便宜，因為廠商希望確保能一次賣掉正副產品。組合價也有促銷的意味在，以價格優惠方式來達成銷售的目的。

2. 新產品定價

新產品上市一般有三個價位選項。最守規矩的就是一個價位到底，不打算把價格當做一項競爭武器來用，從上市之初就訂那個價，以後的發展以後再說。

如果一上市就採高價作法，就是所謂去脂定價法，策略意圖如前所述。

另外一個極端是上市採用低價法，也就是原本的價位可能要X，但為了搶奪市場也為了提早得到學習曲線的效益，硬是把價格調到0.5X（舉例）。這價位自然讓顧客感覺是賺到，也把對手打得措手不及，市場自然就是他的了。早期的日本企業多採用此法來換取占有率，「日本第一」的年代就是描述這個定價法。

3. 差別定價

把市場區隔應用到價格上，就是所謂差別定價。看電影因為身分不同，而有成人票、學生票與優待票。大眾運輸也如是。

書的內容沒變，但包裝不同而有差別（精裝、平裝）。運動用品有專賣店價位，但出了個OUTLET，於是有差價。同樣聽演唱會、看球賽，區域不同而有不同價位。電價因為尖峰、離峰也有差別。

基本上，差別定價是涵蓋了需求取價與身份取價合併進行，只要事先告知與充分揭露，差別定價還有更多花招可用。

4. 心理定價

心理定價包括了依聲望來定價，也就是品牌資產與品牌價值的顯露，LV就是要那麼貴；Paul麵包竟然可賣到一份全餐的價格！其他像是汽車業更是聲望定價的顯著例子。

另一個心理定價常見的實例就是奇數定價。99、89就是會勾起購買的衝動。

市場上也常看到一種參考價格的形式，譬如把某商品用原價標出（不一定是同一品牌），再把目標商品用特價（一定是打了折的）標示，以突顯目前特價品確實比同級品要便宜許多。

5. 推廣定價

利用各種節慶當藉口給顧客各種優惠，基本上都是推廣定價的形式。如每日最低價是要吸引一般購物者選擇到我們店裡來消費，雖然低價品可能是虧本賣，但其他商品價位依舊，就能彌補特價品的毛利損失。且零售通路還有另一層考量，就是衝高營業額，以跟業者簽年約目標來賺取合約獎勵金，一樣是利潤進帳。

分期付款也是一種折扣手段。尤其現在到一般3C商店購物或是電視購物頻道、網路購物，經常看到可用信用卡分好幾期而且都是零利率，讓顧客購物更不手軟。

台灣的家具業、燈飾業，以及水電行所經銷的廚房用品或是燈具等等，其定價跟成交價總是有一大段落差。標價似乎是嚇唬消費者、或根本就是告訴消費者永遠不要不還價就買。家具打對折是正常的，燈飾更是可以從一到三折起砍價。目的可能是讓你覺得真的好優惠，但這也會讓人產生更多的不信任感。

五 價格、成本、銷量與利潤之糾葛

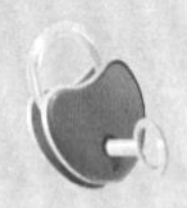

讓筆者描述一個場景，想必引起讀者的共鳴：

「當一家公司業績達不到目標時，總經理往往就召集部門主管開會商討對策，其劇情總是如下上映：

◆財務副總裁：除非我們很快採取一些措施，否則本季度的銷售額將比計畫減少10～20%

◆銷售副總裁：市場競爭非常激烈。5%的降價將幫助我的銷售代表提高銷售量

◆生產副總裁：如果我們無法提高工廠的訂單數量，我就必須開始削減成本了。降價有助於增加訂單。

在這場合，大家一定會找一個代罪羔羊，而最佳人選就是行銷頭頭。

「朱總，價格定太高了，考慮降點吧。」

「朱總，做個促銷活動吧，這樣我好跟通路談。」

「朱總，廣告費是不是砍一點，這樣費用起碼可省下一大半。」

（朱總、朱總，我真是豬總！研發不歸我管，生產成本又給我加一大堆，價格也不是我定，廣告都是你們要找阿妹，最後我只做了個包裝，還被總經理改了好多次，都不知是誰在做。我真是豬頭！）

會常看到這情景，是因為大家都以為降價就會增加銷量！以為降個5%，銷售量會增加更多，業績一定做到。只不過大家沒看到的是，降價所帶來的不只是新增銷量的毛利損失，連原有不降價的銷售也必須降價，這麼一來影響層面就是總體毛利通通下滑。新增業績還會有其他費用產生，例如一些做零售通路的就知道，年度合約是以業績做標準，你衝出業

績，就要額外付出獎勵金，但因為你降價或是多做幾檔促銷活動才把業績做到，整體利潤是付出更多才換來這些結果。筆者在做通路行銷工作時，曾把這些關係用數字換算出來，答案是目標達標，但利潤明顯下滑。

降價不是表面那麼直來直往的計算，以為降5%，銷量起碼回升5%以上，所以還是值得。讀者如果看到這裡也直覺贊同，那就請注意，每降一個百分比的價格，如要確保相同利潤，那銷售量的增加往往是要增加好幾個百分比！能做到嗎？

面對這類問題，思考的重點就變成：要占有率還是利潤？如果降價能換到市占率似乎也划算，只是不能持久，因為對手也被迫降價，沒多久時間大家都回到原點（市占率），但利潤就回不來了。而原本價格可能是定位思考下的決定，但被降價、被促銷這麼反覆做幾次，品牌形象反而直線滑落。請看看Chivas的下場。

企業必須多花時間對「最適利潤」找出答案。預售屋一推出來就賣光，那肯定是價位太低了。與其傷腦筋業績達不到，何不想想漲價呢？讓多出來的毛利去做更多、更好的服務來提升形象，是不是另一個較好的選擇呢？老是比最低價的結果就是既沒利潤又沒形象。

六　產品經理不負責價格與利潤之缺失

筆者鼓吹、教授產品經理制度與操作已十多年，明顯地感受到兩岸已經有越來越多企業採用此制度，而且不限消費品業。但另一方面看到的現象是，空有產品經理之名而無產品經理之實。最容易分辨的就是問一個問題：產品經理做不做損益計算？

前文有提到，如果產品經理管不到價格、成本不讓他知道，業務與通路費用不經他手，產品經理怎麼可能知道他所負責產品之真正結果？把一個產品的成敗因素拆解得支離破碎，到最後就是沒有人來負責了。萬一出問題（賣不好），又常把矛頭指向產品經理，那他多冤啊！

不讓產品經理負責最大的損失就是公司不想培養人才！不想讓產品經理獨當一面來綜觀全局，也不想早早培養接班梯隊。當人才沒有更多的歷練機會時，他不是出走尋求更大舞台，就是陪大家一起玩但到最後舞台越來越小，小到企業永遠就那個二、三十年前的規模，看到別家企業越來越茁壯而自己還不自知。

七 價格可以是一競爭武器

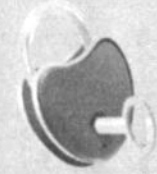

價格，除了會是企業採取最適策略與行動的結果之一，它也可以是企業用來做對抗的競爭武器。

價格武器，不只生產廠商可以用，通路業者（非定價的決策制定者）也能拿來做為其競爭基礎；最令人無法預料的是——價格武器，幾乎也沒有時間限制，不論是長期用、短期用，它都很好用。

價格拿來做競爭武器，可以走高價訴求，也可以走低價訴求。但一般觀察，以價格做為競爭武器則多半是指低價策略。

哈佛教授Christensen在其與人合著的「創新者的解答」一書中，提出兩種不同的攪局式創新（中文版譯為破壞性創新，本書則認為譯成攪局式創新較有意思，原文為Disruptive Innovation），都指出以低價做為攻擊對手的武器是許多企業之所以成功的關鍵。這兩種方式是[2]：

1. 新市場的攪局式創新

指積極爭取尚未消費的新顧客。它能帶來更便宜、更便利、更容易使用的產品，讓尚未消費這項產品的顧客願意花錢。新力公司所推出的第一代電晶體收音機與佳能推出的桌上型影印機都屬於此類。

註
2.Clayton M. Christensen，Michael E. Raynor合著，李芳齡、李田樹譯，「創新者的解答」（台北，天下雜誌公司，2004年第一版）PP.78－81。

新市場的攪局式創新所要戰勝的不是市場在位者，而是如何讓新顧客消費，也就是創造新的價值網路。

2. 低階市場的攪局式創新

低階市場的攪局式創新就是攻擊原有或主流價值網路中的低階市場，如折扣零售商（量販店）以及當年日本汽車進攻美國，現在輪到韓國汽車等等。他們並沒有創造新市場，只是用低成本掠奪市場在位者的低利潤顧客。

八　如何高明定價？

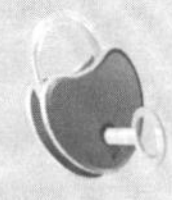

對於價格或定價決策，筆者認為應該採取「高明定價法」，其原則如下：

1. 定價要從策略出發

價格是定位的展現，而非只是從成本往上加成。要把企業的選擇、目標市場的選擇反應在價位上。

價格不是單一決策，要同時考量成本、銷量與利潤。尤其在現今環境，最適利潤往往勝過市占率的考量。

2. 不要用問卷去問；但可以實際測試

本書第四章提到過行銷研究上的一些偏誤。如果在做產品概念測試或新產品測試，想用問卷的方式來得知該如何定價，往往問也是白問，甚至反有誤導之虞。

但如果真要做個測試又該如何做？建議產品經理找一個測試地區（城市或某一區），把產品實際放到市場上，看消費者如何反應。當然，做價格測試時有許多配套措施要一併解決：要不要上廣告？是全面鋪貨還是只選擇一些樣本店？競爭對手會不會來攪局形成反效果？將這些因素一併考量，如果真能一一克服，則不妨一試。

3. 低價是雙面刃

不要忘了，消費者永遠要便宜好用的東西，所以低價策略永遠有效。但也不要忘了，永遠有人會比你祭出更低價這一招。

當有人跟你說：「便宜又大碗」一定好賣的時候，你可要想起另一句俗諺：「便宜無好貨」。重點應該是：價格對本企業來說是扮演著什麼樣的角色而定。

4. 大膽定價，只要你有「貨」

如果只跟隨定價、只走低價位，企業經營也就不會那麼吸引人，也欠缺活力。只要你的產品真的有特色，哪怕只是小小特色，都不要忽視它，在定價上也不妨大膽定價。

5. 加點附加價值進去

企業敢賣東西，總是自認有點什麼。就算什麼實質內容都沒有，還是會有機會的，那就是服務。作者堅信一條定律——「顧客對服務的渴求是沒有止境的」。

消費者許多購物決定有時自己也說不清楚，價格也是同樣道理。如果實在不知該如何定價——請勿灰心，請再重看本章「高明定價法」，你必能悟出真理。

第11章

整合行銷·行銷整合

- 整合行銷
- 行銷整合

何謂「整合行銷」？何謂「行銷整合」？

整合行銷：整合在行銷上的每個溝通環節。整合所有的行銷傳播溝通工具，使其更有效且完整地影響目標消費群，達成行銷目的。

行銷整合：以行銷來整合企業的經營。整合企業經營的每個層面，以行銷導向為最高原則，打造品牌。

彼得・杜拉克曾說：企業僅有兩項功能，創新與行銷。而行銷本身也需要創新，才能永遠領導（起碼不落伍）消費趨勢。本章節，特將產品經理、行銷經理人所接觸與控管的各個企業環節，不單只有行銷功能，做個提綱挈領式的總結，目的也在幫助產品經理、行銷經理人能時時在腦海中對行銷有個完整架構。

一　整合行銷

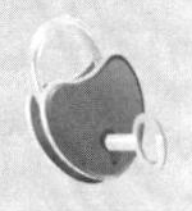

 1. 整合行銷的必需性

現今，消費者日趨多元，整個社會的價值也鼓勵多元，再加上生活步調加快與生活複雜性激增，消費者的生活型態已越趨豐富化。

資訊呈爆炸性成長，媒體種類也相對增加，就使得小眾團體日益增多，小眾時代也已蒞臨。再想用以往單用廣告、單靠大眾媒體就能涵蓋並影響大多數消費群的溝通方式，會越發覺得難以做到。

考量這兩大趨勢，消費群由單一到多元、溝通方式及工具也由簡單到複雜，就使得如何整合在行銷環節上的溝通對象、溝通訊息及溝通方式、溝通工具等，越來越有必要性，甚至急迫性。美國迪士尼公司出品的卡通電影「獅子王」，就是很典型的整合行銷傳播案例。當然，你也可以說他是「一魚多吃」的最佳範本。

2. 獅子王

獅子王是電影，但，是卡通電影。小孩子當然是主顧客層，但孩子又多半不會（或沒有必要）自己花錢去看，而是必須由父母、長輩帶他們去，所以獅子王的目標對象就不只一種。

既然要對這些不同的目標對象傳遞訊息，除了傳統的廣告，包括電視廣告及電影院的廣告外，還有什麼方式可以做溝通？這部片子請了流行音樂界的超級巨星錄製電影原聲帶，有了Elton John的力作，主題曲很快就進入排行榜。而先前所說，要影響的對象之一是大人，靠著Elton John的名聲來宣傳電影主題曲，自然是另一種、且有效的溝通途徑。

當初首映是在暑假剛開始時，獅子王也辦了場義賣首映會，將當晚全部門票收入捐給慈善單位。這就是PR。

（雖然不確定）電影ET是否是銷售電影商品（錄影帶除外）的始作俑者，但獅子王肯定把這招發揚光大。個人以為，ET只有一個人物造型，即外星人；但獅子王個個都能做成人物造型，它根本能賣動物園了。有這麼多的電影授權商品，跟隨電影首輪季一併鋪貨，頓時，各大小零售賣場都可見獅子王的玩具商品、海報、各類POP。不論大人、小孩，都能在這些場所看到獅子王的溝通工具，也與電影票房互相帶動，互相幫襯。除了寄望於小朋友看完電影後還買個金巴獅子外，還能做什麼以發揮最大的品牌效益？拼圖、著色畫、錄影帶、電視卡通版。

拼圖跟著色畫，就使產品線從玩具類跳升並擴充到學習、益智類商品，不論是產品領域、陳列位與空間、以及消費者選購類別上，獅子王都加倍擴張。

電影下片沒多久，錄影帶上市。不論是出租或銷售，都能持續延伸整體品牌效果。這又和零售的玩具、學習益智類商品再次帶動第二波的買氣。

有了這些做基礎，迪士尼繼而製作播出電視版的卡通獅子王，而且不是一兩集，而是系列式的電視卡通，在電視頻道再次賺取一次小朋友的眼球，當然這又是一筆進帳。

還沒完。

因為廣受大人與小孩的歡迎，獅子王首次成為因電影成功而被重新製作成舞台劇，在百老匯上演。

趁當年的小朋友還沒完全長大、還有記憶，也能對新進入市場的小朋友再次重新推出，迪士尼於是又推出DVD版的獅子王，因為DVD播放機的普及可是當年獅子王首映後多年才發生的，迪士尼怎會放過！

從1994年首映至今，獅子王已成為一個品牌，一個有諸多商品型式的品牌。它將以往純卡通電影的刻版印象完全顛覆。後續的史瑞克、蜘蛛人，還有魔戒、哈利波特，一一朝著獅子王走過的道路魚貫而行。

獅子王，或說迪士尼、或說電影界，絕不是唯一做整合行銷成功的案例。其他行業、其他商品，完全可以朝向獅子王膜拜之路前進。只要有這套整合行銷的觀念，也確實應用這些多樣的工具，你的產品就一定可以（也應該）應用整合行銷。

3. 整合行銷流程

整合行銷所要整合的，包括目標溝通對象、溝通訊息、以及溝通工具，因為要視不同的效果做最適搭配。

整合行銷也要整合產品、品牌給人在視覺甚至識別上的一致性，以免造成多個不同形象，使消費者不論在何處看到哪種品牌的呈現，都能維持一致以發揮最大的視覺綜效。

整合行銷還要整合各媒體上的預算花費，找出如何有效達成整體溝通效果的最佳分配。

該整合什麼以及如何整合，圖11.1提供了一套流程架構[1]。

（1）目標對象

定位陳述曾說到，目標對象應該要集中一群核心目標群，再由這核心目標群擴散、影響其他目前會或將來會成為顧客的消費人群。在製作廣告時可以找

註

1.本架構參考Larry Percy所著的「整合行銷傳播策略」一書，再加以補充。讀者可逕往參考。（遠流出版公司，2000年，初版。）

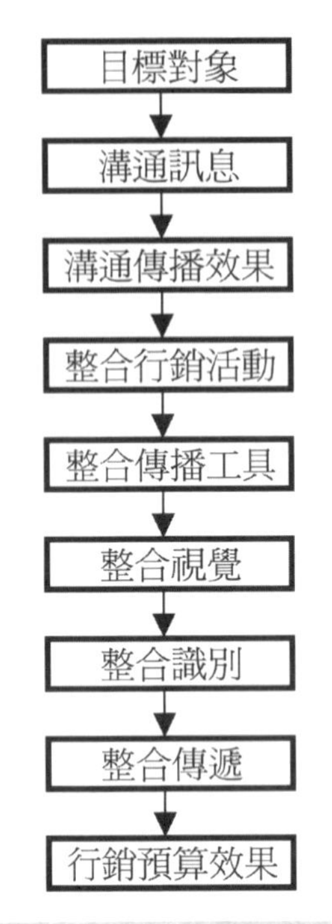

圖11.1　整合行銷流程

一個典型人物做目標對象的縮影，但實際上看到這廣告的人當中，除了設定的目標群外，還有競爭者的顧客，也還有沒用到這類產品的潛在消費群，但這些人日後卻可能都是我們要吸引過來的。

整合行銷，不是要把所有人群一網打盡，這絕對違反最基本的定位原則。整合行銷是去發掘有哪些人我們應該要去影響，並且應該是在不同時機、不同場合講不同重點的語言，最終目的當然是要他們對真正要買產品的人產生推拉作用。

以工業品為例，如果是賣工業用原物料或零配件，真正做決定之前，可能是先有人覺得有這個需要，或是廠商去告訴他們有新的替代品，既好用又便宜；需求產生之後，還要想辦法去接觸會影響採購決策的人，進而再找到真正的決策者，或決策群，包括購買者與使用者。

賣玩具的業者會有哪些目標對象？有買東西的父母或成人，有玩玩具的小孩；父母可能是決策者但也可能就聽從孩子的決定吧，所以孩子也不能忘了他們也是溝通的一環。

既然目標對象會有多重角色出現（發起者、影響者、決定者、購買者、使用者），當這些角色又分屬不同的人時，溝通訊息就成為下一步思考的重點。

（2）溝通訊息

在第三章談到廣告時曾說，越簡單的訊息越記得住、越有力量。即便碰到會有多種目標對象需要溝通時，此話依然有效——視目標對象的不同而傳遞對其最有影響力的訊息，而且一定把握這個原則：單一精準。

（3）溝通傳播效果

要想對不同目標對象準確無誤地溝通不同訊息的關鍵，端賴於想要達成何種溝通效果。

Percy在其書中提到，傳播效果共有五種（並且可以看出這五種是階段性的）：

◆品類需求：傳播對象知道需要某種產品或服務。

◆品牌知名度：傳播對象能辨認我們的產品。

◆品牌態度：傳播對象對我們所提供產品之整體評價。

◆品牌購買意願：傳播對象願意購買我們產品的程度。

◆促成購買：傳播對象對足以影響其購買或使用該產品因素的了解程度。

（4）整合行銷活動

考量目標對象、溝通訊息、以及溝通效果，接下來就要問，該運用哪些活動才會對以上三項因素得到最佳組合效果？

◆**廣告溝通活動**

－是做教育性的廣告，讓目標對象知道有最新功能的產品，以達到對品類的需求為最佳方案？

－運用公關報導如何？

－還是做新聞記者招待會的型式？

◆**促使購買活動**

－舉辦派樣活動？夾帶一張折扣券以促使消費者購買？

－直接針對某特定對象群做直效行銷？

–透過人員推銷或電話行銷來做？

–還是設計很有特色的活動以吸引人潮並在現場做銷售動作？

◆通路協做

–與通路一起舉辦？或透過陳列、店頭促銷來帶動銷售動作？

◆交叉銷售

–透過本公司其他銷售管道（顧客資料庫或人員推銷）來銷售本項商品？

◆異業結盟

–透過其他業者，與其策略聯盟來銷售我們的商品？

在考慮運用並整合所有可行的行銷活動時，重點不是每樣都做，以為面面俱到，卻發覺根本沒有那麼多經費，預期的銷售也根本不會達到遍地開花的結果。最重要的一點是，哪一項、或哪幾項活動可能帶來的效果最好！並且要問，哪些傳播溝通工具最合適？

（5）整合傳播工具

做完以上討論後，必須評估這些活動種類、要求效果、訊息內容以及目標對象，是用電子媒體能得到最好的效果還是平面？這當然跟市場對象人數多寡，訊息必須有影、音結合還是單純文字就好，有絕對影響。甚至只要運用到印刷品，如DM＋通路陳列＋店面佈置，也能達到相同效果？如果這些都考慮好了，我們公司的門市人員、展示中心、運輸車輛，還有銷售人員是否也是可運用的傳播工具之一？

（6）整合視覺

整合行銷也要考量行銷美學上的統一與視覺整合。

所有對外溝通的工具所傳達的視覺接觸，是否都維持單一且一致的呈現方式？

溝通工具所表現的產品外觀，是否跟在銷售現場上所看到的包裝無分軒致？

整個品牌所呈現的方式與視覺要求，是否能保持整體性與一致性？如某品牌或包裝設計是用紅白兩色表現，在貨架上會很搶眼，故也想印製在運輸車輛上。但這兩色一旦被拿來做車體外觀設計，風吹雨打，沙土飛揚，沒多久就毀了這兩色而令人慘不忍睹，那還要這麼做嗎？

(7) 整合識別

將視覺上的統一，放大到企業整體，在企業整體的對外識別上也要努力加以整合，千萬不要在不同處有不同的出現方式，這樣就失去識別的綜效效益了。如：

◆包裝（正常包裝及促銷包裝）

◆POP（各式各樣、大小不一的POP均要整體性設計）

◆通路上的促銷訊息（不要讓通路自己設計，而完全無法掌握）

◆廣告（各類型廣告文字、聲音等均求一致）

◆廣告載體（包括車輛、戶外廣告、網路廣告以及印刷物等）

◆CIS（整體企業的識別體系）

◆代言人：品牌找一位知名代言人有許多利弊得失，在此不妨舉一為例。周杰倫在兩岸很紅，凡年輕人都喜歡他，所以既然要把自己設定為年輕人的品牌、年輕人的產品，找周杰倫做代言人也是一種識別。對。只不過，中國移動找周杰倫、松下手機找周杰倫、百事可樂找周杰倫、特步運動鞋找周杰倫，還有一服飾品牌也找周杰倫做代言人！請問，消費者看到周杰倫會想到誰？

(8) 整合傳遞

產品及服務，由提供者送交到消費顧客手裡的整個傳遞過程，也必須有一個完整的整合流程。因為廠商也許只是把產品放到貨架上就不再做什麼事，但購買顧客如看到貨架缺貨（通路來不及補貨），會認為廠商不賣力；看到貨架商品灰塵太多，會認為這個東西一定沒人買；等到拿到櫃台結帳，收銀員隨手亂扔又沒好臉色，消費者也絕對會把這筆帳算到廠商（及通路）頭上。至於服務業更該重視傳遞的過程。

顧客到餐廳用餐，從外面五十公尺就在觀察這家餐廳好不好，包括外觀、燈光、設計、門口整潔與否！接待小姐是否高挑美麗並不重要，重要的是她是否面帶笑容，禮貌且真誠地說「歡迎光臨」，而絕不是像沒睡醒的小和尚一樣有口無心。要知道，有沒發自內心的問候，聽的人一定聽得出來。等坐定，服務員倒茶是否有倒出來、收多餘的餐具有沒弄得鏗鏘作響、碗盤有沒缺角破損等等，都會被客戶列為評分項目。最後一項但絕非不重要的，就是洗手間乾不乾淨、有沒有擦手紙！對自認是稍有品味格調且價錢也反映出來的餐廳業者，為什麼你們的洗手間沒有擦手紙！你們也許說，「我們有烘手機啊！」拜託，等到把手烘乾了，手都熟了！而且一個個慢慢排隊烘乾，不是很快就出現長龍了嗎？

所以溝通對象也一定要把企業從業人員包括在內，這也就是說，行銷乃全員職責，絕非只是行銷或業務員的工作。總機小姐是否有行銷概念，各位可以立刻打給各家銀行的0800專線做測試，拿出你的信用卡，馬上就撥卡片上的服務專線，隨便編個理由，看看你的發卡銀行怎麼處理。再想辦法把電話轉給其他部門，你再打個分數。電話總機、服務部門、工程部門、會計部門，這些都是企業內部人員，平常認為沒必要對這些人員灌輸行銷觀念的企業，你放心讓他們代表貴企業嗎？該改變你們的觀念與做法了。

（9）整合行銷預算效果

在講到銷售預估與預算時，曾提過要仔細衡量活動所能產生的效益，再就此活動所需經費編成預算。整合行銷不是每個活動都做，而是就那麼多可執行方案中找出最佳組合，所以各種活動該如何決定、各種媒體傳播工具該如何運用，都必須站在一個企業高度做出最適分配。二三十年前行銷確實只要做電視廣告就好了。現在可不行，電視、報紙、雜誌、廣播、印刷、PR、活動、以及Internet，最佳組合是不可能的，但最適組合卻該努力追求。而在這過程中，有兩點務必要考量到，一是代理商的整合，一是運用多個評估標準。

許多企業可能除了廣告代理商外，還跟一些PR公司、辦活動公司都有往來。而廣告代理商因為其收入方式與來源，是從電視及大眾媒體的預算中收取服務費。如果要其放棄這麼簡單的賺錢方式，反而要他們花腦筋去想活動、去建立資料庫做直效行銷、或發展很多的文案做DM，是不是有點難度？所以行銷經理人、產品經理要知道如何管理廣告公司及其他合作夥伴。

以前在評估媒體效果時，CPM或CGRP都是大家很熟悉的。現在要產品經理從「每千人成本」轉到「2%回應率」或「本活動能否回收？」、「本活動能帶來多少潛在消費群？」這些不同的評估標準，產品經理、行銷經理人要如何說服自己？又如何說服你的老闆？但這才是該做的，這才是整合行銷要求的重點：針對不同的行銷傳播及溝通工具，發展出不同的評估標準，以求得最大的整體行銷溝通效果。

二 行銷整合

請讀者再回到前文的「導言：行銷真意」那一段文字，重新看看圖0.5所描繪的，行銷所做的每件事，其實就是一家企業的完整運作流程，而貫穿這些事件或活動的中心思想，就應該是行銷的最高價值——打造品牌。讓企業每項功能、每個部門及每位人員不論在做哪項專業領域的工作，都謹記在心追求行銷的三階段目標：心智占有率、市場占有率與心靈占有率。能朝著這方向邁進，則一定可以確定的是——這是一家行銷導向的企業。產品經理、行銷經理人所司何事？如此而已。

第12章

如何在中國市場做行銷

- 總體環境
- 消費市場
- 大陸企業的思維
- 淘寶網
- 行銷評言

2012年5月，筆者在浙江義烏作培訓。一位學員跟我聊天，突不期然地丟出一個問題：

「朱老師，我有一件事想跟你請教。」

（別客氣，說吧。）

「我們家在台灣也有親戚，頭幾年他每年來，來的時候都還會帶些禮物或是塞點錢，可這幾年都不來了。我們想會不會出了什麼事，寫信去問又說都好，沒生病。我們就在想啊，是不是阿扁把政治搞得讓台灣人都不想回大陸了？」

哈哈哈，你問對人了，但是你猜錯了。讓我告訴你我的親身經歷。我父親是江蘇人，我母親是東北人。母親的老家在一個叫溝幫子的地方，在瀋陽跟錦洲中間一個小鎮，有火車經過，並且聽我母親說整個車站旁邊都是我姥姥家的，因為外祖父曾經在滿洲國做事，是當時攢下的。

1991年我母親第一次回去探親，那時不巧我工作走不開沒陪她回去。等她回來就聽她說老家都沒變。當然沒變，沒建設嘛。然後1992年我趁母親身體還好，那邊親戚一直叫我母親再去，說想她。哦，她上次去的時候就帶去三大件，你知道什麼是三大件五小件嗎？回去問問你們家長輩。

我們在瀋陽下飛機，待了一晚順便去瀋陽故宮轉轉。第二天老家來了五個人找了輛麵包車來接。開了五小時才到。下了車，沒幾分鐘，我的天，一

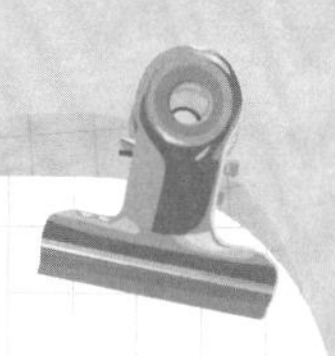

下出現十幾口人，不是叫我叔就是叫我表哥。你知道，我在台灣是一個親戚都沒有，這下我怎麼受得了！）

「哈哈哈，是這樣，我們家也是。」

（這是第一個震撼。第二個震撼就是台胞上廁所的事。我就不細述了，不然晚餐就又沒胃口了。）

「哈哈哈……」

（當年我母親就跟你親戚一樣，看到老家這麼窮，就自然而然地送點家電、塞點錢，因為他們生活苦嘛，而我們起碼還付得起。等到1993年我到北京上班、去上海出差，當時上海徐家匯那裡一到晚上就黑了！不是天黑不黑喔，是街上都黑了，除了一家太平洋百貨外看不到別的商場。喔，還有一家，東方商廈，可也是黑的。其他地方像是鄭州、成都、濟南、青島，基本上都一樣。

可每隔幾年我去北京、上海，整個天際線不斷在變，變得之快就像蓋積木一樣。還不光只是北京、上海，成都也變了，那個小機場一下子就變大了。而台北呢？除了一個捷運外，基本沒變。這就說明大陸在急起直追。這幾年全球經濟不好，台灣失業嚴重，你看，我都要到這裡授課了，這說明什麼？這裡才有市場，這裡經濟好。你看你，都有車開，你也不會在乎那親戚塞錢了，可台灣的親戚卻可能越過越困難，年老沒收入，搞不好投資的連動債也拿不回來了。他哪還有心思哪還有餘錢來探望你們。簡單講，大陸經濟起來了，而台灣呢？這樣你懂了吧。）

一　總體環境

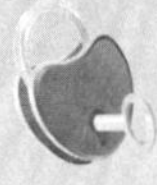

若要在中國大陸做行銷工作，本書前文各章所論述的內容，不論是知識面或是技能面，都綽綽有餘。然而大陸市場的環境、消費群的特徵以及大陸本土企業他們是怎麼思考企業經營的這三大重點，必須先有個了解然後再琢磨出該怎麼做行銷。首先我們看大陸市場的環境。

1. 人治的社會

不論用什麼標準來檢視大陸社會，人治，絕對是最貼切的形容。對中央的政策，地方有解釋權。對地方的規定，官員有審批權。尤其是對規模通常不大的台商，絕少能驚動到中央層級，還是要面對地方政策、地方官員與直屬管轄單位的拘束。如果企業做不到政策上所要求的100%，如人員僱用的要求、廠房廠址的要求、辦公空間的要求，還有中央與地方稅務上的要求等等，那總要提防有那麼一天某某打著官員稱號的人會來拜訪。

1994年，大陸還不許外商獨資企業在內陸做內貿，即內銷業務。但上海外高橋保稅區就出了一個文件，只要在其保稅區註冊，包括外商獨資企業，就能在上海取得執照做內貿。去向其諮詢，索要書面文件，一律沒有。去註冊就是了。於是我就代表公司去註冊，很快就拿到執照，而且還是第一家能在上海地區做內貿的外商獨資企業。

有一次我的台胞證過期，還乖乖地去福州路公安局補辦手續。在向一位很年輕，穿解放軍制服（或是武警）的女同志說明來意後，她馬上說這要罰款800元人民幣。我想了想，說道：「同志，坦白從寬，我主動來申辦是不是給點優惠？」……「好吧，那罰400。」成交。

當時公司成立，要有自己的運輸車輛，總公司叫我租就好，就託人打聽到有一部武警的小巴要出租。我問問當地人這情況，千篇一律叫我租。理由很簡單，有武警車牌不受單雙日限制（上海市區規定以車牌尾數做為城區開車依據）而且還有武警司機開車，肯定方便不少。我從善如流。有一天要去外高橋辦事，就請武警同志載我去。途經延安西路一個路口，看到剛變紅燈，我就想試試這車牌有多管用，於是叫司機開過去不要停。這司機同志也真痛快，一聲沒問題就閃燈鳴笛衝過去，當時左右來車通通不敢動。我心裡可樂透了，這錢花得真值。

在2003年SARS期間筆者已開始從事顧問講師工作，並在雲南昆明為西爾南飼料公司作顧問輔導。想不到在2006年6、7月間，聽聞且在網路上看到這家公司被昆明某單位在一天深夜強拆廠房，派了推土機給剷平。看到這新聞真是目瞪口呆。網上盛傳是因為廠址被要求拆遷改做某集團物業基地，西爾南公司不答應，於是發生此事。後來怎處理？雲南省飼料工業協會之後發表公開信[1]：

「……西爾南飼料有限公司廠區被強行拆除後，一百多名工人只能在一片廢墟的廠區裡露天食宿，飼料廠有關負責人逐一向有關上級部門進行了反映。省政府有關部門接到情況反映後，督促有關單位展開初步調查，並要求有關部門及時解決、處理好此事，將負面影響降到最低程度。在省政府有關部門的督促下，省林業部門有關人員已表態，將由雲南省林業技術職業學院先期支付61.8萬元，作為飼料廠100多名工人的生活安撫費用。……」

2013年五月八日，大陸有一則張藝謀導演的新聞[2]：

「……大陸媒體報導，張藝謀先後的4任妻子，生下7個孩子，根據大陸

註

1.網路新聞，雲南日報，2006年7月7日。
2.網路新聞，NOW娛樂，2013年5月8日。

『國家生育政策』規定，張藝謀超生恐繳7.8億台幣（約1.6億人民幣）……」

這絕對是樹大招風。就在2012年筆者在義烏時，就聽客戶閒聊其家庭狀況，他說剛生第二胎，筆者就好奇的問，「不怕罰款？」客戶很自然地回答：「託了人，3000元了事。」

筆者舉這些親身經歷不是在說八卦，因為筆者的親身經歷在那麼大的大陸、那麼多的人口下應該是很小很小的社會經歷，但就給筆者遇到這些事。過去這二十年來大陸的制度與規定應該很透徹了，但2011年還是發生台灣新光企業在北京投資百貨公司發生與合作單位經營權的糾紛，還要驚動國務院層級官員來調解。2012年重慶市的政治紛擾所掀出的案件、2013年鐵道部的改組所透露出的內幕，都讓外人體會到中國大陸改革開放這麼多年，人治依然盛行。

一方面是想像、一方面是耳聞或是親睹，就給人更加深大陸人治的觀感。台商以及台幹就難以跳脫中國古老意識的牽絆，他們最快想到的對策就是找關係。因為意識到人治有其一定程度的影響力，早期的台商去大陸設點，總是以尋找、打通、擁有各種關係做投石問路的第一步，以為大陸就跟早期的台灣一樣，要有關係才好做生意。雖然無法做一有系統的調查來檢視「關係」到底有沒有助益，但以後見之明來看，把市場做出來才是真正的王道。有市場占有率、有僱用當地員工、有創稅效益，企業才有份量。

「關係」這件事，台商花太多不必要的時間與資源在這上面，反而忽略最應該利用的關係——當地員工的人脈網絡。大陸員工絕對分得出來他們所服務的企業以及他們能了解的其他企業是否值得待下去，必須很遺憾地說，台商在這方面敬陪末座。只要他們認為努力就有回報的話，那他們就自動會去搜尋他們自己的人脈關係來把事情做好。如果有台商說當地人不可太信賴、要小心提防，然後又舉出他們所知道的例子來證明其所言，對於這種論點，實在要淡然處之，因為就算在大陸本土企業，出事的員工案例也比比皆是，不是只會在台資企業發生。找關係找到最後，關係是一點用也沒有，還花了時間花了冤枉錢。

 2. 信任機制嚴重喪失

中共建政以來，每隔幾年的政治運動讓人跟人之間的互信幾乎斬斷。等到改革開放，尤其是1992年鄧小平南巡在深圳的講話，讓當時幾乎停滯的經濟發展獲得一線曙光。政治運動放一邊，全力發展經濟，才讓改革開放取得今天的成果。

經濟要發展，有一點必須同步進展，那就是信任機制。產業的上中下游要互相信任，相信彼此之間會履行承諾，會屆時付款，且交付的原物料或是成品也如事先約定。為方便彼此往來，就引進銀行、金融、保險體系讓彼此的承諾有第三方做擔保、做履約，如此市場機制才能順利進行。產業鏈需要信任，廠商與顧客之間也同樣需要信任，中國所謂老字號、百年老店、童叟無欺等等辭彙，就是中國商場多少年累積下來的企業與顧客之間信任的精髓。等到改革開放，過去累積的信任早已流失，企業就必須重頭做起。早年的老店靠著老招牌，起步就搶先，如北京同仁堂、全聚德、東來順，都是靠著招牌留在腦海裡的印象優先佔有市場，至於東西好不好吃（用），那是下一步讓顧客評斷。改革開放引進外商與外資，在改革初期，外資企業就憑其外企的名號就比本土企業容易獲得大陸消費者信賴，General Foods 幾十年前的果汁粉Tang，在美國都沒人喝了，廠房設備也折舊光了，結果搬到天津設廠，搭配電視廣告，竟然可以賣遍大江南北。在九〇年代早期，打著台商名號也能享有消費者的親睞，「來自寶島嗎？東西肯定好」於是給了康師傅、統一等企業一個等同於外資的機會。

中國本地企業的市場機會有很大原因是來自於「一步到位」，資訊一步到位、資金一步到位、技術一步到位，連學習都一步到位。全球的外商

都去中國投資了，帶去的資金、技術、管理、人才培育等等，讓中國本土企業不想學都難。加上國家政策一方面是「關門打狗」——只要外資先進來，其他的以後再說；另一方面是扶持本土企業，讓幾家尖子企業先強起來。這麼一裡一外，中國就又出現了新興民族企業，品牌這件事在中國又有一番新氣象。

中國的消費者其實很依賴有品牌的企業的，最簡單的原因就是被騙怕了。「打假」這名詞不是這幾年才有，筆者1993年初到北京就經常在電視、報紙與大小商場看到打假消息、防止假貨等標語。當年假的商品從吃到喝，從穿到用，沒有一樣商品找不到假貨。衣服一洗就全褪色；溫州炒房之前是怎麼出名的？答案是「溫州一日鞋」！當時溫州生產皮鞋是大宗，可是穿不到一天就脫底！這就是一日鞋的由來。白酒的假更是可怕，四川有一整個市都是出勾對酒，凡是新品牌的白酒都是從四川拉來勾兌（不同酒作混搭）。菸有假不稀奇，蘋果都有假。筆者1993年在北京曾買過蘋果，看了看擺出來的，問了句：「怎麼沒富士商標？這是哪裡的蘋果？」你猜小販怎麼回答？「喔，您說富士商標啊，來，我給貼上。」他就從塑膠袋裡拿出一張小貼紙貼在蘋果上頭。到了今天，不論在哪個城市，公廁的牆上一定有各種辦證、買發票的手機聯絡電話。誰叫中國那麼喜歡證照呢！

如果三個台商在一起，訴說各種被坑矇拐騙的事，那是三天三夜也說不完。上海的水果攤自己一個人絕對不要去，一定會被苛扣斤兩；各地機場的出租車（計程車）要小心，沒出租車招牌的野雞車千萬不能搭；讀者不要以為商人只對外國人或是港澳台人士行欺詐騙，他們對自己人一樣騙，而且更不手軟。

筆者在大陸講行銷課程，每當討論到品牌策略是用家族品牌好呢（譬如雀巢）還是個別品牌好（以P&G為例）？絕大多數學員的看法是走家族品牌，他們隨手舉一大堆例子，李寧運動鞋、伊利、蒙牛、聯想、TCL、海爾。原因呢？就是因為大陸消費者被騙怕了，不敢相信新品牌，只能選擇聽過的、沒出事的，這是消費者的真正想法，跟品牌個性衝不衝突沒關係！

等中國富起來之後，好不容易中國也培植出自己的馳名企業。當中國消費者好不容易有了幾個可信賴的牌子時，卻發生比假還可惡的事。2008年中國的三聚氰胺毒奶粉事件，後遺症到今天都還在蔓延[3]：

2008年中國奶製品污染事件是中國的一起食品安全事件。事件起因是很多食用三鹿集團生產的奶粉的嬰兒被發現患有腎結石，隨後在其奶粉中被發現化工原料三聚氰胺。根據公佈數字，截至2008年9月21日，因使用嬰幼兒奶粉而接受門診治療諮詢且已康復的嬰幼兒累計39,965人，正在住院的有12,892人，此前已治癒出院1,579人，死亡4人；到9月25日，香港有5個人、澳門有1人確診患病。事件引起各國的高度關注和對乳製品安全的擔憂。中國國家質檢總局公布對國內的乳製品廠家生產的嬰幼兒奶粉的三聚氰胺檢驗報告後，事件迅速惡化，包括伊利、蒙牛、光明、聖元及雅士利在內的多個廠家的奶粉都檢出三聚氰胺。該事件亦重創中國製造商品信譽，多個國家禁止了中國乳製品進口。2011年中國中央電視台《每週質量報告》調查發現，仍有7成中國民眾不敢買國產奶……

過了五年，到了2013年，香港政府史無前例地下達奶粉限購令，這就是三聚氰胺事件還沒平息的證據[4]：

內地居民大批湧入香港搶購奶粉，導致港人一度斷奶，民怨沸騰。日前，香港特區政府宣佈，為了打擊水貨客帶走大批奶粉，政府將修訂《進出口規例》，條例生效後，確屬自用的，將限帶兩罐奶粉（1.8公斤）離境。而根據香港的進出口條例，攜帶禁運物品出境，最高可以被罰款200萬及監禁7年。據新華社香港23號電，該條例將於（2013）2月27日提交立法會，並從3月1日起生效。

註

3.網路資料，維基百科。

4.網路新聞，rfi華語網站，http://www.chinese.rfi.fr/。

……時至今日，該「狂潮」已經擴展至全球多國，奶粉荒也隨即蔓延多國，各種不同版本的奶粉限購令，則先後在多國開始實施。……中國市場拉動了全球奶粉的需求，這對任何經濟體來說都是好事。為什麼反而引起全世界「不高興」呢？原來，在歐美等國，嬰幼兒奶粉作為特殊群體的主要必需品，一直是政府重點補貼的對象，由於政府限制，在荷蘭零售管道銷售的奶粉多數並不賺錢。與奢侈品消費不同的是，越演越烈的海外奶粉搶購潮，無疑等於變相搶食了這些國家給予本國嬰幼兒群體的優惠補貼，勢必引發當地居民的不滿。從而引起相關國家政府的高度重視，迫使他們對奶粉下達限購令，有些地方甚至乾脆就對中國遊客禁售奶粉。而規定買奶粉犯法，香港卻是全世界第一家。

不只本土企業出事，在大陸甚受消費者喜愛的肯德基也出了事。大陸央視在一系列追蹤「速成雞」報導中，爆出了肯德基的雞隻是吃了抗生素的速成雞[5]：

央視對山東青島、濰坊、臨沂、棗莊等地的「速生雞」養殖場調查發現，為避免雞生病或死亡，白羽雞從第1天入欄到第40天出欄，至少要吃18種抗生素藥物，「雞把抗生素當飯吃，停藥期成擺設」。而養雞戶把雞交給屠宰場之後，屠宰企業的檢測人員只是編造檢驗紀錄。（2012年12月19日《每日經濟新聞》）

大陸食品安全的令人不放心已經到了驚弓之鳥的地步：拉麵有問題、豆漿是用粉沖泡的，連這幾年火紅的海底撈火鍋湯頭也是勾兌（液體混搭、不純）！在大陸，沒有什麼是保證安全的！

3. 政策之變與不變

對香港回歸，鄧小平說五十年不變；對內的局面說要「緊防右、更要防左」。接下來的領導班子所喊的口號，對外是「中國不做霸權」，對內是

註 5.網路新聞，新華網。

「邁向小康」。在對台政策上，「台灣是中國的一部分」始終堅定不渝，這也是民進黨執政時與大陸最不可解的難題。等到馬政府上台，兩岸直航、簽訂ECFA、外交休兵，以致馬英九執政以來邦交國沒少一個，實質成就就是台灣免簽證國家已有132國（2013年3月止），必須說，這些成就將是馬英九足以為傲之處，但沒有大陸的默許這也不可能達成。

然而，中共歷史上有太多的說變就變，誰都不能保證政策不會一夕翻盤。對大陸有關政治的事，誰都不好說；但有關經濟民生的事，筆者就大膽推論：回不去了。過程中一定會有許多波折，各種黑心企業、黑心食品、貪官污吏、投機倒把，都絕不會少。可平心而論，台灣不也一樣？台灣的貪污事件還少？台灣就沒黑心企業？統一（毒澱粉事件）、義美食品（原料過期）不就是一例證（2013年五月）！美國呢？歐洲呢？雖然總體而言，歐美的政治清明度、人民的各種自我意識比亞洲各國來得強烈，但過程中也有各種狀況發生，Erron案夠震撼吧，它就在美國發生，出事的企業負責人還是出自哈佛MBA。

二 消費市場

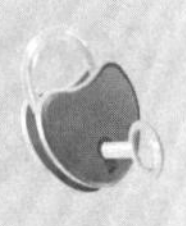

十三億的人口要歸類都是一項大工程。筆者從幾個明顯易見的區隔與消費特徵來剖析大陸的消費市場。

1 年齡是最好的區隔變數

在大陸做市場區隔，年齡這變數永遠重要。市場區隔就人口統計變數來看。基本有六項：性別、年齡、職業、教育程度、所得、居住地。某些產業跟產品當然跟性別絕對相關；但不分男女，年齡變數最能突顯消費群的特徵。以下就取幾個在大陸因為年齡差異而成為最為明顯的消費世代。

2. 知青這一代

台灣人要了解大陸，請一定要對中共建政以來的近代史多下功夫，對過往的政治運動要了解其背景，當大陸人跟你說「憶苦思甜」、「摘帽」、「放衛星」這些名詞時才不會以為大陸又有宇航員上太空了。而「知青」這名詞，是知識青年的簡稱。知青不是泛指現今所有念過書的青年男女，而是一個世代的代表。主要是指在文革那十年間被安排上山下鄉到農村插隊落戶的男女學生。這些知青，有些又回到城市繼續未完之學業甚至有的就是今天的領導；有些知青就是現在社會的骨幹，包括國營企業的幹部或是專業人士；當然也有的知青插隊後就留在當地安家立業。

在知青身上，你常看到他們謹慎、低調，但人脈廣。每個人都可以扯出一串人名現在哪哪哪做什麼專業。即使不認識，但他們互看年紀然後一問在哪裡插過隊，那股熱情就出現了。

台灣人公認大陸人「很會說」，個個能把每件小事都講得頭頭是道。最會說的當屬北京人第一，知青則起碼排第二。知青會說，知青對政策的解讀、對領導話語的領悟、對承辦人員的心態那是體悟得入木三分。

知青因為經過大時代的洗禮，低調是其特徵，所以一般的知青現在給人的感覺就是欠缺創新。也因為年紀的原因，在民營企業裡，知青的身影已越來越少看到。但雖然下崗的多，知青卻是廣大家庭的支柱，且其心力幾乎都以照顧晚輩為生活重心。知青吃過苦，對物質需求也不多，其個人的消費也很有限。知青的儲蓄、努力、樽節渡日，都是為了小的跟小小的，尤其是一胎化的結果，讓唯一的一胎起碼有好幾口人在照顧他/她。知青也都有房產，雖然老舊但總是個住的地方。萬一地點不錯，遇到地產公司拆遷改建，還可換到一間大點的房，這就又給晚輩留下更多的資產。北京上海不就有很多年輕夫婦起碼已經有兩套屋，一間出租，一間自住，不工作也沒關係。

 3. 小資情結

2000年北京申辦奧運沒成，但那時整個中國早已瀰漫勢在必得的氛圍。北京卯足勁要取得主辦權，整個城市建設、綠化工作、老百姓的激情都被攪動起來，當時二、三十歲的年輕人就有一股不尋常的姿態開始顯現，筆者認為，「小資情節」當時就開始浮現，一股小資產階級的新興族群、美國八〇年代的雅痞時尚、台灣連續劇的灑狗血、台灣流行音樂的曲調、工作滿街有、房租不怎貴、工資還蠻好……整個社會就是一股「樂」的感覺。申奧沒成，但新世代於焉出現。

互聯網（網路）的適時出現讓中國社會更加鼓動。中國民族企業開始有規模了，聯想集團分出了神州數碼；李寧體育用品公司遷到新辦公大樓、新的品牌廣告出現在電視上；IT行業蓬勃發展，每個年輕人人手一支

手機，不論是Nokia還是Moto，TCL或是熊貓，土洋手機各個是大展身手，有執照的企業更是不可一世，公司給每位銷售營銷人員配備筆記本（Notebook），辦公室有免費可樂喝，辦公室一家比一家新穎，誰說中國只靠外資？中國企業開始崛起。

在這股氣氛中，對時尚的追求、對汽車房產的需求、想創業的衝動、自我意識的高漲，已經明顯地形塑出一個階級。這階級有工作也開始有產，年紀輕輕就已經當上管理階層者比比皆是。每個上班族都野心勃勃，因為他們對未來充滿信心。這階級已經是當年看「北京人在紐約」電視連續劇時看到結局如此大聲嘆氣那群人的下個世代，他們不替失敗者流淚，他們為迎接他們的時代而高聲歡唱。

4. 一胎化、「90後」

當大陸要實施一胎化時，一定可以預料到這唯一的寶將會是集好多位大人的寵愛而會養成驕縱之氣。2000年時的小資還不算完全的一胎化，他們多數都還是有兄弟姐妹。要再過十年，一胎化的孩子才會以明顯的世代身分躍上舞台。

一胎化跟另個流行名詞「90後」往往有相互對照的意味。所謂的「90後」[6]：

……指1990年1月1日至1999年12月31日出生的一代中國公民，有時泛指1990年以後至2000年之間出生的所有中國公民。90後在出生時改革開放已經顯現出明顯成效，同時也是中國資訊飛速發展的年代。所以90後可以說是資訊時代的優先體驗者。由於中國計畫生育政策的影響，90後普遍為獨生子女，目前多數尚未成年，都在求學階段。由於時代的發展和變化，90後的思想與理念與老一輩中國人有很大的不同。雖然社會上不乏對90後的批評，但90後的社會價值也漸漸得到了許多人的認可。……

註 6.網站資料，百度百科。

《天下》雜誌也對這個世代做了描繪[7]：

……他們出生在最富裕的年代，卻要面對被剝奪的未來。

他們既理想又務實、自我又多元、百無禁忌，更有「實踐爆炸」的行動力。

90後是個「炸彈世代」，他們有憤怒、有理想、務實、自我、討厭權威、不妥協。

……在中國大陸，有高達1.88億的「90後」。他們都是少子化社會的驕子，有著最好的小環境，卻也迎接最糟糕的大環境。首先，中國不再高速經濟成長，大學畢業生暴增，使他們的失業問題更嚴重。中國去年應屆畢業生失業率超過9%，是整體失業率的2倍。

90後另一個獨特處，是他們與生俱來的網路DNA。對前幾個世代而言，網路是工具。但90後永遠掛網，中國最大的新浪微博3億網民中，24歲以下的約1億人。

80後世代抱怨多，但行動力沒那麼強；但90後百無禁忌，更有「實踐爆炸」的行動力。怎麼把「炸彈世代」的動能引爆到更好的方向，前幾個世代責無旁貸。因為，他們需要的，是更多理解、耐心、機會、做夢的勇氣、不被看小的尊重，還有更大的舞台。……

在城市裡，90後的青年很難找到沒手機的，不論他是否就業或就學。

90後的青年，對89年的動亂年代幾乎一無所知。

90後長大的人，所處的中國已經是世界強權，沒有人能對中國指指點點，但中國社會卻把他們視為一個特殊群體，把他們的言行標籤化，好像在他們之前的世代從沒一絲絲特立獨行之處。90後的人沒再碰上政治動亂，但社會卻擔心他們會是動亂的根源。也許名詞只是其他人有意無意創造出來的，畢竟他們終究會是社會的中堅份子，也將會為下一個世代貼上另一個標籤。

註 7.李雪莉，「90後大調查」，網站資料，《天下》512期，2012年12月。

5. 所得嚴重低估

早期在大陸工作，老是為沒有數字資料作佐證為苦。現今資料是不少了，但卻要為可靠度多少而煩惱。其中個人所得就是一個例證。

也就從2000年開始，手機現身市場，其售價約當一般外資企業平均薪資的1/3、本土企業的一半。但幾乎人手一支手機。而這指的「人」是泛指所有在二線以上城市的人，不論從事何種職業，幾乎只要是15、6歲以上的男女都有手機。不只是擁有，也更換得頻繁。筆者幾乎有一整年每次在大陸上課都會問上課學員過去一年換過幾次手機，幾乎毫無例外，六、七成以上學員都有兩次以上購買手機的經驗，而他們雖說多是從事營銷或是銷售工作，但卻是在本土企業居多。筆者不斷自問，他們的所得水準到底是多少！因為不只是買手機，手機的話費也是一筆可觀支出。

筆者曾跟許多大陸的企管顧問公司合作，由他們負責與企業接洽，筆者只要負責上課就好。合作日久，自然就對他們開展業務的細節有所了解，其中有一個特點是筆者從北京、上海、深圳、廣州，再到成都、昆明等地都會碰到的，就是企業負責培訓工作的人資部門人員一定會從培訓案子上拿到佣金。但這筆佣金也不是他們主動開口要，而是（跟我）合作的單位主動給的。筆者不禁好奇地問了一下，回答幾乎都是一樣：這是在大陸做事的行規。

現代化量販店與超市在中國發展起來，在台灣常看到的對進貨廠商要求多項名目費用的情況當然一項都不會少，但有另外一種情況卻也很普遍：採購人員收回扣。筆者在跟以前（大陸時）工作的同事、客戶或學生見面吃飯時總會聊聊一些商業現況，而這種回扣的情事時有耳聞。

潛規則在公務部門所聽到的雖然難以求證，但頻率之高也很難不接受這是市場機制。如果再加上從台商朋友親身經歷所轉述的，其範圍之廣更是令人咋舌。

觀察二線以上城市消費者在汽車與房產的購置，還有餐廳、商場（百貨公司）、娛樂場所，以及菸、酒和手機（包含話費）等等的支出，就不得不對其所得水準有所敬意。極大可能是，這些地區的人均所得極可能已快趕上昔日亞洲四小龍的水準。

 6. 送禮、請客習俗

中國人一向喜歡送禮，改革開放以後，公私部門皆受惠於經濟情勢好轉而使送禮這習俗再次發揚光大。黨政部門上下之間要送禮，民間私部門給黨政人員送禮，這些理由不言可喻。一旦生活富起來，所得增加，私部門、個人之間也開始送禮，整個送禮市場越來越發展。當送禮因為傳統上就有一年三節這千百年歷史，企業再加一道孝親理由，用媒體大量轟炸後生晚輩的要表現出孝順，於是號稱健康食品的送禮產業就名正言順地真正形成。

既開始恢復送禮了，那請客吃飯就隨之同步勃興。中國人請客那自然就是吃飯，如同送禮一樣，公部門之間不說請客但言吃飯，吃公務便飯的理由增多，且還都能報帳。私部門除送禮外，也要請客，既請公部門，又請私部門，也都能報帳。然後又蔓延到民間沒功利性質的請客聯絡感情，請客市場是益發火熱。

送禮跟請客不是互斥而是相輔相成同步展開，於是菸、酒、健康食品、餐廳，還有各式各樣的禮品產業，包括吃喝用，就順理成章地形成廣大市場。

2013年中國新領導梯隊上場，習進平總書記上任第一槍開向公部門要求簡約，嚴禁奢侈浪費，於是公款消費、公款吃喝開始受到影響。除了公款吃喝規模縮小外，民間與此相關業者頓時受到波及，營業額也直線下降。雖然偶發事件總是會有，但整個社會氛圍確實感受到風行草偃的效應。至於會持續多久，當然，就跟政策一樣，沒人說得準，也許就當成產

業循環吧。

 7. 庶民時尚

在中國這些年，筆者一直為一事所苦。那就是很怕排隊。不是怕排隊本身，而是大陸民眾排隊是沒人跟你排，大家各排各的，憑本事看誰先達標。大陸民眾似乎一點都不怕排隊，因為習慣了。從以前物資短缺年代就習慣排隊，到各種車站買票更是要排，連去商場購物付款都要到收款櫃上去排隊繳費蓋章。

跟排隊現象媲美的是另一個景觀——圍觀看熱鬧。最常見的首推各種交通事故的圍觀，其次就是各種爭吵事件的圍觀。爭執、吵架在街上經常看到，但又很少發生動手打架，兩個人在吵架時，就有騎自行車的停下來看，一有人看就有更多人看，然後很快就變成一圈。圍觀者眾，當事人就更不容易停下了。

排隊跟圍觀這兩件事一旦跟一個流行事件扯在一起，它就變成時尚，庶民時尚。這事要首推外商速食業的功勞，就是肯德基與麥當勞。麥當勞一旦開在王府井大街，那就是新鮮，排隊就形成了。北京人都排隊的話，外地人就更不必說了，排吧，小事。於是就從北京擴散，從麥當勞、肯德基開始讓速食業帶動一波流行風，小老百姓的時尚。

等到更富裕之後，上館子是另一個跟風，再從上館子吃飯延伸到商場百貨公司。最不可思議的是買房，跟搶東西似的就怕沒有。上文提到的搶購黃金就在2013年繼續接力上演。

從排隊到搶購，商品無限制，價格無高低，其實這是時尚，只不過跟傳統時尚業比它有更廣泛的擴張，庶民時尚就是指此。一旦有人排隊，後續就有更多人排，一個產業就開始獲得想像不到的關注，形成一股風潮。也就是說只要在大陸有少部分人願意排隊，一個產業就開始形成。

三 大陸企業的思維

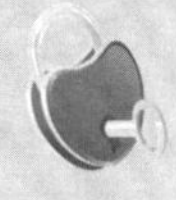

鄧小平首度推動改革開放，先寄望於「讓一部分人先富起來」，於是有了「萬元戶」的出現。時到今日，全球富豪之類的報導中，中國富豪始終不曾缺席過。從萬元戶到全球富豪，從國營企業到民營企業，大陸民營企業的發展茁壯才是中國大陸最令人不可忽視的民間實力。

1.先做再說

對所有的創業家而言，先做再說可能在大陸是更為明顯的特質。因為突然開放，幾無前例可循，有在民營企業工作、有創業經驗又還健在的人士更是寥寥無幾，況且受歷次運動的教訓，這次的改革開放會不會又是一次引蛇出洞？於是真正敢放手一搏的，絕大多數都是無產階級，也是無經驗階級。

比較好點、有點經驗的，可能就是本身具備技術與專業。有些人有點社會或組織關係，因此創業基金可能來自單位，也就是隸屬政府部門的單位，由他們貢獻種子基金，新企業就這麼開始。聯想集團的柳傳志就是典型。前文提到筆者的客戶西爾南飼料公司，創業者也是從學校開始，由於自己是畜牧專業，對豬飼料頗有研究心得，於是向校方借出人民幣20萬開始創立小企業，然後一路開始發展。筆者在成都另一位小企業客戶原先是公司裡的工程師，自己存點錢後自己創業，做起刀具的進口與銷售。他因為知道模具都需要刀具，又知道日本刀具品質好又能得到客戶信任，就從進口日本刀具起家，自己也從銷售工作開始去拜訪客戶，等到多年下來小有成績，就更進一步自己設廠。

另外一類，卻是佔企業比例極高的真正民間創業者，大多數都是靠自己辛苦累積，然後不斷的摸索學習，他們是真正的響應鄧小平理論「從做中學」，摸著石頭路一步步成長起來。溫州的鞋商、福建的糖果商、沿海的養殖商、各地的批倒商（搞批文、搞倒買倒賣），幾乎都是靠實戰經驗累積自身實力的。對他們而言，親力親為就是唯一策略，因為很難有實例參考，且大陸地區那麼大，要跟別人學都還找不到前輩。在這一路的摸索中，可能最有參考學習價值的反而要推早年的各種展覽、展會，「糖酒會」就是其一。透過參加一年兩次的糖酒會，看著外商（包括台商）如何辦展、如何招待客戶又是如何作展場行銷與業務銷售，就這樣埋下許多未來本土企業（與人才）的種子。但不論是如何發跡，先做再說才是唯一真理。

2. 先做大再做強

筆者經常會將兩岸的經營者與行銷人的思維做對照，看這兩地的行銷經理人或操盤手在行銷理念上有何重大差異。在細察多年後，發現台灣人的思維偏向行銷教科書的說法，也就是從大市場中做出區隔，在小區隔裡先把定位做穩固，然後再找機會看是做產品線延伸或是品牌延伸或是新創品牌、產品。但大陸企業，不論規模大小，則多半執著於「先做大再做強」的經營理念。

所謂「先做大再做強」，是指企業一旦成立，就必須想盡一切辦法把企業做起來，在短期內就必須衝出成績，最簡單的評核點就是「做出一個億」的營業額。他們不管市占率，因為無法算；也不管獲利率，因為做出一個億起碼不虧錢的想法總是能說服自己！為了達成這目標，大陸企業最常見的方法是用「精神激勵法」與「高壓管理」雙軌並行，一方面激勵大家拚命衝，對自己的能力不要有限制，常聽到的一句口號就是「沒有做不到的，只有想不到的」。另一方面就是對負責營銷與銷售的主管給予大壓力，並要求將這壓力轉移到下面，務必要盡快把營業額做出來。

可能真是因為大陸市場深不見底的關係，事先做所謂銷售預估或是預算的工作真是有點多餘，因為做預估的打工族認為成長個二、三十點已經很高了，但老闆的要求是要翻個一翻以上（成倍）。令人感到不可思議的是，企業真的做到了。從早期大陸出版的一本書《大敗局》，就舉出差不多有十家企業曾經在八、九〇年代一直到網路剛開始萌芽那階段所經歷的飛速成長期，可惜的是飛躍成長卻也伴隨飛躍的衰敗。

幸好大敗局描述的只是個案，不是總結。多年之後，在這股「先做大再做強」的思維下，中國的民營企業確實起來了。除了在全國市場範圍內一些金融業、乳品業、食品飲料、日常用品、家電業、紙類、IT、藥業等等，都有許多本土企業雄霸一方。在地方範圍內，地方型的企業也不分行業的形成了氣候。

因為市場太大了，以致讓企業有很好的機會成功。可口可樂曾經做的夢：「每個中國人喝一瓶可口可樂，這市場就不得了」。市場確實培育出企業，尤其是中國本土企業。

3. 市場敏銳度的掌握

大陸民營企業的出線，主要原因是市場夠大，讓這些企業有很好的機會打下根基。但有另一原因往往是外商企業拚不過本土企業的地方，那就是本土企業更能抓住市場的脈動。

國共內戰，國民黨輸在失去民心，那為何後起者反而抓得住民心？讓我們從近期兩岸統治階層使用的語言來舉例。「馬照跑、舞照跳」，讀者想想，台灣的執政者說得出這種語言嗎？一個「經濟動能方案」，給他錢拍廣告都拍得不知所云，還說內容太多，說不清楚。說不清楚就表示自己還搞不清楚。

常去大陸的台胞一定對大陸的口號、標語與對仗句感到佩服。究其原因，筆者認為這是大陸人基本的農民思維，農民沒有什麼做不出來的，只要你想得到他們就敢做。而農民語言就是要簡單、順口、對仗，說的好聽是質樸，差點的話是老土。但讓人一聽就懂的話往往是越土越能心領神會。台灣的執政者太知識分子了，而知識讓他們離群眾更遠。

照說外資企業（包括台商）有豐富的經營經驗、才能與資源，但為何在大陸市場卻老是傳出敗績？這實在是因為外資的經營階層畢竟都是外國人，對中國老百姓的想法與好惡還沒摸清楚。他們的經營語言還是跟做文章、寫Paper一樣，中規中矩，缺乏激情，也缺乏感情。但老中的經營者不來這套，他們用農民語言就能三言兩語把話講清、講透[8]：

「今年我們公司將會加強『外部成長』策略，簡單的說就是『投、參、控』，我們將擴大『產業整合』並積極『走出去』。」

「我們的策略是『一個××，兩地××，全面××』，主要是基於集團『新××，大××』的定位，預計在三年之內業績可以成長五倍，去年我們總銷售收入已經翻了一翻。」

因為他們都是在紅旗下長大的，習慣於共產黨的語言，而共產黨更是從農民出身，對農民的腦袋是知根知底的，講出來的話、用的辭彙都是從廣大農民群眾出發。「1：1 的性能，1：5的價格」，哪像台灣「因為第一　所以最好」。要比下關鍵字，台灣一定輸大陸。

語言一致，思維一致，要動員起來就駕輕就熟。加上做事有彈性，只要達到目的，方法儘管使，且多半看到的是老闆帶頭衝，自己就展現無窮的彈性，底下人看在眼裡，也就盡情揮灑，看誰有本事。對市場的掌控，對消費者的了解，土八路確實是有一套的。

註
8.黃齊元，「台灣，連口號都喊不好」，商業週刊網路資料，2013年1月22日。

4. 農民企業家

中國有廣大的農民人口，但在改革開放的潮流中，農民除了部分進到城市做農民工外，也有一小部分人不論從事什麼行業也胼手胝足地闖出一番事業，姑且稱之為農民企業家。

農民企業家用「摸石頭過河」的方式闖出自己的一番事業，因為他們有強烈的動機要脫貧、要成為城市人口，要為子女脫去農民的外衣。他們用最簡單的將本求利、能省則省的刻苦精神把事業做起來，雖然說不出什麼策略思考或是營銷計畫，但開源節流、帶頭衝鋒、銷售主導的精神卻是任何企業都不可或缺的制勝關鍵。他們在社會中歷練，多數人一定有被城市人欺負過的經驗，也多少上點當，因此更加歷練出做生意的精明與錙銖必較的本事。

農民企業家多數起自地方，也因此跟地方上的幹部多少有點聯繫。一些潛規則他們也摸清摸底，且運用得純熟不已。動作快是他們的特點，因此說變就變似乎是他們習以為常的行為。

他們僱用人員基本上是用業績掛帥的思維，但人情包袱永遠在這些企業中感受得到。當他們的規模大了之後，也會想到運用企管顧問或是企業講師幫他們上個台階，一些企管理論他們也開始接觸並運用。看組織架構似乎很完善，但功能執掌永遠掌握在自己或至親手上，外人始終是外人。努力是為了下一代，因此將子女送出國念書，之後再讓他們進入企業體成為富二代或接班人，普遍是這些企業傳承的模式。

5. 山寨版

中國大陸一直以來仿冒、盜版盛行，外商都拿中國的盜版錄像沒辦法。仿冒除了仿產品，進而到整間店都可以仿冒。當覺得仿冒、盜版不入流時，那就想出個別出心裁的統稱讓其上得了檯面，於是出現了「山寨」

這名詞。所謂山寨或是山寨版，就是假冒。山寨一詞，是有出處的[9]：

「山寨」一詞源於廣東話，是「小型、小規模」甚至有點「地下工廠」的意思，其主要特點為仿造性、快速化、平民化。對於山寨、山寨產品、山寨文化等概念以及在中國形成的社會原因，社會上的看法各異。有專家認為，山寨現象理解為市場經濟培育期的必然現象，民間俗稱的「山寨文化」為一種民間的智慧和創新，「山寨模式」為發展中國家市場經濟發展的必由之路，山寨現象實際為一種「山寨產業」。

仿冒層次慢慢提升，星巴克咖啡店被整間仿冒，蘋果概念店也被整間複製；北京出現一家山寨版的「肯德基」，招牌上的肯德基爺爺，竟然變成了美國總統歐巴馬，店名也從 KFC 變成「OFC」[10]。

山寨在手機產業更是早就風行。大陸有款Air Phone No.4，外型完全依照Apple的iPhone 4來設計，一樣是3.5吋螢幕、內建Wi-Fi、藍芽，厚度有1.2公分，也有像iPhone 4一樣的前置視訊鏡頭[11]。

當山寨的山頭聚在一起，這會是怎樣的情景？不妨以深圳為例。深圳福田區，擁有規模在1萬平方米以上的電子通訊市場35家，日均人流量達40到50萬人次，光在2009年銷售總額就超過300億人民幣，是中國最大的手機集散地，也是「山寨手機」的主要集散地[12]。

當有這麼多的廠商及從業人員製作山寨產品，經驗累積後產業聚落形成，其演變就會成為一股正規軍。等到正規軍現身，山寨機就非吳下阿蒙了。小米機就是最好的例子。

從2010年小米科技成立到2013年，短短三年之內，小米機在中國一炮而紅，不僅自行研發手機介面MIUI，使用者人數突破千萬大關，2012年賣了719萬支智慧型手機，營收就達到新台幣620億元，2013年更預估要倍增到1500萬

註

9.網路資料，互動百科，http://www.baike.com/wiki。

10.網路資料，http://blog.udn.com/webman。

11.網路資料，http://www.wretch.cc/blog/MCUDESIGNER/22771243。

12.網路資料，http://www.360doc.com/resaveArt.aspx?articleid=3999128&isreg=1。

支。2012年6月，小米完成新一輪2.16億美元融資，公司整體估值達到40億美元（約新台幣1200億元），是創立三十七年的宏碁市值兩倍左右[13]。

創立短短三年，小米機已躍居大陸第四大。台灣跟大陸相比輸得最冤枉的，就是手機產業。早在十年前，台灣手機產業全面領先大陸，如今呢？台灣僅剩宏達電一家，但大陸從「中華酷聯（中興、華為、酷派、聯想）」到小米機等，一家一家快速地超越，台灣已經不在名單上了[14]。

註

13.林宏文，「讓粉絲尖叫的小米機台灣手機產業為何全面輸給大陸?」數位時代網路資料，2013年5月1日。

14.（同註11）

四 淘寶網

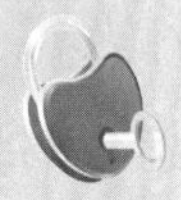

網路發達的國家，其網路購物市場也相對蓬勃，台灣的網購市場早已超過台幣千億的規模。但要做網路購物，金流、物流、廠商的信譽、售後服務等也必須同步到位，不然只憑網路刊載產品訊息，誰敢將貨款以信用卡或是轉帳方式轉給虛擬的賣家跟廠商？即使在台灣，網路詐騙、網購糾紛依然層出不窮，但台灣的網路購物起碼還在成長中，少數個案還不至於阻擋消費者及正規廠商。

既然網路購物必須有社會上的相關配套，要有信任機制、要有監督以及法律保障，以及基本的金流物流基礎結構，那這些中國大陸總該落後許多吧？我們來看看大陸的淘寶網。

淘寶網現在可說是亞太最大的網路零售網，由阿里巴巴集團在2003年5月10日投資創立。截止2010年12月31日，淘寶網註冊會員超3.7億人，覆蓋了中國絕大部分網購人群；2013年春節的購物熱，讓淘寶網的交易額已達到一兆人民幣。

在討論淘寶網之前，筆者訪問了大陸有網購經驗的朋友，聽聽他們對網購、對淘寶網的經驗談[15]：

1. 消費者使用淘寶網之經驗談

個案1：麗麗小姐（年齡32，大專學歷，非常漂亮的年輕媽媽）：

第一次網購是從當當網開始，那時候是購書。只是覺得很方便，不用特意

註 15.筆者網路抽樣調查。

跑到書店去買，而且價格不會比書店貴。後來有了淘寶，就在淘寶買衣服偏多，有時候家用也會選擇京東網。我在淘寶買衣服，基本上都是看評價來決定買與不買。京東網品質讓人很放心（京東七天無條件退換貨很人性），淘寶一般要選擇天貓，或者皇冠信譽的。

個案2：Ann女士（49歲，研究生在讀，單身）：

網購也是從購書開始，剛開始是「當當」，後來因為當當有一次耽誤了使用（說有貨但要自取，自取發現根本沒那麼多本），就不再選擇當當了。以後選擇的是卓越（後來的卓越亞馬遜），是因為書的價格便宜，正版，省事，比當當的包裝好，「貨到付款」，即使訂購了，後來反悔不要也沒關係。去年才開始網購衣服鞋等，因為沒時間逛商場。第一次嘗試買的是款式簡單的打底衫，發現價格便宜品質也不錯。以後學會看評價、信譽等，但更多相信的是「聊天」，看客服的態度和專業，從而判斷商家的誠信和貨品品質。另一個重要原因：淘寶支付寶開通了「快捷支付」，即使沒有支付寶，直接報個銀行卡就可以支付。

個案3：男，約30歲，住廣西柳州：

2003年2月開始，熱衷網購，從買魔獸世界（遊戲）點卡開始，因為便宜。05年之前購買QQ秀、網路遊戲裝備等，06年後淘寶流行，感覺「不去淘寶淘一淘，就落伍了」，跟風去淘寶，主要是給手機充值費用。好的網購網站：方便、便宜。售後有保障。

個案4：女，30歲左右，三歲孩子媽媽。住北京通州：

開始網購在2011年2月。網購物品有家電、電話費充值、服裝、書。網購頻率很少，只會在非常需要時才網購。不喜歡在網上買衣服：因為怕麻煩（要比較）、費時間；無法確定是否適合自己。而家電、書，則喜歡在網上買，因為方便。

2. 淘寶網的成功因素

淘寶網如今不只是大陸也是亞太地區最大的網路購物平台，它會有今天這麼大的規模，可歸因於幾個因素[16]：

（1）「免費」的吸引力

大陸網民自接觸互聯網開始，就一直認定網路的使用應該是免費的。當然，大陸民眾習慣於免費取得各種軟件（軟體），包括音樂CD或是電影，難免堅定地要求網路免費。從2003年開始，淘寶網就以免費機制提供個人以及企業這個交易平台。到了2008年，淘寶網的「持續免費、永久免費」就更深入人心，人們不再閒逛商場，而成為淘寶網的忠實客戶。

（2）實名認證[17]

為確認身分以利交易進行與日後的查核與服務，淘寶網採取實名認證。進入淘寶網認證申請頁面，會出現選擇框「免費個人認證」和「免費商家認證」。填寫所需資料，並提供在有效期內證件和固定電話登記。淘寶便與公安部下的身分證查詢中心合作，將認證資料移交由國家有關部門進行核對認證，並進行固定電話審核。驗證結果以站內信件、電子郵件或者電話告知。一旦淘寶發現用戶註冊資料中主要內容是虛假的，淘寶網可以隨時終止與該用戶的服務協議。

（3）金流——第三方支付

網路交易必須仰賴金流，也就是交易機制、信任機制與保障機制。淘寶網推出「支付寶」平台，它是由浙江支付寶網路科技有限公司與公安部門聯合推出的一項身分識別服務。買家購物後把

註
16.網路資料，「試論淘寶網的成功」，智庫文檔網路資料，http://doc.mbalib.com/view/8db54b99130333cfd8c8af59dbbf8828.html。
17.網路資料，「淘寶網成功之道」，中國台灣網，2011年3月7日。

貨款支付到第三方支付寶，支付寶收到貨款後通知賣家發貨，買家在確認收到貨品無誤後，再通知支付寶付款給賣家。支付寶對交易的雙方都提供了保障，從而促使網路交易的順利進行。而支付寶本身也設計了安全機制，它透過支付密碼、手機驗證（大陸的手機用戶高達6億戶）、實用驗證、數字認證、支付盾等，大大提高了支付寶的安全性。

（4）評價體系

淘寶網設計了買家跟賣家互相評價的機制，讓購物經驗公開，以讓後續的買賣雙方有一個公開的信用查核管道來對其購物提供市場訊息。資訊透明無疑是一很好的網購機制。

（5）「消費者保障」服務

為讓信任機制建立起來，並讓消費者對這交易平台產生忠誠，淘寶網設計了六個保障服務機制來達到上述目的：

◆假一賠三

賣家承諾提供「假一賠三」保證。一旦買家買到假貨，買家就可投訴，由淘寶網向賣家要求三倍的賠付。

◆七天無理由退換

買家在收到物品七天內，若是不滿意商品，則在未使用、未破壞原包裝、不影響二次銷售情況下，在七天內都可向賣家提出無理由退貨申請。

◆商品如實描述

賣家承諾提供商品如實描述服務。如買家在收到商品後發覺和當初購買時不一致，就可要求無條件退貨。如賣家拒絕退貨，就可向淘寶申請賣家賠付。

◆三十天維修

賣家必須提供三十天內免費維修服務。賣家如拒絕或不能在期限內修好，買家就可投訴並申請賠付。

◆虛擬物品閃電發貨

承諾「虛擬商品閃電發貨」的賣家，必須在二小時內發貨。如未履行，買家可發起投訴。

◆正品保障

提供「正品保障」的賣家，可要求其提供正規發票。

另外，賣家可在商品上標記「消費者保障」。有這個標記，可讓消費者快速找到，並且可信度高。另外，淘寶網某些優惠活動，會對擁有標記的賣家優先開放。

（6）出色的網站品質與用戶體驗設計

淘寶網網站的畫面簡潔，讓訪問網站的人一目了然。主頁面導航系統簡單明晰，即使是新手也絕不會感到無所適從。網站上的每一項功能都有豐富而完備的輔助知識和提示，猶如一個隨身顧問。網站的佈局和顏色搭配合理，給人舒適、輕鬆的感覺。網站上的商品分類井井有條，一覽無遺，圖字清晰。所提供的搜索功能是目前國內C2C網站中最人性化的，其搜索引擎包括簡單搜索和高級搜索兩種，使消費者可以從各個角度對商品及買家等進行搜索。提供了體貼的介面設計以及人性化的操作功能，根據使用者的使用回饋經驗不斷修正，讓對手望塵莫及。

（7）物流機制

淘寶網與物流企業簽訂協議，讓買賣雙方透過淘寶網認可的物流公司實施商品配送，物流公司也透過淘寶實施客戶服務。淘寶充分扮演好仲介角色，讓淘寶平台一舉幫買賣雙方解決物流問題。

五 行銷評言

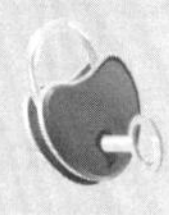

寫到這，讀者可能還不是很了解「如何在中國大陸做行銷？」，以及如果年輕人想去大陸發展（譬如做行銷工作）該注意哪些事情呢？本章以及本書的最後單元，就針對這兩個問題提出如下建言。

1. 在中國大陸做行銷的十大方向

（1）沒有什麼生意不可以做，也沒有什麼生意是好做的

（2）台灣牌還可以打二到三年

（3）消費品業依然是廣大市場

（4）銀髮族產業找知青

（5）想想三、四十歲未婚女性要什麼

（6）小資情結的訴求一定有效

（7）流行、偶像、3C產品找90後

（8）禮品市場可以做

（9）奢侈行業沒問題

（10）實體與虛擬要兼顧，網購要選淘寶網

2. 去大陸工作該注意的十大事項

台灣近年來經濟不好，失業嚴重，年輕人又苦於22K（NT.22,000/月），以致許多調查都顯露出台灣人都很想去大陸發展。如果真想去大陸工作，又想做行銷，筆者在此給讀者十大建議如下：

(1) 本書要精讀、讀透，這是必須的。

(2) 多看看國共內戰的資料、書籍；也多看中共近代史，一些文革的傷痕文學也是必讀品。

(3) 不論去哪個城市，一定選當地居民小區居住。讓自己體會在地生活。

(4) 一定要結交大陸朋友。

(5) 請拋開你過去台灣人的思維，看看大陸人是怎麼看待事物。

(6) 在大陸要多逛街。

(7) 少跟台灣同胞混在一起。

(8) 有機會搭搭大陸的火車（不是動車）、公交車，但不必每天搭。

(9) 要看看大陸的電視新聞，但不必每天看。

(10) 如果覺得透不過氣，趕快回台灣休幾天假，然後再去衝刺。

好了，以上這些夠讀者學的了。祝你順利，成功。

國家圖書館出版品預行編目資料

一次學會產品經理都在做的事 / 朱成 著. -- 新北市 : 創見文化出版, 采舍國際有限公司發行, 2017.2

面； 公分

ISBN 978-986-271-746-2 (精裝)

1.行銷 2.行銷策略

496.5 105024387

The Product Manager's Field Guide

一次學會產品經理都在做的事

打造爆品，先要做好產品經理！

成功良品 97

一次學會產品經理都在做的事

創見文化 · 智慧的銳眼

本書採減碳印製流程
並使用優質中性紙
（Acid & Alkali Free）
通過綠色印刷認證，
最符環保要求。

出版者／創見文化
作者／朱成
總編輯／歐綾纖
主編／蔡靜怡
美術設計／蔡億盈

郵撥帳號／50017206 采舍國際有限公司（郵撥購買，請另付一成郵資）
台灣出版中心／新北市中和區中山路 2 段 366 巷 10 號 10 樓
電話／（02）2248-7896　　傳真／（02）2248-7758
ISBN／978-986-271-746-2
出版日期／2017 年 2 月

全球華文市場總代理／采舍國際有限公司
地址／新北市中和區中山路 2 段 366 巷 10 號 3 樓
電話／（02）8245-8786　　傳真／（02）8245-8718

全系列書系特約展示門市
新絲路網路書店
地址／新北市中和區中山路 2 段 366 巷 10 號 10 樓
電話／（02）8245-9896
網址／www.silkbook.com

創見文化 facebook https://www.facebook.com/successbooks

本書於兩岸之行銷（營銷）活動悉由采舍國際公司圖書行銷部規畫執行。